《宁夏页岩气成矿远景研究》编委会

NINGXIA YEYANQI CHENGKUANG
YUANJING YANJIU

宁夏页岩气成矿远景研究

王海波　芮　婷　窦志娟　马　杰　主编

黄河出版传媒集团
阳　光　出　版　社

图书在版编目（CIP）数据

宁夏页岩气成矿远景研究 / 王海波等主编. -- 银川：阳光出版社, 2023.12
ISBN 978-7-5525-7196-7

Ⅰ.①宁… Ⅱ.①王… Ⅲ.①油页岩－成矿预测－研究－宁夏 Ⅳ.①P617.243

中国国家版本馆 CIP 数据核字(2024)第 020536 号

宁夏页岩气成矿远景研究　王海波　芮　婷　窦志娟　马　杰　主编

责任编辑　郑晨阳　申　佳
封面设计　姜喜荣
责任印制　岳建宁

黄河出版传媒集团
阳光出版社　出版发行

地　　址　宁夏银川市北京东路 139 号出版大厦（750001）
网　　址　http://www.ygchbs.com
网上书店　http://shop129132959.taobao.com
电子信箱　yangguangchubanshe@163.com
邮购电话　0951-5047283
经　　销　全国新华书店
印刷装订　宁夏凤鸣彩印广告有限公司
印刷委托书号　（宁）0029474

开　　本　720 mm × 980 mm　1/16
印　　张　16
字　　数　220 千字
版　　次　2023 年 12 月第 1 版
印　　次　2023 年 12 月第 1 次印刷
书　　号　ISBN 978-7-5525-7196-7
定　　价　58.00 元

前　言

我国页岩气勘查开发及相关基础理论、技术方法、勘查手段研究起步较晚。但随着我国经济的发展和对能源需求的增加，党中央、国务院高度重视页岩气资源，2009 年以来，随着“中国重点地区页岩气资源潜力调查及有利区优选”项目的启动，我国页岩气勘查开发工作得到快速发展，先后在川渝黔鄂、下扬子和鄂尔多斯盆地中部开展不同层次的页岩气调查评价和勘查开发示范工作，并取得突破性进展，为本书研究提供了充分的依据和借鉴。

本书以非常规油气勘探与开发理论为基础，以油气（页岩气、页岩油）地质新理论、新方法为指导，跟踪国内外关于页岩气形成机理、成藏条件与富集规律的动态前沿科技成果，充分利用已有基础地质、石油地质、煤田地质、地球物理，以及钻井、测（录）井等地质勘查成果资料，结合野外地质剖面测量、煤田钻井岩心观察，通过单井分析、连井对比、物探和地球物理资料解释等方法手段，全面了解宁夏总体构造格局及盆地演化历程。重点研究鄂尔多斯盆地（西缘）和六盘山盆地，以石炭–二叠系、三叠系、侏罗系、白垩系富有机质或含炭质黑色页岩、泥页岩层段为目标层，开展野外地质调查和综合研究，调查其有机质含量、成熟度、埋藏条件、生气能力及含气性等有机地化特征；研究富有机质泥页岩富集层段、层序、叠置特征、分布范围及含气盆地的控盆构造与演化过程；分析宁夏页岩气资源潜力、预测远景区，并提出页岩气调查评价和勘查建议。本书全面深入地总结、分析鄂尔多斯盆地西缘石炭纪–侏罗纪地层和六盘山盆地早白垩世地层特征、沉积相、沉积环境、层序地层、区域构造特征、断裂系统、沉积演化等，反演盆地经历的沉积构造演化过程，为评价研究区目的层位的页岩气成矿远景奠定坚实基础。本书依据海陆过渡相和陆相页岩气有利区、目标区相关参数及优选办法，综合考虑泥页岩各类地质、地化信息，鄂尔多斯盆地西缘优选出山西组有利区 1 个，羊虎沟组有利区 1 个，延长群有利区 1 个，六盘山盆地优选出马东山组有利区 2 个，乃家河组有利区 1 个。初步估算全部有利区页岩气资源量，证明宁夏具备较好的页岩气成矿远景，具备页岩气勘探与开发潜力。

本书有以下 3 点创新。

第一，首次提出宁夏页岩气潜力评价参数。

研究时，国内尚未建立统一的评价标准，本书基于当时国内普遍使用的标准，根据宁夏的地质情况，对个别评价参数做了调整，根据调整后的参数，圈定宁夏鄂尔多斯盆地西缘和六盘山盆地页岩气成矿有利区域，并估算鄂尔多斯盆地西缘和六盘山盆地页岩气资源总量，确定其具备较好的页岩气成矿远景，有一定的勘探与开发潜力。

第二，突破前人单一的沉积盆地分析与构造研究。

前人在研究页岩气成藏条件时，只针对目前盆地地质情况开展研究。本书在研究过程中，对主要成藏时代的沉积原型盆地属性进行恢复并开展沉积相分析。对整个盆地沉积及构造格架与演化开展分析反演，提出盆地构造演化对页岩气成藏条件存在影响，突破前人单一的沉积盆地分析与构造研究。

第三，首次采用 3 种研究方法对宁夏页岩孔隙结构进行综合分析。

页岩由黏土矿物和有机质等成分组成，具多微孔性和低渗透率等特点。页岩储层的孔隙结构是指页岩中孔隙和咽喉的几何形态、大小、孔径分布及其连通性，是影响页岩储层物性和渗流特性的重要因素。研究页岩储层孔隙结构的方法有多种，每种方法均有各自的优缺点，得到的孔隙结构信息也不尽相同。扫描电镜对页岩样品的局部观察能力较强，但对样品的总体情况反应能力不够完善。核磁共振受岩石骨架的影响小，可以得到样品的总体特征，但对样品细节反应有欠缺。CT 扫描能够定量分析页岩组分，通过三维重构技术建立页岩样品空隙和高密度物质分布状况的三维模型，从宏观角度反应孔隙的形态和空间配置特征，其主要不足在于三维重构时 CT 数阀值的选择对结果具有一定影响。本书将扫描电镜（SEM）、核磁共振（NMR）和计算机断层扫描（X-CT）3 种研究方法联合起来对页岩样品进行孔隙结构分析，实现了对宁夏页岩储层孔隙结构从宏观到微观更为全面的研究，得到更加完善的储层孔隙结构资料。

目　录

CONTENTS

第一章　绪言

第一节　页岩气及其机理 / 001

第二节　国外页岩气现状 / 004

第三节　国内页岩气现状 / 006

第四节　宁夏页岩气现状 / 009

第二章　地层及沉积相、沉积环境

第一节　综合地层区划 / 011

第二节　鄂尔多斯盆地西缘地层与沉积相、沉积环境 / 019

第三节　六盘山盆地白垩纪地层特征与沉积相、沉积环境 / 055

第三章　构造格架与演化

第一节　概述 / 080

第二节　构造单元划分 / 081

第三节　构造单元主要特征 / 082

第四章　泥页岩有机地球化学和分布特征

第一节　鄂尔多斯盆地西缘泥页岩有机地球化学和分布特征 / 123

第二节　六盘山地区泥页岩有机地球化学和分布特征 / 162

第五章　泥页岩储层和含气性特征

第一节　鄂尔多斯盆地西缘泥页岩储层和含气性特征 / 180

第二节　六盘山盆地泥页岩储层和含气性特征 / 205

第六章　页岩气有利区优选

第一节　评价参数选取和确定 / 219

第二节　鄂尔多斯盆地西缘页岩气有利区优选 / 220

第三节　六盘山盆地页岩气有利区优选 / 228

第七章　结论

第一节　成果与认识 / 232

第二节　存在的问题 / 233

第三节　工作建议 / 234

参考文献 / 235

第一章　绪　言

第一节　页岩气及其机理

在传统的油气勘探中，人们一直认为烃源岩只生成油气而不能储藏，而近年来的研究证实，页岩气不仅生成于烃源岩，而且还能大量存储于其中。

页岩气是指主体位于暗色泥页岩或高碳泥页岩中，以吸附或游离状态为主要存在方式的天然气聚集。它是天然气生成以后在烃源岩层内就近聚集的结果，具有“原地”成藏的特点。在页岩气藏中，天然气也可以存在于夹层状的粉砂岩、粉砂质泥岩、泥质粉砂岩甚至砂岩地层中。页岩气是一种重要的非常规天然气资源，其特殊的赋存方式不受圈闭的控制，因此，有人把它归属于“连续性气藏”。

页岩气有多种成因类型，可以是生物成因、热成因，也可以是生物–热成因。作为生物成因气，通过埋藏早期的成岩作用或侵入的大气降水中富含的细菌微生物活动而形成；作为热成因气，通过在埋藏较深或温度较高时干酪根的热降解或低熟生物气再次裂解形成，以及油和沥青达到高成熟时二次裂解生成。

一、成藏机理

页岩气经历了复杂多变的成藏过程，是天然气成藏机理序列中的重要构成和典型代表。根据不同的成藏条件，页岩气成藏可以表现为典型的吸附机理、活塞运聚机理或置换运聚机理。按照成藏机理的不同，可将天然气成藏过程分为 3 个主要阶段，而前 2 个阶段即是页岩气的成藏过程。

第一阶段是天然气的生成与吸附。该阶段发生在成藏初期，与煤层气的成藏机理相同。由于页岩中的有机碳等物质表面具有吸附能力，页岩生气过程中，最开始生成的少量天然气均被有机碳等物质吸附，故页岩层中仅存有吸附态的天然气。

第二阶段是天然气的造隙及排出。该阶段处于生气高峰期，与根缘气的形成机理类似。随着天然气的大量生成，页岩中的有机碳无法将其完全吸附，因此未被吸附的天然气在页岩层中以游离态聚集。随着页岩气的不断生成，聚集的大量游离气因膨胀而形成高压，直至岩层破裂并产生微裂隙。由于此时产生的裂缝或孔隙极其微小，使得页岩气无法在页岩层内部自由流动。在此后的强力生烃作用即生气膨胀力的作用下，页岩气沿构造上倾方向从底部高压区流向高部相对低压区发生排驱和整体推进作用，从而使地层处于大面积包含气状态。此阶段生成的天然气不受浮力作用，表现为活塞式的运聚特征。

第三阶段是天然气的置换与运移。如果天然气的生成量持续增加而页岩层的外部又有合适的储层，则在浮力作用下，天然气将以置换方式沿裂缝从泥页岩层向储层运移，从而形成常规天然气藏。

页岩气成藏过程中，吸附机理与活塞式运聚机理共同作用，控制着页岩气藏中吸附态和游离态天然气所占空间比例变化。因此，页岩气的成藏机理实质上是天然气在页岩孔隙中赋存状态之间的动态平衡。页岩中吸附态天然气的存在是由其本身所含岩石特性决定的，与保存条件没有直接关系，故页岩气成藏后对保存条件没有特殊要求。在四川盆地海相地层中监测到的气测异常也证实了即便是多期次的构造运动，也不会对页岩气藏有太大的影响。

二、吸附及解吸机理

由于黏土矿物颗粒、有机质颗粒、干酪根颗粒及孔隙表面分子与其内部分子受力上的差异，因而存在剩余表面力场，从而形成表面势能，使得气体分子在细小颗粒表面上的浓度增大，也就形成了吸附现象。吸附态是页岩气存在的主要赋存状态之一，也是影响页岩层含气量的关键因素。这种赋存机制增强了天然气存在的稳定性，提高了页岩气的保存能力及抗破坏能力。

页岩气的解吸是吸附的逆过程，在某种程度上与煤层气的解吸机理是相同的。在页岩层中，页岩气大部分以物理吸附状态存在，页岩表面分子与甲烷分子间的作用力为范德华力。当处于运动状态的气体分子因外界温度、压力等条件的变化导致动能增加，从而克服引力场，由页岩中脱离成为游离相，即发生解吸现象。

吸附气的解吸机理是页岩气开采的重要机制之一。页岩气的解吸率与页岩中泥质含量及页理发育程度有关，泥质含量越高，页理越发育，其解吸率也就越高。页岩气藏投入开发的初期，其产量主要来自页岩的裂缝和基质孔隙中游离相的天然气；随着游离态天然气的采出，页岩层压力逐渐降低，导致页岩中吸附气被解吸并进入储层基质中成为游离气，再经裂缝系统流入井底，这就是页岩气的开采过程。值得注意的是，虽然吸附与游离相天然气同时存在，但吸附相及少量溶解相天然气随着开采过程的继续，会不断地发生解吸从而使页岩层达到一个相对稳定的状态，这也使得页岩气的开采具有产量低但周期长的特点。

三、气藏基本特征

美国的页岩气勘探实践表明，作为天然气聚集特殊类型的页岩气藏具有如下特征。

岩性成分方面，页岩多为沥青质或富含有机质的暗色、黑色泥页岩（高碳泥页岩类），岩石中各组成的质量分数一般为30%～50%的黏土矿物、15%～

25%的粉砂质（石英颗粒）和1%～20%的有机质，多为暗色泥岩与浅色粉砂岩的薄互层。

成因来源方面，页岩气覆盖了生物化学、热解及裂解等多种有机生气作用模式，包括生物气、热解气及石油裂解气等多种，并已在美国不同的页岩盆地中找到实例。

赋存相态方面，页岩气主体上包括游离态（大量存在于页岩孔隙和裂缝中）、吸附态（大量存在于黏土矿物、有机质、干酪根颗粒及孔隙表面上）、溶解态（微量存在于干酪根、沥青质、残留水以及液态原油中）以及其他可能相态，其中吸附相存在的天然气可占页岩气赋存总量的 20%～85%。

成藏特征方面，页岩所产生的天然气就近聚集，其成藏机理复杂，吸附、溶解、活塞式推进、置换式运移均有不同程度发生，页岩既是源岩又是储层和盖层，具有典型自生自储成藏模式和原地性特点，页岩气藏的分布与有效烃源岩的面积相当。

地质勘探方面，泥页岩发育厚度（有效累计厚度达 30 m 以上）、有机质丰度（有机碳的质量分数一般>2%）、孔隙度、渗透率、裂缝发育程度、古构造配合以及后期保存条件，均是影响页岩气含量、页岩气赋存状态并决定是否具有工业性勘探开发价值的主要因素。

四、分布规律及主控因素

无论是页岩气藏的形成机理，还是页岩气藏的特征，都与常规气藏有明显差异，从而使页岩气的富集规律受诸多因素的影响。

第二节　国外页岩气现状

现今世界范围内有 30 多个国家开展了页岩气勘探开发，其中美国、加拿大的页岩气产业化生产一路领先，欧洲、大洋洲等国紧随其后。

页岩气的勘探开发最早始于美国，1821 年纽约州 Chautauqua 县 Fredonia 镇气体渗漏带附近钻了北美第一口天然气井，在 8 m 深的泥盆系 Dunkirk 黑色页岩中生产页岩气以来，为美国开创了一个全新的时代。美国页岩气革命整个历程分为极低产量、技术突破、高速增长 3 个阶段。早在 21 世纪初，Schlumberger 公司便成功在 Williston 页岩盆地开采中成功应用水力压裂，随后其他公司也开始引入该技术。目前，美国已拥有 655 个钻探公司钻探了超 40 000 口页岩气水平井。美国致力于通过非常规油气的开采实现美国"能源独立"的梦想，通过页岩气开采技术的攻关突破，实现"页岩气革命"的成功，随着页岩气产量的不断攀升，美国油气对外依存度不断下降，在 2018 年实现净出口。

加拿大是第二个成功开发页岩气的国家，根据其国家能源理事会报告，其国内页岩气总储量高达 4.25×10^5 亿 m^3，主要集中于不列颠哥伦比亚省的 Monteny 页岩段和新斯科舍省的 Horton Bluff 页岩。加拿大页岩气开发技术主要依赖于国外引进和国内研发，其国内的油气管网高度发达，页岩富集带所产的页岩气在满足本国消费的同时，可通过洲际管网输送至美国、墨西哥等国家。

据 EIA 不完全统计，欧洲约有 1.3×10^5 亿 m^3 的可采页岩气储量，相当于美国储量的 80%。尽管页岩气已对美国能源市场产生了革命性影响，但由于受油气开采能力、开采难度及环境因素的影响，欧洲页岩气开发前景存在非常多的不确定性，在未来一定时间内很难达到商业化水平。

除以上地区外，澳大利亚、阿根廷等其他国家也具有丰富的页岩气资源。澳大利亚学术研究委员会于 2004 年发布报告，澳大利亚拥有 3.0×10^6 亿 m^3 页岩气储藏，但要想实施全面开发，还有待成熟的环保举措并降低开采成本。阿根廷西部的乌肯盆地被认为是其国内最大的页岩储藏，其本国石油部经研究认为，该区域页岩气藏的生产潜力足以将阿根廷从油气净进口国变为净出口国，但其开发需要解决成本过高问题。近年来，为了解决本国的能源消费问题，印度尼西亚开始寄希望于页岩气的开发。2013 年，印度尼西亚签署苏门答腊岛 Sumbagut 区块非常规油气产品分成合同，该项目是其国内首个页岩气开发项目，于 2020 年正式投产运行。

第三节　国内页岩气现状

我国各地质时期的页岩气分布广泛，类型复杂，不同层系中富含储量巨大的页岩气资源。据不完全统计，国内页岩气总储量高达 8.05×10^{13} m^3，经济可采储量达 1.29×10^{13} m^3，海相、陆相、海陆过渡相可采储量分别为 8.8×10^{12} m^3、2.3×10^{12} m^3、1.6×10^{12} m^3，其中海相深层页岩气占比接近 69%，是我国页岩气资源的重要开发领域，加大其勘探开发力度对于保障国家能源安全意义重大。相比美国，中国页岩气开发起步较晚，目前，我国累计建成页岩气探矿区 50余个，总面积可达 1.7×10^5 km^2，先后建立威远–长宁、重庆涪陵、延长陆相等页岩气工业化生产示范区，总投资近 300 亿元；累计建成页岩气产能 7.5×10^9 m^3，铺设页岩气集输管线 273 km^2，累计页岩气产量超 6×10^9 m^3。除此以外，松辽、吐哈、塔里木盆地及南方其他地区都有页岩气发现，但尚未形成规模产能。

我国页岩气产业主要经历合作借鉴阶段、自主探索阶段及工业化开发阶段 3 个阶段。

（一）合作借鉴阶段（2007—2009 年）

此阶段国内学者引入美国页岩气概念，在地质评价的基础上，明确四川盆地上奥陶统五峰组–下志留统龙马溪组和下寒武统筇竹寺组两套页岩是中国页岩气的工作重点，找到了长宁、威远和昭通页岩气有利区，并启动产业化示范区建设。该阶段属于中国页岩气产业的启蒙阶段。2007 年中国石油勘探开发研究院与美国新田石油公司联合开展“威远地区页岩气联合研究”，2008 年在长宁构造北翼钻探我国第一口页岩气地质资料井–长芯 1 井，确定四川盆地五峰组–龙马溪组为页岩气工作的主力层系。2009 年 12 月中国石油批复《中国石油页岩气产业化示范区工作方案》，确立长宁、威远和昭通 3 个页岩气有利区，启动产业化示范区建设，初步提出年产 15×10^8 m^3 的页岩气发展目标。

（二）自主探索阶段（2010—2013 年）

此阶段通过努力攻关与实践，中国页岩气地质理论及开发认识取得重要进展，明确四川盆地海相五峰组–龙马溪组页岩气的开发价值，发现蜀南和涪陵两大页岩气区，是中国页岩气产业的发展突破阶段。2010 年，中国第一口页岩气井——威 201 直井，在龙马溪组页岩段压裂获得页岩气测试产量 0.3×10^4~1.7×10^4 m^3/d，解决了有无页岩气的问题；在北美以外首次在页岩中发现孔径介于 5~100 nm 的纳米孔隙；中国石油勘探开发研究院率先在川南长宁双河地区，建立第一批五峰组–龙马溪组数字化露头剖面。2011 年，中国石油在长宁区块实施了宁 201–H1 水平井 10 段压裂，获得页岩气测试产量 15×10^4 m^3/d，成为中国第一口具有商业开发价值的页岩气井。2012 年中国石化经过多年不断探索，在重庆涪陵地区以五峰组–龙马溪组页岩为目的层，钻探焦页 1HF 水平井，获得页岩气测试产量 20.3×10^4 m^3/d，发现涪陵页岩气田。2013 年，中国石化启动涪陵区块页岩气井组开发试验。此外，陕西延长石油（集团）有限责任公司、中国华电集团公司和神华集团有限责任公司等投入超过 50 亿元人民币，在四川盆地以外开展大量的海相、陆相和海陆过渡相页岩气的勘探评价工作，但总体效果欠佳。

国家十分重视页岩气产业发展，从多方位支持页岩气产业的发展。2010 年，国家能源页岩气研发（实验）中心揭牌成立，2011 年在国家科技重大专项中设立页岩气项目。2011 年，国土资源部发布公告，确定页岩气为独立矿种，2011—2012 年通过 2 轮招标共计出让 19 个页岩气区块。2012 年，国家发展和改革委员会（以下简称发改委）、财政部、国土资源部和国家能源局联合发布了《页岩气发展规划（2011—2015 年）》，提出 2015 年实现页岩气 65×10^8 m^3 的发展目标。2012 年，发改委批准设立涪陵、长宁–威远、昭通和延安 4 个国家级页岩气示范区；财政部和国家能源局发布《关于出台页岩气开发利用补贴政策的通知》，对 2012—2015 年开发利用的页岩气补贴 0.4 元/m^3。在国家政策的大力支持下，中国石油和中国石化 2 家企业以四川盆地为重点，2013 年实现页岩气年产量 2×10^8 m^3 的突破。

（三）工业化开发阶段（2014 年至今）

此阶段中国页岩气有效开发技术逐渐趋于成熟，埋深 3 500 m 以浅页岩气资源实现有效开发，埋深 3 500 m 以深页岩气开发取得突破进展，四川盆地海相页岩气已经成为我国天然气产量增长的重要组成部分，是中国页岩气产业的跨越发展阶段。

中国石油实现川南地区五峰组–龙马溪组海相页岩气的有效开发。2014 年，中国石油启动川南地区 26×10^8 m^3/a 页岩气产能建设，2015 年实现页岩气产量 13×10^8 m^3。“十三五”期间，中国石油加快页岩气开发步伐，以长宁、威远和昭通埋深 3 500 m 以浅页岩气资源为主实施产能建设工作，截至 2019 年年底，累计探明页岩气地质储量 10 610×10^8 m^3，2019 年生产页岩气 80.3×10^8 m^3，2020 年生产页岩气 116.1×10^8 m^3。

中国石化实现涪陵、威荣区块五峰组–龙马溪组海相页岩气的有效开发。2014 年，中国石化启动涪陵气田产能建设工作，通过 2 轮建设，2016 年实现页岩气产量 50×10^8 m^3。2017 年，在涪陵区块实施页岩气立体开发，实现页岩气持续稳产上产，并启动威荣气田产能建设。截至 2019 年年底，累计探明页岩气地质储量 7 255×10^8 m^3，2019 年生产页岩气 73.4×10^8 m^3，2020 年产量达 84.1×10^8 m^3。

国家继续强力支持页岩气产业发展。2016 年，国家能源局发布《页岩气发展规划（2016—2020 年）》。2015 年，财政部发布《关于页岩气开发利用财政补贴政策的通知》，对 2016—2018 年开发利用的页岩气补贴 0.3 元/m^3、2019—2020 年开发利用的页岩气补贴 0.2 元/m^3。2018 年，财政部、税务总局印发《关于对页岩气减征资源税的通知》，对 2018 年 4 月 1 日至 2021 年 3

月 31 日生产的页岩气减征 30%资源税。2020 年，财政部发布《清洁能源发展专项资金管理暂行办法》，明确 2020—2024 年通过多增多补的方式延续页岩气补贴政策。

在川南、涪陵页岩气田开发取得突破后，全国页岩气产量加快增长，2018 年页岩气产量达到 108×10^8 m³，2019 年产量为 154×10^8 m³，2020 年产量超过 200×10^8 m³。2014—2019 年中国天然气产量增长 550×10^8 m³，其中页岩气占产量增长贡献率的 28%，已经成为中国天然气产量增长的重要组成部分。

第四节　宁夏页岩气现状

宁夏区内页岩气资源开发利用尚处于初期调查摸底阶段，暂未实现产业化发展。近年来，国内科研院校和宁夏回族自治区地质局在页岩气资源调查研究和规划等方面做了一些工作，经过评价论证，认为宁夏页岩气资源潜力大，有开发利用前景。

2012 年，中国地质大学（北京）组织实施《鄂尔多斯盆地上古生界页岩气资源潜力调查评价和选区》，初步评价页岩气资源潜力，优选出鄂尔多斯盆地页岩气远景目标区、有利区。2014 年，西安石油大学组织实施《宁夏回族自治区油气、页岩气和铀矿资源综合调查可行性分析研究》，认为宁东、彭阳地区具备良好的生油气条件。

2013 年以来，宁夏回族自治区地质局累计争取并投入资金 2 506.72 万元，开展 3 个页岩气调查研究项目，取得良好成果。2013—2014 年，自治区核调院争取自治区地勘基金 398.72 万元，联合中国地质大学（北京）在全区开展《宁夏页岩气成矿远景研究》项目，初步评价区内页岩气资源潜力较大、有望取得找矿突破的区域，梳理研究可能存在的页岩气资源量和潜力区，锚定区内页岩气生成和储存的目的层位，明确下一步开展工作的重点区域。2014—2015 年，自治区地调院争取国家财政资金 420 万元，在宁夏南部地区开展《六盘山盆地油气基础地质调查》项目，实施钻井 1 口，发现页岩气资源潜力区 2 处。2022 年，在自治区新一轮找矿突破战略行动中，地质局联合中国地调局、中国地质大学和长庆油田的有关专家和技术团队，成立“页岩气调查小组”，经过梳理研究资料、技术研讨论证，认为宁夏页岩气资源潜力大，鄂尔多斯盆地西缘、武威盆地中卫凹陷及六盘山盆地均具备页岩气找矿前景，尤其鄂尔多斯盆地西缘是宁夏最有希望取得页岩气突破的地区。在此论证基础上，自治区核调院于 2023 年争取自治区财政资金 1 688 万元，正在陶乐–灵武–韦州一带开展“鄂尔多斯盆地西缘宁夏北段页岩气资源调查评价”项目。在调查评价成果应用方面，已将页岩气资源开发列入《宁夏回族自治区矿产资源总体规划（2021—2025 年)》和《宁夏回族自治区找矿突破战略行动实施方案》等多部规划和方案中，为下一步页岩气调查评价开发指明方向、提供政策依据。

第二章 地层及沉积相、沉积环境

第一节 综合地层区划

宁夏境内新生界覆盖甚广，前新生界基岩主要出露于贺兰山、香山、南华山、西华山、牛首山和青龙山地区及灵盐台地，南部黄土覆盖区沟谷中亦有零星出露。基岩裸露面积占全区总面积的19.1%左右，各时代地层发育齐全。综合地层区划属华北–柴达木地层大区之华北地层区（鄂尔多斯西缘地层分区和鄂尔多斯地层分区）、祁连地层区（北祁连地层分区）和阿拉善地层区(阿拉善南缘地层分区)（图2–1、表2–1、表2–2)。

华北地层区出露最古老的地层是分布于贺兰山北段宁夏与内蒙古交界地带的古元古界贺兰山岩群，为一套具角闪岩相–麻粒岩相的高级区域变质岩系，它构成了该地区的结晶基底。自中元古代开始，该区转入稳定的盖层沉积。中元古代早期（长城纪）至中期（蓟县纪）为滨、浅海相碎屑岩–台地相碳酸盐岩沉积，新元古代晚期（震旦纪）为冰水沉积，缺失中元古界上部、青白口系和南华系。寒武系与奥陶系连续沉积，寒武系自下而上为滨浅海相–浅海陆棚相碎屑岩、泥质岩和碳酸盐岩沉积；奥陶系以台地相碳酸盐岩沉积为主，部分为笔石页岩相沉积。晚奥陶世至早石炭世，该区隆升剥蚀，缺失沉积。祁连地层区与阿拉善地层区在宁夏出露最古老的地层是分布于西华山、南华山等地的中元古界下部海原岩群，为一套主要由绿帘阳起钠长片岩、石

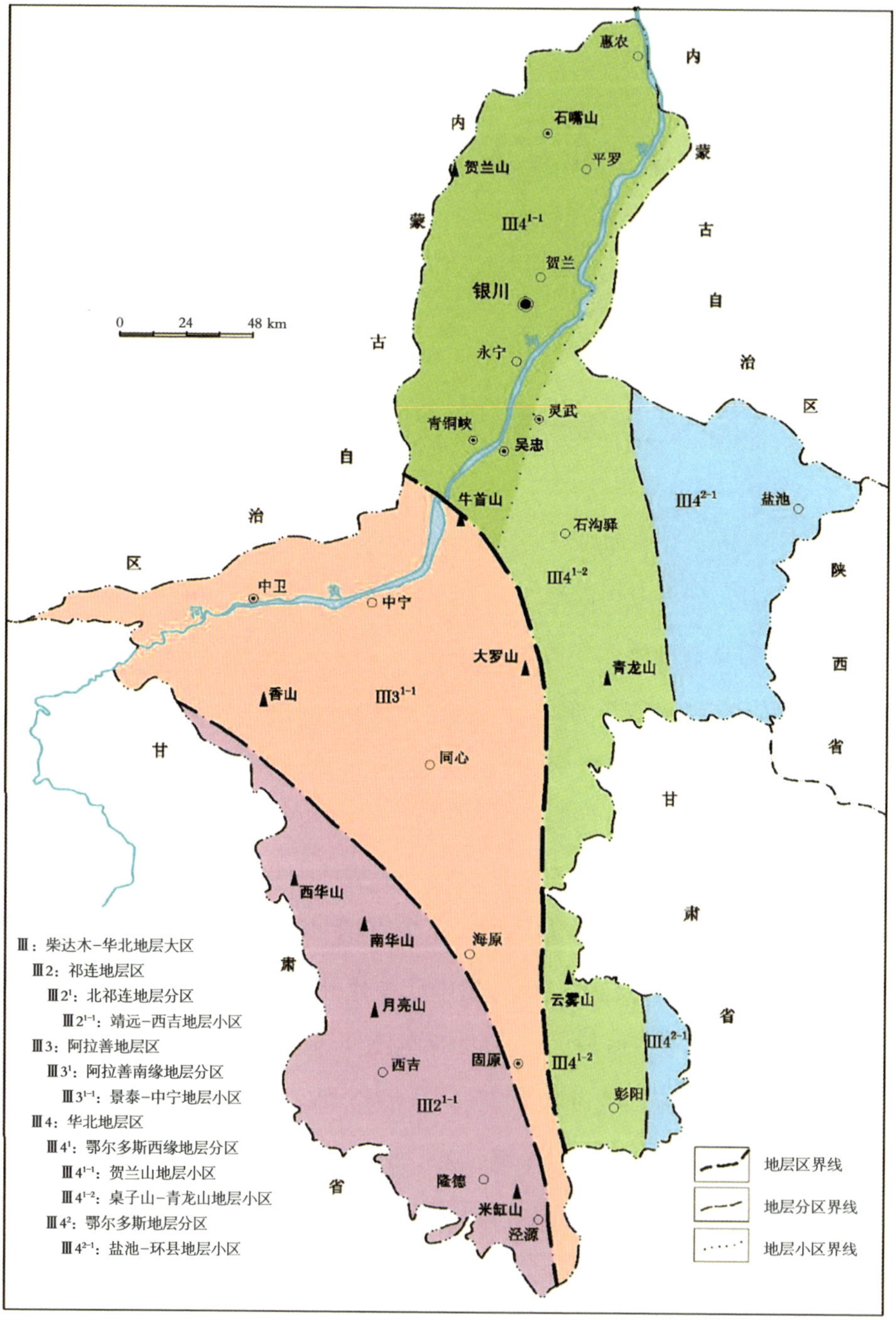

图 2-1　宁夏综合地层区划示意图

表 2-1　鄂尔多斯盆地西缘地层序列表

<table>
<tr><td colspan="3" rowspan="3">地层分区
年代地层</td><td colspan="4">华北-柴达木地层大区</td></tr>
<tr><td colspan="4">华北地层区</td></tr>
<tr><td colspan="4">鄂尔多斯西缘地层分区</td></tr>
<tr><td rowspan="8">新生界 Cz</td><td rowspan="2">第四系 Q</td><td>全新统 Qh</td><td colspan="4">冲积层（Qh^{2al}）、湖积层（Qh^{2l}）、沼积层（Qh^{2s}）、湖沼积层（Qh^{2ls}）、化学沉积层（Qh^{2c}）、风积层（Qh^{1-2e}）、洪积层（Qh^{1p}）、灵武组（$Qh^{1}l$）</td></tr>
<tr><td>更新统 Qp^3–Qp^1</td><td colspan="4">洪积层（Qp^{2-3p}）、萨拉乌苏组（$Qp^{3}s$）、马兰组（$Qp^{3}m$）、贺兰组（$Qp^{2}h$）、离石组（$Qp^{2}l$）、玉门组（$Qp^{1}y$）、银川组（$Qp^{1}yc$）、午城组（$Qp^{1}w$）</td></tr>
<tr><td rowspan="3">新近系 N</td><td>上新统 N_2</td><td colspan="2" rowspan="3">甘肃群 NG</td><td colspan="2">（缺失）</td></tr>
<tr><td rowspan="2">中新统 N_1</td><td colspan="2">干河沟组（N_1g）</td></tr>
<tr><td colspan="2">彰恩堡组（N_1z）</td></tr>
<tr><td rowspan="3">古近系 E</td><td>渐新统 E_3</td><td colspan="2" rowspan="2">固原群 EG</td><td colspan="2">清水营组（E_3q）</td></tr>
<tr><td>始新统 E_2</td><td colspan="2">寺口子组（E_2s）</td></tr>
<tr><td>古新统 E_1</td><td colspan="4" rowspan="2">（缺失）</td></tr>
<tr><td rowspan="12">中生界 Mz</td><td rowspan="6">白垩系 K</td><td>上统 K_2</td></tr>
<tr><td rowspan="5">下统 K_1</td><td rowspan="5">庙山湖组（K_1ms）</td><td colspan="2" rowspan="5">保安群（K_1B）</td><td>泾川组（K_1j）</td></tr>
<tr><td>罗汉洞组（K_1lhd）</td></tr>
<tr><td>环河组（K_1hh）</td></tr>
<tr><td>洛河组（K_1lh）</td></tr>
<tr><td>宜君组（K_1y）</td></tr>
<tr><td rowspan="6">侏罗系 J</td><td>上统 J_3</td><td colspan="4">（缺失）</td></tr>
<tr><td rowspan="4">中统 J_2</td><td colspan="4">芬芳河组（J_2ff）</td></tr>
<tr><td colspan="4">安定组（J_2a）</td></tr>
<tr><td colspan="4">直罗组（J_2z）</td></tr>
<tr><td colspan="4">延安组（J_2y）</td></tr>
<tr><td>下统 J1</td><td colspan="4">富县组（J_1f）</td></tr>
</table>

续表

年代地层 \ 地层分区			华北-柴达木地层大区 / 华北地层区 / 鄂尔多斯西缘地层分区	
中生界 Mz	三叠系 T	上统 T_3	延长群（T_3Y）	上田组（T_3s）
				大风沟组（T_3d）
		中统 T_2	二马营组（T_2e）	
		下统 T_1	石千峰群（P_3T_1S）	和尚沟组（T_1h）
				刘家沟组（T_1l）
古生界 Pz	二叠系 P	上统 P_3		孙家沟组（P_3sj）
		上统 P_3 / 中统 P_2	上石盒子组（$P_{2-3}s$）	
		中统 P_2	下石盒子组（P_2x）	
		下统 P_1	山西组（P_1s）	
			太原组（P_1t）	
	石炭系 C	上统 C_2	羊虎沟组（$C_2\gamma$）	
			靖远组（C_2j）	
		下统 C1	（缺失）	
	泥盆系 D		（缺失）	
	志留系 S		（缺失）	
	奥陶系 O	上统 O_3	背锅山组（O_3b）	
			姜家湾组（O_3j）	
			车道组（O_3c）	
			拉什仲组（O_3l）	
			乌拉力克组（O_3w）	
		中统 O_2	克里摩里组（O_2k）	
		中统 O_2 / 下统 O_1	天景山组（$O_{1-2}t$）	
		下统 O_1	大南池组（O_1d）	

续表

年代地层＼地层分区			华北-柴达木地层大区	
			华北地层区	
			鄂尔多斯西缘地层分区	
古生界 Pz	寒武系 $\in$	上统 $\in_3$	阿不切亥组（$\in_{2-3}a$）	
		中统 $\in_2$		
			胡鲁斯台组（$\in_2h$）	
			陶思沟组（$\in_2t$）	
		下统 $\in_1$	五道淌组（$\in_1w$）	
			苏峪口组（$\in_1s$）	
		底统 $\in_0$	（缺失）	
新元古界 Pt_3	震旦系 Pt_3^3（Z）	上统 Z_2	兔儿坑组（Pt_3^3t）	
			正目观组（Pt_3^3z）	
		下统 Z_1	（缺失）	
	南华系 Pt_3^2（Nh）			
	青白口系 Pt_3^1（Qb）			
中元古界 Pt_2	待建系 Pt_2^{3-4}			
	蓟县系 Pt_2^2（Jx）		王全口组（Pt_2^2w）	
	长城系 Pt_2^1（Ch）		黄旗口组（Pt_2^1h）	
			（缺失）	
古元古界 Pt_1	滹沱系 Ht		赵池沟岩群（Pt_1Z）	
			贺兰山岩群（Pt_1HL）	宗别立岩组（Pt_1z）
				宾布勒岩组（Pt_1b）

英片岩、大理岩等组成的变质岩系，是该地区变质基底的组成部分。中元古代中期至寒武纪本区缺失沉积。早-中奥陶世早期沉积了与华北地层区相似的台地相碳酸盐岩，中奥陶世中期至晚奥陶世沉积了具大陆斜坡性质、复理石建造特征的米钵山组和香山群。该区发育志留系滨浅海相碎屑岩-碳酸盐岩、

表 2-2　六盘山盆地地层序列表

<table>
<tr><td colspan="3" rowspan="3">地层分区
年代地层</td><td colspan="3">华北-柴达木地层大区</td></tr>
<tr><td>祁连地层区</td><td colspan="2">阿拉善地层区</td></tr>
<tr><td>北祁连地层分区</td><td colspan="2">阿拉善南缘地层分区</td></tr>
<tr><td rowspan="8">新生界 Cz</td><td rowspan="2">第四系 Q</td><td>全新统 Qh</td><td colspan="3">冲积层（Qh^{2al}）、湖积层（Qh^{2l}）、化学沉积层（Qh^{2c}）、地滑堆积层（Qh^{2d}）、洪积层（Qh^{1p}）、灵武组（$Qh^{1}l$）、风积层（Qh^{1e}）</td></tr>
<tr><td>更新统 Qp^3–Qp^1</td><td colspan="3">洪积层（Qp^{3p}）、萨拉乌苏组（Qp^3s）、马兰组（Qp^3m）、贺兰组（Qp^2h）、离石组（Qp^2l）、玉门组（$Qp^1\gamma$）、午城组（Qp^1w）</td></tr>
<tr><td rowspan="3">新近系 N</td><td>上新统 N_2</td><td rowspan="3">甘肃群（NG）</td><td colspan="2">（缺失）</td></tr>
<tr><td rowspan="2">中新统 N_1</td><td colspan="2">干河沟组（N_1g）</td></tr>
<tr><td colspan="2">彰恩堡组（N_1z）</td></tr>
<tr><td rowspan="3">古近系 E</td><td>渐新统 E_3</td><td rowspan="2">固原群（EG）</td><td colspan="2">清水营组（E_3q）</td></tr>
<tr><td>始新统 E_2</td><td colspan="2">寺口子组（E_2s）</td></tr>
<tr><td>古新统 E_1</td><td colspan="3" rowspan="2">（缺失）</td></tr>
<tr><td rowspan="14">中生界 Mz</td><td rowspan="6">白垩系 K</td><td>上统 K_2</td></tr>
<tr><td rowspan="5">下统 K_1</td><td rowspan="5">六盘山群（K_1L）</td><td colspan="2">乃家河组（K_1n）</td></tr>
<tr><td colspan="2">马东山组（K_1m）</td></tr>
<tr><td colspan="2">李洼峡组（K_1l）</td></tr>
<tr><td colspan="2">和尚铺组（K_1h）</td></tr>
<tr><td colspan="2">三桥组（K_1s）</td></tr>
<tr><td rowspan="4">侏罗系 J</td><td>上统 J_3</td><td rowspan="8">（未见出露）</td><td colspan="2">安定组（J_3a）</td></tr>
<tr><td rowspan="2">中统 J_2</td><td colspan="2">直罗组（J_2z）</td></tr>
<tr><td colspan="2">延安组（J_2y）</td></tr>
<tr><td>下统 J1</td><td colspan="2">（缺失）</td></tr>
<tr><td rowspan="4">三叠系 T</td><td rowspan="2">上统 T_3</td><td colspan="2">南营儿组（T_3n）</td></tr>
<tr><td colspan="2">西大沟组（T_3x）</td></tr>
<tr><td>中统 P_2</td><td rowspan="2">窑沟群（P_3T_2Y）</td><td>丁家窑组（T_2d）</td></tr>
<tr><td>下统 P_1</td><td>五佛寺组（$T_{1-2}w$）</td></tr>
</table>

续表

<table>
<tr><td colspan="3" rowspan="3">地层分区
年代地层</td><td colspan="3">华北-柴达木地层大区</td></tr>
<tr><td>祁连地层区</td><td colspan="2">阿拉善地层区</td></tr>
<tr><td>北祁连地层分区</td><td colspan="2">阿拉善南缘地层分区</td></tr>
<tr><td rowspan="23">古生界 Pz</td><td rowspan="4">二叠系 P</td><td>上统 P_3</td><td rowspan="10">（未见出露）</td><td>窑沟群（P_3T_2Y）</td><td>红泉组（P_3h）</td></tr>
<tr><td>中统 P_2</td><td colspan="2">大黄沟组（P_2d）</td></tr>
<tr><td rowspan="2">下统 P_1</td><td colspan="2">（沉积间断）</td></tr>
<tr><td colspan="2">太原组（P_1t）</td></tr>
<tr><td rowspan="5">石炭系 C</td><td rowspan="2">上统 C_2</td><td colspan="2">羊虎沟组（C_2y）</td></tr>
<tr><td colspan="2" rowspan="2">靖远组（$C_{1-2}j$）</td></tr>
<tr><td rowspan="3">下统 C1</td></tr>
<tr><td colspan="2">臭牛沟组（C_1c）</td></tr>
<tr><td colspan="2">前黑山组（C_1q）</td></tr>
<tr><td rowspan="3">泥盆系 D</td><td>上统 D_3</td><td colspan="2">中宁组（D_3z）</td></tr>
<tr><td>中统 D_2</td><td rowspan="2">老君山组（$D_{1-2}s$）</td><td colspan="2">石峡沟组（D_2s）</td></tr>
<tr><td>下统 D_1</td><td colspan="2">（缺失）</td></tr>
<tr><td rowspan="2">志留系 S</td><td>顶-上统 S_{3-4}</td><td colspan="3">旱峡组（$S_{3-4}h$）</td></tr>
<tr><td>中-下统 S_{1-2}</td><td rowspan="10">（未见出露）</td><td colspan="2">照花井组（$S_{1-2}z$）</td></tr>
<tr><td rowspan="8">奥陶系 O</td><td rowspan="4">上统 O_3</td><td rowspan="3">香山群（O_3X）</td><td>磨盘井组（O_3mp）</td></tr>
<tr><td>狼嘴子组（O_3lz）</td></tr>
<tr><td>徐家圈组（O_3x）</td></tr>
<tr><td colspan="2" rowspan="2">米钵山组（$O_{2-3}m$）</td></tr>
<tr><td rowspan="2">中统 O_2</td></tr>
<tr><td colspan="2" rowspan="2">天景山组（$O_{1-2}t$）</td></tr>
<tr><td rowspan="2">下统 O_1</td></tr>
<tr><td colspan="2" rowspan="2"></td></tr>
<tr><td colspan="2">寒武系 ∈</td></tr>
</table>

续表

<table>
<tr><td colspan="2" rowspan="3">地层分区
年代地层</td><td colspan="4">华北–柴达木地层大区</td></tr>
<tr><td colspan="3">祁连地层区</td><td>阿拉善地层区</td></tr>
<tr><td colspan="3">北祁连地层分区</td><td>阿拉善南缘地层分区</td></tr>
<tr><td rowspan="8">新–中元古界 Pt_{2-3}</td><td>震旦系 Pt_3^3（Z）</td><td colspan="3" rowspan="5">（未见出露）</td><td rowspan="8"></td></tr>
<tr><td>南华系 Pt_3^2（Nh）</td></tr>
<tr><td>青白口 Pt_3^1（Qb）</td></tr>
<tr><td>待建系 Pt_2^{3-4}</td></tr>
<tr><td>蓟县系 Pt_2^2（Jx）</td></tr>
<tr><td rowspan="3">长城系 Pt_2^1（Ch）</td><td rowspan="3">海原岩群（Pt_2^1H）</td><td>西华山岩组（Pt_2^1x）</td></tr>
<tr><td>园河岩组（$Pt_2^1\gamma$）</td></tr>
<tr><td>南华山岩组（Pt_2^1n）</td></tr>
</table>

泥盆系陆相红色碎屑岩以及下石炭统滨浅海相碎屑岩–碳酸盐岩沉积，与华北缺失这些地层有所不同。

晚石炭世至早二叠世祁连海与华北海连通，祁连地层区、阿拉善地层区与华北地层区在宁夏沉积特征趋向一致，均形成了海陆交互相陆屑含煤建造。早二叠世晚期发生海退，二叠系与三叠系连续沉积，二者均以陆相碎屑岩为主，并夹有火山碎屑岩，下部含煤。侏罗系下部为河流相含煤碎屑岩沉积，中–上部为河湖相碎屑岩沉积，鄂尔多斯盆地西缘发育山间盆地沉积，其沉积特征与鄂尔多斯盆地腹地相似。早期燕山运动使贺兰山崛起，在其山麓地带形成了内陆湖泊相沉积。该时期发育鄂尔多斯、六盘山和庙山湖 3 个沉积盆地，前二者规模较大，自下而上沉积物明显由粗变细，而庙山湖盆地规模较小，主要由粗碎屑岩组成，与鄂尔多斯盆地和六盘山盆地有一定差异。晚期燕山运动使六盘山隆起，全区缺失晚白垩世和古新世沉积。始新世至中新世，气候或暖湿或干热，内陆盆地中沉积了河湖相红色碎屑岩及膏岩。第四系成因类型主要为分布于河谷盆地的河湖相沉积、分布于台地区的冲洪积层和南部区的风成黄土堆积。

根据本次研究目标任务，下面仅重点描述与页岩气有关的鄂尔多斯盆地（西缘）石炭纪–侏罗纪地层与沉积相、沉积环境以及六盘山盆地白垩纪地层特征与沉积相、沉积环境，其余地层特征不再叙述。

第二节　鄂尔多斯盆地西缘地层与沉积相、沉积环境

一、地层特征

鄂尔多斯盆地（西缘）综合地层区划属华北–柴达木地层大区华北地层区鄂尔多斯西缘地层分区和鄂尔多斯地层分区。鄂尔多斯盆地西缘地层分区出露古元古代、长城纪、蓟县纪、震旦纪、寒武纪、奥陶纪、石炭纪、二叠纪、三叠纪、侏罗纪、白垩纪、古近纪、新近纪和第四纪地层（表 2–1）。鄂尔多斯地层分区由于大面积第四系覆盖，地表仅出露白垩纪地层保安群及少量古近纪、新近纪地层，据钻孔资料，该分区还发育晚石炭世、二叠纪、三叠纪和侏罗纪地层等。下面仅叙述鄂尔多斯盆地（西缘）与本次研究有关的石炭纪–侏罗纪地层。

（一）石炭系（C）

研究区石炭系仅发育上统靖远组和羊虎沟组。

1. 靖远组

主要出露于贺兰山北段，主要由陆源碎屑岩（石英砂岩、粉砂岩）、黏土岩（泥岩、页岩）和碳酸盐岩（泥灰岩、生物碎屑灰岩）组成。产头足类、牙形石及植物等化石，时代为早石炭世德坞期–晚石炭世滑石板早期。不整合于奥陶系或更老地层之上，与上覆羊虎沟组整合接触。

2. 羊虎沟组

主要出露于贺兰山中–北段及宁东地区（井下）。岩性以灰–深灰色粉砂质页岩、黑色页岩、灰、浅褐灰、浅黄灰色薄–中厚层细粒长石石英砂岩、石

英砂岩为主，夹少量深灰色透镜状（含生物碎屑）灰岩、灰色粉砂岩及浅黄色粉砂质泥岩。产头足类、蜓类、牙形石及植物等化石，属晚石炭世滑石板晚期–逍遥期沉积。与下伏靖远组和上覆太原组均呈整合接触。

（二）二叠系（P）

贺兰山地区出露良好，宁东地区多被中、新生界覆盖。其岩石地层序列自下而上为太原组、山西组、下石盒子组、上石盒子组和石千峰群孙家沟组。

1. 太原组

主要分布于贺兰山中–北段，宁东地区多埋藏于中、新生代覆盖层之下。岩性以灰–灰黑色页岩、砂质页岩、灰白色石英砂岩为主，夹灰岩、煤层及耐火黏土。产蜓类、腕足类及植物等化石，属早二叠世紫松期沉积。与下伏地层羊虎沟组和上覆地层山西组均呈整合接触。

2. 山西组

主要出露于贺兰山地区，宁东地区全部被中、新生代覆盖。主要由灰白色石英砂岩、岩屑石英砂岩、灰黑色页岩、砂质页岩组成，夹煤层及耐火黏土。产植物化石，属早二叠世隆林期–罗甸期沉积。与下伏太原组和上覆下石盒子组均呈整合接触。

3. 下石盒子组

主要分布于贺兰山北段，宁东地区地表零星出露于大、小罗山东侧的太阳山、蜗牛山和黄河湾等地，其余地区均被中、新生代覆盖。主要由黄绿色、灰白色石英砂岩、岩屑石英砂岩及黄绿色砂质页岩、粉砂质页岩等组成。产植物化石，属中二叠世祥摆期–栖霞期沉积。与下伏山西组和上覆上石盒子组均呈整合接触。

4. 上石盒子组

分布范围与下石盒子组基本一致。主要由黄绿色、灰白色石英砂岩、岩屑石英砂岩、凝灰质砂岩及紫红色、黄绿色粉砂质泥岩、泥岩组成。产植物化石，属中二叠世茅口期–晚二叠世吴家坪期沉积。与下伏下石盒子组和上覆孙家沟组均呈整合接触。

5. 孙家沟组

分布范围与下石盒子组、上石盒子组基本一致。主要由红色、砖红色泥岩、粉砂质泥岩、长石砂岩和凝灰岩组成。属晚二叠世长兴期沉积。与下伏上石盒子组和上覆刘家沟组均为整合接触。

（三）三叠系（T）

岩石地层序列自下而上为刘家沟组、和尚沟组、二马营组、大风沟组和上田组。

1. 刘家沟组

分布于贺兰山中–北段，宁东灵盐地区地表未见出露。岩性以紫红、褐红、灰白色长石石英砂岩、岩屑长石砂岩、砾岩、砂砾岩为主，夹紫红、灰绿色粉砂岩、粉砂质泥岩、泥岩。产孢粉化石，属早三叠世大龙口期沉积。与下伏孙家沟组和上覆和尚沟组均为整合接触。

2. 和尚沟组

分布范围与刘家沟组一致。岩性以紫红、灰绿色粉砂岩、粉砂质泥岩、泥岩为主，夹紫红色长石砂岩、长石石英砂岩。产植物化石，属早三叠世和尚沟期沉积。与下伏刘家沟组和上覆二马营组均呈整合接触。

3. 二马营组

分布地域与刘家沟组、和尚沟组基本一致。主要由成熟度较低的岩屑长石砂岩、岩屑长石杂砂岩组成，砂岩普遍发育交错层理、含紫红色泥砾和砂球。属中三叠世二马营期–铜川期沉积。与下伏和尚沟组和上覆大风沟组均呈整合接触。

4. 大风沟组

主要分布于贺兰山中–北段及宁东的磁窑堡和石沟驿地区，主要由灰绿–黄绿色长石石英砂岩、岩屑长石砂岩、岩屑砂岩组成，下部夹砾岩、砂砾岩，上部夹灰黑色粉砂岩、页岩、泥岩等。产双壳类和植物等化石，属晚三叠世胡家村期–永坪期沉积。与下伏二马营组和上覆上田组均呈整合接触。

5. 上田组

分布范围与大风沟组基本一致。与下伏大风沟组整合接触，侏罗系富县组或延安组不整合于其上。主要由灰绿–黄绿色岩屑长石砂岩、长石石英砂岩和灰黑色粉砂岩、泥岩、页岩组成，产植物及双壳类等化石。属晚三叠世瓦窑堡期沉积。

（四）侏罗系（J）

岩石地层序列自下而上为富县组、延安组、直罗组、安定组和芬芳河组。

1. 延安组

主要出露于贺兰山地区，宁东及盐池–彭阳地区多埋藏于新生界覆盖层之下。一般不整合于上田组或更老地层之上，与上覆直罗组整合接触。主要由砂岩、泥岩、页岩和煤层组成。产植物、双壳类及孢粉化石，属中侏罗世西山窑期沉积。

2. 直罗组

分布范围与延安组基本一致。主要由灰绿–黄绿色长石石英砂岩、长石砂岩、粉砂岩、泥岩等组成。产恐龙、植物及孢粉化石，属中侏罗世头屯河期沉积。与下伏延安组和上覆安定组均呈整合接触。

3. 安定组

主要出露于贺兰山北段和南段，宁东仅出露于甜水堡和石岘子。主要由紫红间灰绿色砂岩、粉砂岩、泥岩组成，夹泥灰岩等。产植物化石，属晚侏罗世早期沉积。与下伏直罗组呈整合或平行不整合接触。

4. 芬芳河组

分布极为局限，仅出露于盐池县之马坊沟。主要由棕红色砾岩和砂岩组成。属晚侏罗世晚期沉积。与下伏安定组为平行不整合接触。

二、沉积相特征、沉积环境演化及原型盆地恢复

（一）上古生界沉积相特征、沉积环境演化及原型盆地恢复

加里东运动使鄂尔多斯地块抬升，遭受了长达 1.3 亿～1.5 亿年的剥蚀，海水退至研究区的西缘一带，沉积了志留系、泥盆系、下石炭统、上石炭统。华力西构造旋回早期，鄂尔多斯地块又发生沉降，再次接受海相沉积，并开始由海陆过渡相向陆相的转化，从石炭纪到二叠纪沉积相带展布由东西差异为主变为南北差异为主，古气候经历了晚石炭纪的温暖潮湿，早二叠世的温热潮湿及中晚二叠世的干热阶段，气候由潮湿变干旱的第二轮转变。成煤、成气环境经历了石炭纪的海湾潟湖、滨海沼泽及早二叠纪的河间沼泽，形成鄂尔多斯地区首次成煤成气沉积层。

1. 沉积相特征

晚古生代时期，鄂尔多斯盆地西缘石炭系–二叠系沉积相变化经历了海相、海陆过渡相和陆相。根据鄂尔多斯盆地西缘及南缘石炭系–二叠系地层分布、沉积特点，划分出 4 个沉积体系和 6 个沉积相带。现将石炭系–二叠系典型的沉积相阐述如下。

（1）障壁岛–潟湖相

在鄂尔多斯西部和南部，障壁岛–潟湖相主要发育于羊虎沟期和太原期，由潮坪、潟湖、障壁岛 3 个相带组成（图 2–2），属于海陆过渡相。其中，障壁岛相主要发育于研究区西部和南部的羊虎沟组，岩石主要由一套中粗粒–中细粒石英砂岩组成，内部具大型楔状、槽状交错层理、冲洗层理及变形层理；潟湖相主要发育于研究区南部的羊虎沟组，沉积物主要为灰黑色、黑色含菱铁矿结核的泥岩及铝土质泥岩、页岩、粉砂岩、砂质泥岩。沉积构造为水平层理、透镜状层理。可见生物潜穴遗迹化石，广盐度生物等；潮坪相主要发育于研究区南部的羊虎沟组和太原组，是十分平缓的海岸地带，研究区主要为陆源碎屑潮坪，潮坪一般可分为潮上带、潮间带和潮下带，潮上泥坪主要为泥岩并夹有透镜状粉砂岩，以发育水平层理、透镜状潮汐层理为特征，含

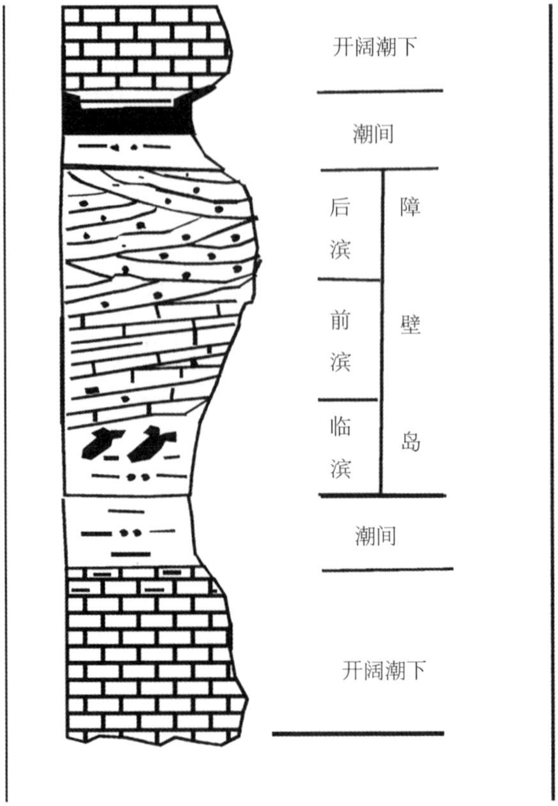

图 2-2　潮坪-潟湖沉积模式

植物化石碎片。潮间混合坪以发育条带状潮汐层理的细粒石英砂岩和泥岩交互为特征，具生物扰动构造。潮下砂坪主要为细粒石英砂岩，夹粉砂岩及泥岩薄层，向上粒度变细，分选好，有脉状潮汐层理、砂纹层理等。

（2）湖泊沉积

湖泊相沉积主要分布在研究区的东南部，主要发育于山西期、下石盒子期、上石盒子期及石千峰期各层段中，包括滨湖三角洲沉积和滨湖坝沉积。滨湖和浅湖沉积交替出现，构成上古生界的主要区域盖层（图 2-3）。浅湖沉积由泥岩、粉砂质泥岩夹粉砂岩组成。常见水平层理，脉状层理和透镜状层理、波状层理及对称波痕等。

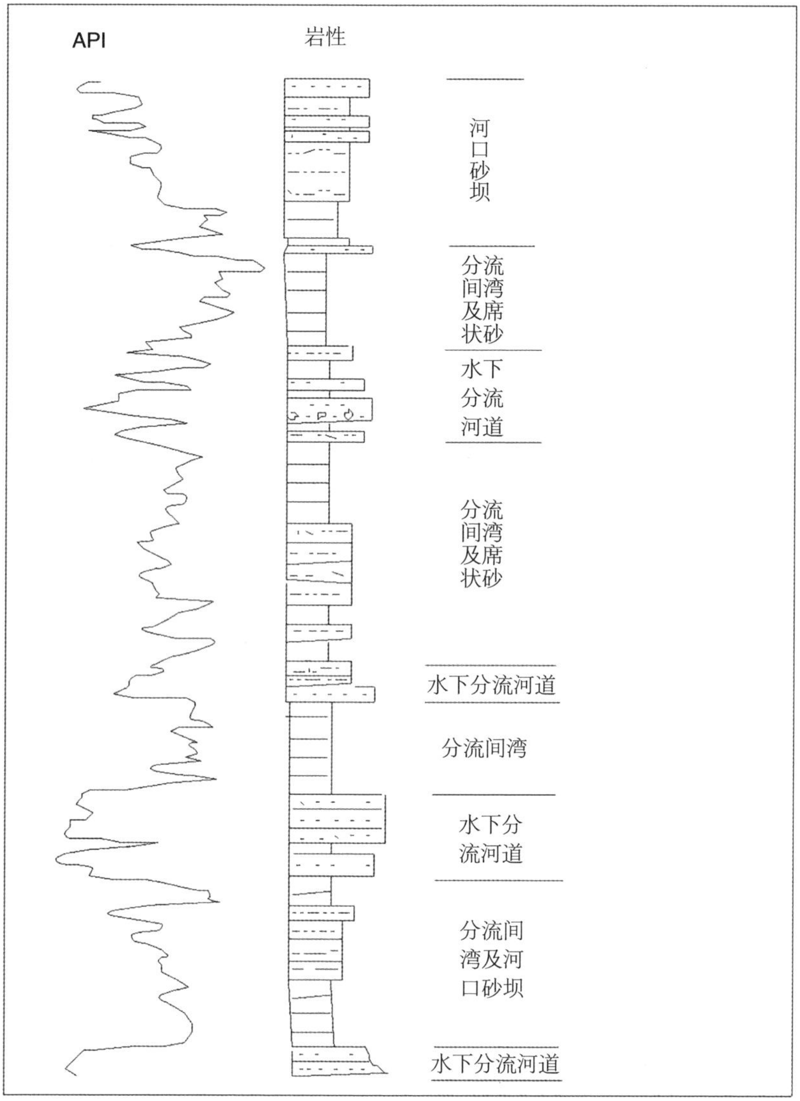

图 2–3　三角洲前缘相（上石盒子组鄂 6 井）

（3）三角洲沉积

分为扇三角洲沉积和湖泊三角洲沉积。其中扇三角洲沉积见于西缘地区的羊虎沟组以及北缘的太原组下部，包括 3 个亚相：前扇三角洲、扇三角洲前缘和扇三角洲平原沉积。研究区扇三角洲砂体在剖面上呈楔状或透镜状与潟湖潮坪沉积共生，平面上分布局限，呈舌状分布在盆地边缘，受控于边缘断裂。

湖泊三角洲沉积是研究区晚古生代中最为发育的沉积类型，主要分布在中北部及研究区的西南部地区，以河控三角洲为主，分为三角洲平原、三角洲前缘和前三角洲 3 个亚相。三角洲平原亚相见于研究区北部和西南部，分为分流河道、天然堤、决口扇、分流洼地及沼泽等微相。三角洲前缘亚相是三角洲的主体部分之一，由水下分流河道、水下天然堤、河口坝、分流间湾等微相组成(图 2-4)。

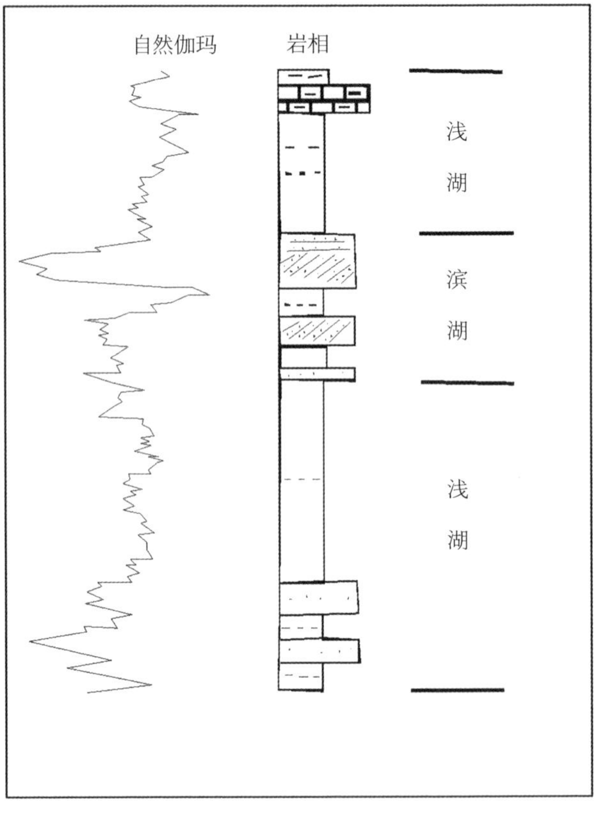

图 2-4 滨、浅湖相（庆深 1 井）

（4）冲积沉积

在研究区的盆地北部周缘太原组、山西组、石盒子组中最为典型，分为扇根、扇中、扇端 3 个亚相。河流-冲积平原也被看作冲积体系的一种，它位于冲积扇的外缘，和三角洲平原连在一起，是由河流快速冲积而成，在二叠纪广泛发育。该相主要发育在研究区的中北部（图2-5）。

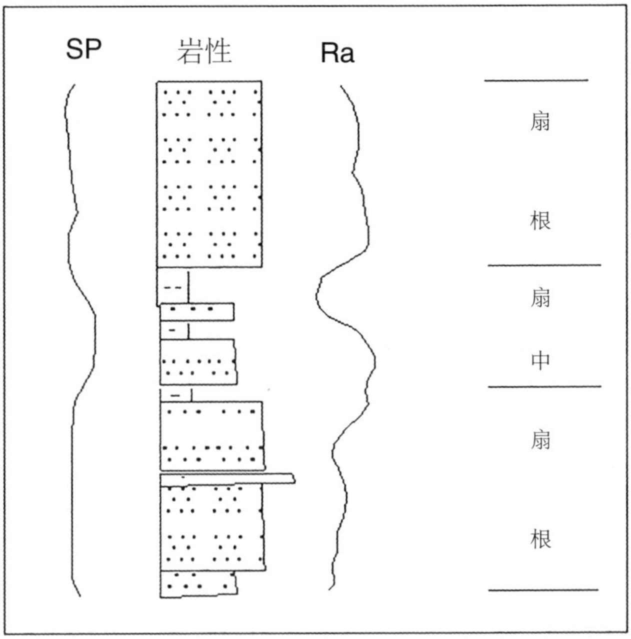

图 2-5　下石盒子组冲积扇相（伊 3 井）

2. 沉积相展布及沉积环境演化

研究区晚古生代石炭纪-二叠纪的沉积作用过程可划分为裂陷海湾和陆表海浅陷共存（晚石炭世）、统一陆表海（早二叠世）、近海内陆坳陷（中二叠世）和内陆湖盆四个发展阶段。

（1）晚石炭世羊虎沟期

晚石炭世早期，随地块整体沉降，海水自东部的华北海和西部的祁连海两个方向向中部入侵，中间构成“I”字形的古陆梁，东西两侧岩性、岩相与生物群落略有不同。西部海域向古陆超覆，海岸线位于鄂托克前旗-固原一带，东北缘乌达一带为三角洲持续发育，障壁岛分布在横山堡-灵武地区，岩石类型为粗粒砂岩，障壁岛外侧西北部为海湾，潮坪展布于北部及东部边缘，其他地区为潟湖浅海占据。研究区沉积物以黑色泥岩、砂岩、粉砂质泥岩为主，夹泥晶-粉晶白云岩、灰质白云岩和煤线。沉积物厚度变化大，从沉积区向银川一带迅速增厚到 600 m，沉积物西厚东薄。

中央古隆起以东沉积时间略晚于西部，为一向东开口的受限陆表海，海岸线位于鄂托克旗-定边-吴旗-铜川一带，东北部为三角洲相，岩性主要为石英砂岩，西部和中部为潮坪-潟湖相，沉积物和西部海域相似，但沉积厚度较薄，仅为 20～30 m。在羊虎沟末期，区域格局北升南降，海水南撤，海平面开始下降，潮坪向东向西迁移，研究区开始出现沼泽化，利于植物的生长、繁衍，形成规模大，分布广的石炭系主煤层。该期经历了海进、海退的演化过程，由于海侵规模小，环境局限，故砂体规模小，厚度薄，分布范围小，而且规律性差。

（2）早二叠世太原期

继晚石炭世沉积之后，随着地块逐渐沉降，海水由 E-SE 方向分别向中央古隆起和向北侵入，潮坪、潟湖和滨岸沉积逐渐超覆于中央古隆起的古侵蚀面之上，使中央古隆起沦于水下，东西部海域全面贯通，全区成为统一的陆表海。古隆起地形仍对沉积有一定程度的控制，东部地区以陆表海沉积为主，西缘地区转化为裂后坳陷，成为相对陆表海沉积中的坳陷带。该期古地理格局总体表现为冲积扇、三角洲、潮坪-浅水陆棚碳酸盐岩、障壁岛等沉积体系共存，并形成陆缘碎屑和碳酸盐岩的混合沉积。中央古隆起为潮坪沉积，沉积物厚度一般为 10～30 m，古隆起西部以潟湖、扇三角洲相为主，局部有障壁岛，沉积厚度变化大，从 40～300 m，形成 2 个沉积中心，北部以乌达地区为中心的三角洲沉积物厚度大，为 100～300 m，南部吴忠一带以潟湖沉积为主，沉积厚度一般在 40～60 m。北部杭锦旗-新召苏木一带发育冲积扇和冲积平原，以上各相沉积以粉砂岩、砂岩和泥岩为主，灰岩和煤层也发育。在中央古隆起的东侧和南侧发育有滨海沼泽、滨浅湖沉积，沉积物为微晶灰岩、生物屑灰岩和煤层沉积。该期是鄂尔多斯地区成煤成气的一个重要时期，煤层全区分布，厚度一般为 8～20 m，主要形成于三角洲、潟湖与障壁岛相连接区。

（3）早二叠世山西期

太原期沉积以后，区域构造环境和沉积格局发生显著变化。受华力西运动的影响，华北陆块整体抬升，鄂尔多斯地块古地形呈现北高南低，海水向鄂尔多斯地块东西两侧迅速退出，沉积性质由陆表海盆演变为近海湖盆，研究区沉积环境由海相转变为陆相，东西差异基本消失，而南北差异沉降和分异增强，研究区东南部吴旗–宁县地区为浅湖沉积，浅湖外缘发育有多个滨湖，浅湖周缘以三角洲沉积为特征，研究区砂体受控于石嘴山和平凉 2 个三角洲体系，发育巨大的三角洲前缘和三角洲平原，沉积厚度在 20～60 m，研究区北部发育有冲积扇和冲积平原，厚度变化也很大，20～80 m。研究区沉积物主要为砂岩、粉砂岩、粉砂质泥岩、泥岩和煤层，局部地区发育少量的灰岩，山西期气候温暖潮湿，植物繁茂，是鄂尔多斯盆地的主要成煤期。

（4）中二叠世下石盒子期

进入中二叠世，古气候由温暖潮湿向半干旱–干旱转变，植被大量减少，聚煤作用不复再现，沉积了一套灰白色、黄绿色的陆源碎屑建造，主要为砂岩和粉砂岩。初期，伴随区域构造活动继续加强，北部古陆进一步抬升，物源丰富，季节性水系异常活跃，沉积物供给充分，相对湖平面下降，河流–三角洲沉积体系向南推进，三角洲沉积异常发育。后期，伴随着北部物源区抬升的再次减弱，湖泊作用有所增强。

该期古地理格局与山西期相比具有一定的继承性，但也发生了较大变化。南北差异沉降和沉积相带东西展布更趋明显。研究区吴旗–宁县一带仍为浅湖相沉积，环浅湖发育有三角洲前缘和滨湖。研究区北部发育有冲积平原，在新召苏木一带发育冲积扇，与山西期相比，冲积平原面积扩大，发育于石嘴山–公卡汗一带，在冲积平原区主要有 4 条主水系河道分布，向南逐渐演变为三角洲平原的分流河道。研究区中北部银川–乌审旗一带和南部泾源–陇县一带为两个三角洲平原，该相带与山西期相比明显变窄，而三角洲前缘相对发育，分布于吴忠–鄂托克前旗以南地区。沿鄂托克前旗–定边一带中央古隆起仍旧存在，隆起区沉积物厚度<140 m，此带东西两侧地层厚度有所增加，该期沉积中心仍位于银川–石嘴山之间，最大厚度可达 160 m。

（5）中二叠世上石盒子期

该期鄂尔多斯地块北部由于受构造抬升作用减弱的影响，研究区北部冲积体系萎缩，冲积扇不发育，沉积作用向北部扩展，湖泊沉积体系发育，面积扩大，三角洲沉积北移。气候变得较为干燥，植被减少，从而形成紫红色、浅绿色为主陆源碎屑建造，主要为泥岩、砂岩和粉砂岩。岩相古地理格局为三角洲与湖泊沉积体系共存。

本期最终的变化是沉积作用向南北延伸扩大，湖泊面积扩大，研究区浅湖面积显著扩大，向北扩展到鄂托克前旗，向西扩展到中卫，但南部地区构造抬升作用增强，三角洲沉积体系向北推进。沿鄂托克前旗–定边一带中央古隆起仍存在，隆起区沉积物厚度 120 m 左右，向东南、西北地层厚度有所增加。

（6）晚二叠世孙家沟期

华力西旋回末期，秦岭海槽再度发生向北的俯冲削减，北缘兴蒙海槽因西伯利亚板块对接而消亡。华北陆块整体抬升，北高南低的地形更趋明显，海水自此退出华北地区，鄂尔多斯地区由前期的近海湖盆演变为内陆湖盆，研究区以发育冲积扇、河流和湖泊沉积体系为特征。该期气候变得更为干燥，沉积了一套紫红色碎屑岩建造，沉积物为砂岩和粉砂岩。本期湖泊缩小，三角洲和河流冲积体系比较发育，三角洲平原和三角洲前缘面积大。平原砂体厚度变化比较小，一般厚度在 75～100 m。研究区沉积物厚度为 100～500 m，具有南厚北薄的特点。

3. 原型盆地恢复

华北陆块在沉积了寒武系–奥陶系之后，晚加里东运动使秦祁海槽和中亚–蒙古海槽关闭并上升为陆，使鄂尔多斯地块经历了长达 150~130 Ma 的风化剥蚀，除阿拉善微陆块南缘（研究区西部）中宁、同心一带发育有泥盆系、志留系和下石炭统外，其他地区基本没有沉积。至华力西运动中期，秦祁海槽和中亚–蒙古海槽再度拉开，整个鄂尔多斯地块发生区域性沉降，进入了海陆过渡发展阶段。区域构造继承了早古生代NNE向隆坳构造，以横亘东西的中央古隆起为中心。研究区至晚石炭世开始接受沉积，而其东部地区直到晚石炭纪中后期才接受沉积。东西分异格局明显，西部为裂陷带内沉积，沉积物主要为泥岩夹泥灰岩。沉积物厚度大，形成靖远组和羊虎沟组；东部为浅坳沉积，厚度较小。东、西部之间为一条南北方向的中央古隆起。早二叠世早期，鄂尔多斯地块持续下降，形成普遍沉积，发育太原组。中央古隆起对沉积仍有一定的影响，东西分异格局仍然存在，东部为浅坳沉积，厚度小；西部为裂陷带内沉积，沉积物厚度大。

早二叠世晚期至中二叠世末，即在太原组沉积之后，到上石盒子组沉积末期，南、北海槽的再次对挤、夹击，华北陆块整体抬升，海水从鄂尔多斯盆地东西两侧迅速退出，从而结束该区自晚石炭世靖远期和羊虎沟期海侵初期发育的潟湖–障壁岛–潮坪沉积体系，和随后的早二叠世太原期海相频繁快速海侵和缓慢海退的浅水陆棚–潮坪–三角洲沉积体系，盆地内转为近海湖盆，沉积环境变为陆相，冲积扇–三角洲–湖泊体系发育，出现南北差异沉降和相带分异。中央古隆起范围缩小，并呈东北向展布，分割了西北和东南的三角洲体系。其中山西期三角洲发育，煤层厚度大，是形成砂质储集体和煤系烃源岩的重要时期。下石盒子期构造活动加强，三角洲沉积异常发育，是形成砂质储集体的又一个重要时期。上石盒子期区域构造作用减弱，湖泊体系面积增大，形成了良好的区域盖层。

晚二叠世，秦岭海槽再度发生向北的俯冲、削减、兴蒙海槽因西伯里亚板块与柴达木–华北板块碰撞消亡，华北陆块整体抬升，陆表海消亡，鄂尔多斯地区完全转变为内陆湖盆，沉积环境转变为大陆体制，以发育河流、三角洲和湖泊沉积体系为特征。

（二）三叠系沉积相特征、沉积环境演化和原型盆地恢复

鄂尔多斯盆地中生代地壳运动是晚古生代的继续，其后构造性质没有重大变化，但自晚三叠纪以来受燕山运动影响，三叠系在沉积上实现了由海相、海陆过渡相向陆相转变，发育了完整的陆相碎屑岩沉积体系，盆地西缘也形成了以湖相暗色泥岩为主的烃源岩。

1. 沉积相特征

根据鄂尔多斯盆地西部地区的特点和实际情况，将研究区陆盆沉积相域划分为冲积扇、河流、三角洲（扇三角洲）、湖泊等 4 个沉积相。

（1）冲积扇沉积

冲积扇沉积是一种山麓的快速沉积。在山谷的出口处，由于地形坡度急剧变缓，大量的碎屑物质便在山谷外的山麓地带堆积下来。常表现为以砾石为主的粗细混杂堆积，并以块状砾岩、砾状砂岩、含砾砂岩和砂岩夹少量的灰色砂质泥岩和泥质粉砂岩为特征，砾石以棱角状为主，排列无序，分选性及成层性非常差，成熟度也非常低，厚度变化较大。按冲积扇的沉积地层结构依次发育近端相（扇根）、中段相（扇中）和远端相（扇端）3 个亚相。扇根通常为灰绿、紫红色砂砾质泥岩及混杂结构的砂质砾岩，是碎屑流（泥石流）和砂质河沉积；扇中主要由辫状河道沉积组成，主要为块状和交错层理砂岩、砾质砂岩或含砾砂岩；扇端为红色块状含砂钙质泥岩及粉砂岩，属泛滥平原沉积（图 2-6）。研究区的冲积扇主要发育于鄂尔多斯盆地边缘演武、华亭策底坡一带，以盆地西缘的安深 1 井，西南缘的龙 1 井、龙 2 井、长 1 井为代表。冲积扇位置和大小的确定主要依据钻井和地震剖面的解释以及盆地边缘沉积厚度的变化状况。

（2）河流沉积

河流相沉积在内陆沉积盆地广泛分布。依据河道在冲积平原上分布形式的不同，可将河流分为顺直河、辫状河和曲流河 3 种类型。研究区辫状河沉积主要分布于崆峒山、崇信以及镇 3 井、剖 14 井、长 1 井一带。而曲流河沉

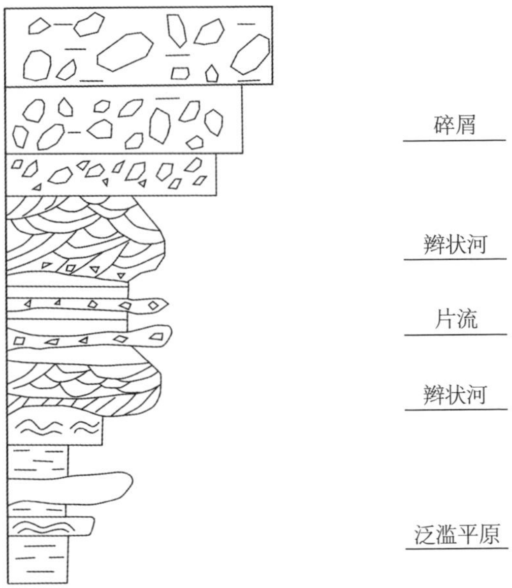

图 2-6　崆峒山进积式冲积扇序列

积主要发育于本区的东北缘安边、定边和铁边城一带。顺直河沉积未有发现，其中本区辫状河主要源于冲积扇的扇端部位（图 2-7）。岩性以灰色、灰绿色的含砾粗砂岩、砂岩为主，泥岩含量低，层理类型自下向上由块状层理-槽状层理-板状层理-平行层理变化，由心滩和河道微相组成，砂粒分选程度中等-较差，磨圆度为次圆-次棱角状，胶结物为泥质。

曲流河发育于坡降缓的地区，岩性以泥岩、粉砂质泥岩、泥质粉砂岩以及粉砂岩、细砂岩为特征，粗粒的砾-砂质沉积物较少。砂粒的分选程度及磨圆度均较好，泥质胶结。厚度一般不大，且泛滥平原相发育。沉积剖面上常表现出下粗上细的正韵律旋回结构，即为“二元结构”沉积特征。

（3）湖泊三角洲沉积

三角洲沉积环境是湖泊环境与陆地环境的过渡环境，其水文特点明显受湖泊水体与河流水体的双重作用控制。三角洲沉积相包括三角洲平原、三角洲前缘和前三角洲（图 2-8）。三角洲沉积在本区较为发育，主要分布于研究区环县-演武周边以及杨 1 井、安深 1 井、庆深 2 井一带。其中，三角洲平原

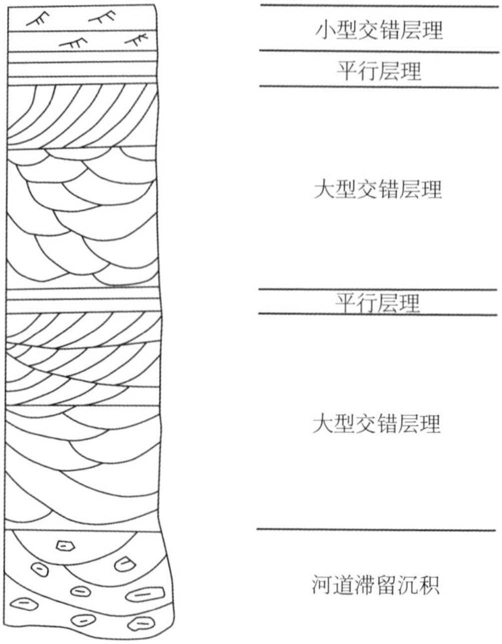

图 2-7　纳水河剖面辫状河沉积序列

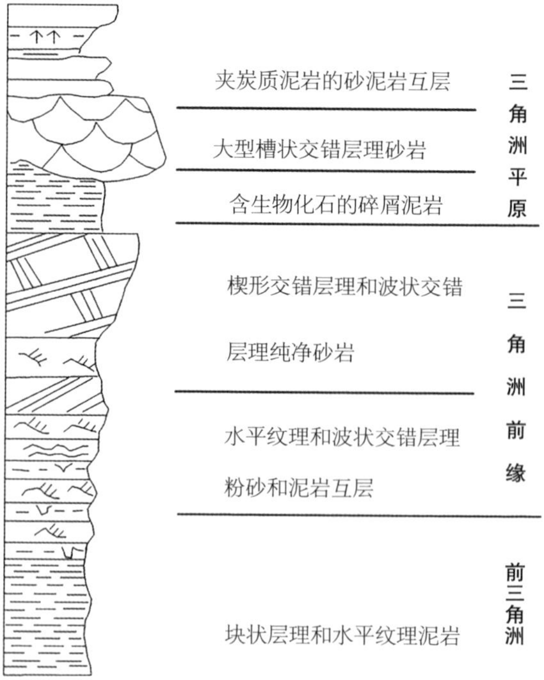

图 2-8　三角洲沉积序列

沉积亚相是指三角洲平原上的分流河道砂、天然堤、决口扇、湖沼及沼泽沉积。岩性以灰色、浅灰色泥岩、粉砂质泥岩以及泥质粉砂岩为主，夹少量粉砂岩，发育水平层理和小型波状层理。研究区三角洲平原的沉积厚度明显薄于三角洲前缘；三角洲前缘沉积亚相主要沉积于滨湖带，岩性以浅灰色粉砂岩、细砂岩为主，夹少量泥质粉砂岩和粉砂质泥岩，常见波痕，发育大型前积层理、小型楔状层理，以及波状层理、滑塌变形构造等，并含破碎的动物化石和植物碎片。前三角洲是三角洲延伸至湖泊的最远部分，沉积物非常细，一般以深色泥岩沉积为主，发育水平层理。由于前三角洲亚相的沉积特征与浅湖亚相非常相似，因此往往对它们并不加以区分。

（4）扇三角洲沉积

扇三角洲沉积环境也是湖泊环境与陆地环境的过渡，其水文特点同样受湖泊水体与河流水体双重作用控制。其发展的基本条件是沿岸带地形高差大，高坡降，并由具备高能动力的水流携带底负载入海（湖），通常均为碎屑流和辫状河流进入浅水环境所形成，包括 3 种沉积亚相：扇三角洲平原、扇三角洲前缘和前扇三角洲（图 2–9）。扇三角洲在本区较为发育，主要分布于盆地西南部平凉、策底坡、镇原、泾川和陇县一带。

与三角洲相比较，扇三角洲主要发育于大断裂山前地带，主要岩性为砾石、砂砾岩，明显较粗，但是分选差，成熟度低，磨圆度低，与冲积扇相似。发育交错层理，递变层理，见具有叠覆冲刷递变构造的沟道浊积岩砂砾岩体，偶见炭化植物碎屑。

（5）湖泊沉积

湖泊环境是陆盆沉积的汇水区，其沉积物根据粒度的大小，从湖边到湖心依次为砾–粗砂–砂–粉砂–黏土（或泥），呈环状分布。本区三叠系沉积以湖泊相沉积为主。经历了由滨湖相→浅湖相→较深湖相→深湖相的变化历程，其中滨湖相的地势平坦，在此沉积环境的水动力条件比较复杂。由于拍岸流和回流的作用，湖水对沉积物的改造和冲洗都非常强烈，薄层、块状浊积岩

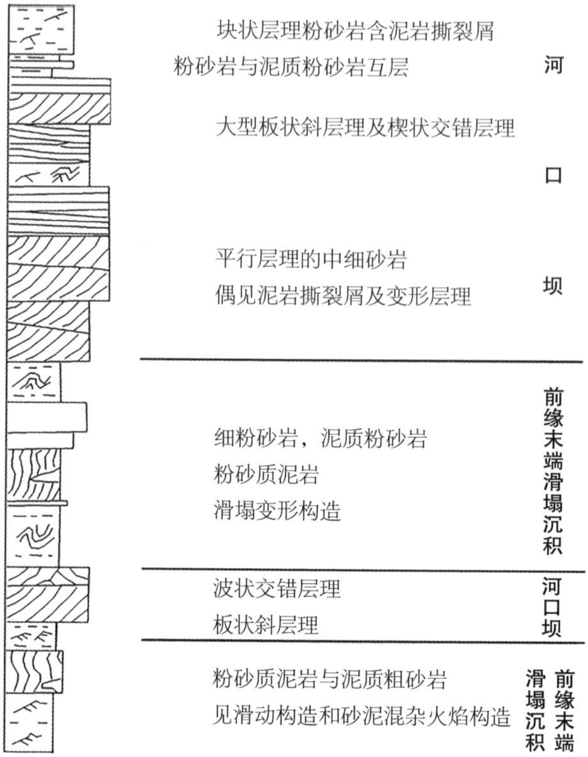

图 2-9　剖 14 长 6^2 扇三角洲剖面结构

连续沉积物还可露出水面，处于强烈的氧化条件和蒸发条件之下，其岩石类型较多。

鄂尔多斯盆地西缘浅湖相沉积主要为滩坝沉积体，浅湖滩坝微相沉积时明显受到波痕和湖流作用影响，岩性以深灰、灰黑色泥岩、碳质泥岩与薄层钙质细砂岩、粉砂岩，发育波纹交错层理、板状交错层理和楔状交错层理，见不显著的生物扰动及流水冲刷痕迹。

深湖（半深湖–深湖）是指浪基面以下距离浪基面较近的地带。深湖亚相又可分为深湖泥、席状砂和浊积扇、非扇状浊积岩等微相。深湖泥微相的岩性主要为深灰色、灰黑色厚层炭质、页岩及油页岩、泥岩夹灰色薄层粉细砂岩和少量的泥质粉砂岩，发育水平层理及微细的羽状纹层。

（6）浊积扇沉积

陆相浊流沉积是指沉积物重力流在深湖、较深湖区以及近岸陡坡处（大陆斜坡和湖盆边缘）形成的碎屑岩沉积体。本区浊积岩主要分布在镇原、西峰、固城一带。研究区内浊流沉积地层以细砂岩、粉细砂岩、粉砂质泥岩、黑色泥岩、碳质泥岩和油页岩为主，也见中砂岩和粉砂岩。泥岩中间常夹有星散状黄铁矿细晶或结核以及鱼鳞片、植物叶片化石等，砂岩内则含有灰黑色泥岩撕裂片、泥砾和碳化植物茎。并且具有非常丰富的层理和构造，底部常发育有槽模、沟模和重荷模，向上依次为正递变层理或块状层理、波状层理、包卷层理、（微细）平行层理，见鲍马序列，在薄层浊积岩中，见到BCDE、CDE、DE，在块状浊积岩中见ABCDE、BCDE、ADE等序列。研究区的浊积岩基本为低密度浊流和砂质高密度浊流。

2. 沉积相模式

研究陆盆沉积相包括冲积扇、河流、三角洲（扇三角洲）、湖泊相，构成冲积扇–河流–三角洲–湖泊沉积体系。从相类型、亚相类型、岩石类型、生物组合、沉积构造和分布层位等方面阐述陆盆沉积相模式如图2–10、表2–3所示。

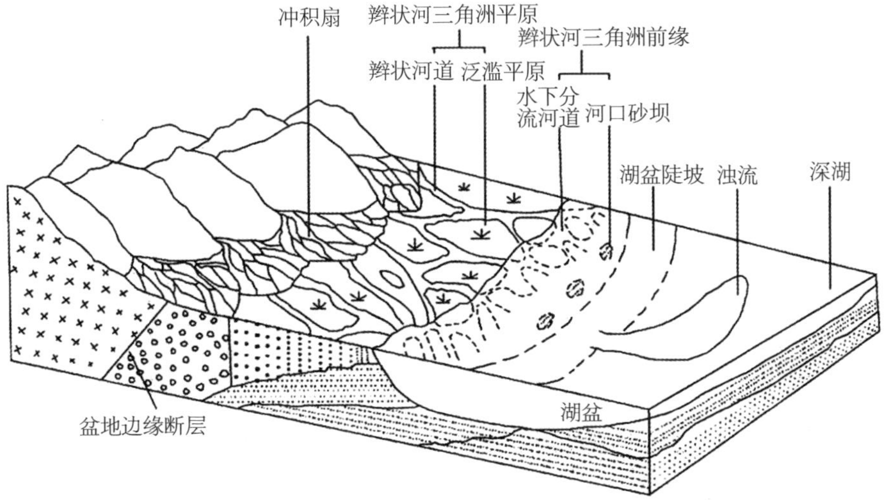

图2–10　陆盆沉积模式图

表 2-3　鄂尔多斯盆地西缘陆相沉积模式表

相类型	冲积扇	河流	三角洲（扇三角洲）	湖泊
亚相类型	扇根、扇中、扇端	辫状河：心滩、河道沉积；曲流河：河道、河漫滩、堤岸	（扇）三角洲平原、（扇）三角洲前缘、（扇）前三角洲	滨湖、浅湖、较深湖、深湖
岩石类型	以砾石为主，粗细混杂，砾石棱角状，分选差，成熟度非常低	辫状河：含砾粗砂岩、砂岩为主，泥岩含量低；曲流河：以泥岩、粉砂质泥岩、泥质粉砂岩以及粉砂岩、细砂岩为主	总体上表现为砂泥岩互层	从湖边到湖心与相带变化对应，依次为砾–粗砂–砂–粉砂–黏土（或泥），呈环状分布
生物组合	几乎不含动植物化石	缺少动植物化石	动植物化石碎片	各种生态的水生生物，植物如藻类，动物如腹足类、双壳类
沉积构造	层理发育程度差，常见冲刷充填构造	辫状河：块状层理、槽状层理、板状层理、平行层理；曲流河：大型槽状、板状交错层理和平行层理	层理多样，主要有交错层理、槽状层理、板状层理以及冲刷–充填构造、变形构造和生物搅动构造等	不同亚相水动力条件不一，可出现各种交错层理、水平层理
分布层位	三叠系	三叠系	三叠系	三叠系
代表地点	安深 1 井、龙 1 井、龙 2 井、长 1 井	辫状河：崆峒山、崇信以及镇 3 井、剖 14 井、长 1 井曲流河：安边、定边和铁边城	三角洲在环县–演武周边以及杨 1 井、安深 1 井、庆深 2 井一带；扇三角洲主要在盆地西南部平凉、策底坡、镇原、泾川和陇县一带	盆地西缘大范围

3. 沉积相展布及沉积环境演化

中生代三叠纪鄂尔多斯盆地为沿着秦祁造山带的大陆侧翼分布的沉积盆地。造山带的褶皱冲断作用，导致岩层的构造重叠，造成岩石圈的挠曲下沉，表现在近造山带一侧较陡、近克拉通一侧宽缓。在这种背景下，盆地的沉积体系（特别是盆地的轴部和活动边缘地带）明显受构造作用的控制。鄂尔多斯盆地中生代地壳运动是晚古生代的继续，三叠纪既没有独立大的构造旋回，也不是一个构造发育阶段的完成，整个沉积过程地壳只有升降运动，处于相对宁静的时期。但是自晚三叠世，在沉积上实现了由海相、海陆过渡相向陆相的彻底转变，发育了完整的陆相碎屑岩沉积体系。因此，对于研究区早中三叠世时期，以陆相沉积为主，存在海相沉积，而晚三叠世则发育形成了一套大型淡水内陆湖泊沉积。研究区晚三叠世时期，由于湖盆在发育演化过程、沉积体系存在差异，分为延长湖和汝箕沟湖，其中汝箕沟湖位于研究区西北部，规模较小，而延长湖规模较大，占据了整个研究区的大部分地区。

（1）早中三叠世沉积相展布

早、中三叠世鄂尔多斯盆地西缘与二叠纪末期的沉积环境差别不大，以陆相沉积为主，地层出露广泛。大部分地区为湖泊、冲积、河流沉积体系所占据，主要水流方向为北北东、南南西向。研究区西南隅发育浅海–滨海相沉积的碎屑滨岸、潮坪、海湾和三角洲等沉积体系。属稳定沉积环境。

（2）晚三叠世沉积相展布

研究区晚三叠世主要为陆相湖盆沉积，以发育陆源碎屑岩系为主。湖盆占据了整个盆地的大部分地区（以下称延长湖），盆地西北部汝箕沟此时期也出现了湖相沉积的特征（汝箕沟湖）。延长湖盆经历了初期（长 10）的初始沉降，到早期（长 9–8）的加速扩张和中期（长 7）的最大扩张后，再到晚期（长6–3）的发展阶段，最后在末期（长 2–1）消亡，完成了湖盆从发生、发展和消亡的沉积演化过程。鄂尔多斯盆地西缘北部与西缘南部的沉积环境又有所差异，以下分别论述。

① 汝箕沟湖：晚三叠世时期，西北部贺兰山汝箕沟地区地层自下而上划分为 3 个岩性组，下部为黄绿色、灰绿色及紫红色块状砾岩（砾石成分复杂，主要为石英、云母等，显示定向排列和垂直分选，发育块状层理）、含砾粗砂岩、粗砂岩夹灰色薄层状粉砂岩（粒序层理）；中部为灰绿色厚层块状粗–中–细砂岩夹灰黑色泥岩（发育大型槽状交错层理、块状层理和韵律层理）、粉砂质泥岩；上部为薄层灰黑色页岩与灰绿色石英粉砂岩互层，反映为河流（早期）–湖泊相（湖泊）沉积特征。

从露头和岩性方面来看，汝箕沟–石炭井区–桌子山地区，上三叠统岩性为砾岩、砂砾岩、长石砂岩、岩屑长石砂岩、长石石英砂岩、粉砂岩及泥岩、页岩，具有下粗上细的韵律层理，含有机质、煤线、碳质泥岩、植物化石，砂岩多为灰紫、黄绿色，页岩为深灰–灰黑色，具水平层理，为河流–湖泊相沉积。这些特征与石沟驿剖面，以砾石、粗砂和中砂岩为主，整体呈现辫状河–扇三角洲沉积特征明显不同。其中初期–早期为湖滨三角洲沉积，中期（长 7）为湖泊沉积，中期（长 7）以后湖水水面较高，据此推断可能在纸坊组沉积结束时或铜川组沉积开始时，汝箕沟地区地势低凹，形成了一个半封闭的深凹陷，可能有较小河流与外界沟通，山间河流与季节性洪水携带大量碎屑物质进入凹陷形成充填层序。早–中期（长 8、长 7），半封闭的凹陷已发展成独立的湖泊沉积环境，东边以银川隆起与大湖盆相分隔，向北至桌子山以东的乌仁都喜地区，在河流–湖泊碎屑沉积物中可见碳质泥岩、煤线、植物碎屑，显示为河流–滨湖及沼泽沉积，向南可至山根达赖、巴润别立地区。由于湖域小，湖盆陡，水流不断注入，物源充沛，斜坡处沉积物不稳定，不断发生滑塌引发浊流形成浊积扇。自晚期（长 6）以后，汝箕沟沉积地层为深水环境的产物，属高水位体系域，这种深湖相沉积可能一直持续到三叠世末或侏罗世早期。

② 延长湖：大风沟组下部沉积时期，盆地的底床形态略呈对称状，湖盆长轴方向北西–南东，湖岸线形态北窄南宽，略呈“八”字形，由北西向南东展开。湖盆中心在马坊–吴旗–太白–正宁地区，为浅湖亚相，浅湖外侧分布着滨湖亚相。在湖盆的东西两岸发育着三角洲前缘亚相，其外侧发育三角洲平原亚相。各相带的发育规模及分布次序大致呈近似状态，说明湖盆刚形成时略相对称。沉积相基本上呈带状分布，沿湖岸线发育着大中型三角洲：西峰三角洲。从沉积物的展布和沉积方向来看，盆地西缘三角洲平原亚相的广泛出现及三角洲前缘亚相的大规模建设，说明西部为主要的物源区。在盆地湖相沉积区内，发育较多的暗色泥岩沉积，集中于定边–华池–合水–正宁–富

县–安塞–靖边范围内。

大风沟组中部沉积时期，盆地的底床形态进一步向下弯曲。从沉积物的特征看，此时的下沉速度突然加快，致使盆地西、南部全部被水淹没，说明沉降中心可能向南西方向迁移，大风沟组下部发育的三角洲均淹没在水下。西部杨家咀子一带，由于湖盆的不对称性显现，形成较陡的湖岸，开始有水下扇发育（杨 1 井扇中）。从三角洲和水下扇分布局限性来看，此时的沉积物供给仅限于个别地区，而不再是西线全面供给的状态。由于沉降速度远高于剥蚀、搬运速度，沉积物供给不足，未能形成大规模沉积建造，沉积物均以泥质岩类为主，主要是对原有沉积物的改造和再沉积。泥岩主要发育在定边–吴旗–志丹–直罗–马栏–长武–宁县–太白–华池范围内。

大风沟组上部沉积时期，湖盆急剧下沉，为延长世最大湖进时期，底床仍具西陡东缓的特点。湖岸线位于刘庆 7 井–平凉西南–策底坡–崇信南一线以西，湖盆中心出现深湖亚相沉积，位于洪德–环 4–环 40–镇参井–泾川一线以东，以西为浅湖亚相，并发育三支浊流砂体。湖岸线大面积向外推进。西缘水下扇、西南缘扇三角洲向湖心作不大的生长，东部沉积作用大大加强，占主导地位。此期湖盆在渐进中达到鼎盛状态，形成重要的生油建造。浅湖亚相呈环带状主要分布在马坊–盐池–五谷城–永宁–富县–宜君–马栏–正宁–庆阳–马岭–马家滩地区，沿浅湖亚相向湖盆中心系深湖亚相沉积，主要为黑色泥岩、油页岩和碳质泥岩，有机质丰度高。

上田组下部沉积时期，盆地西缘、西南缘开始抬升，沉积作用再次加强，开始了又一次的全区三角洲建设。各个三角洲均向湖心有明显的推进，冲积平原相也向湖心推移，而深湖亚相收缩在合水–直罗–马栏–宁县范围内，仅为大风沟组上部沉积时的四分之一，湖盆总体呈现出充填、收缩的特点。盆地西缘石沟驿水下扇继风沟组上部沉积时平原化后，三角洲沉积相有所扩张，杨家咀子水下扇经风沟组上部沉积时南移后，出现了三角洲平原化沉积。崇信水下扇已经侵蚀无存。主要沉积方向与风沟组上部沉积时相同，但此时期剥蚀作用、搬运作用和沉积作用均加强，三角洲建设规模大，湖盆收缩明显。上田组上部沉积区域基本继承了上田组下部的规模和形态，其主要特征是全区大面积的沼泽化，结束了延长世的沉积过程。主要沉积方向与上田组下部相同，但此时已接近整个沉积过程的结束，沉积物质较细且供应不足，加之气候湿润，植物繁茂，导致大面积的沼泽的形成。

4. 原型盆地恢复

对鄂尔多斯盆地的构造演化研究表明，三叠纪经历了不同的构造演化阶段，早中三叠世尚未独立成盆，至晚三叠世则发育成大型内陆淡水湖盆，进入类前陆盆地阶段，具有前陆盆地的性质。

（1）早中三叠世盆地原型

早、中三叠世，研究区大部分地区为湖泊、冲积、河流沉积体系所占据，主要水流方向为北北东、南南西向。早三叠世刘家沟组、和尚沟组为干旱气候下的红色碎屑岩建造；中三叠世二马营组则为红、灰相间的碎屑岩建造。这时，昆仑、秦岭古洋尚未完全关闭，地形南低北高，故该期沉积南细北粗，西南部见海相夹层，发育浅海–滨海相沉积体系。

早三叠世刘家沟期，沉积地层南薄北厚，所反映的盆地基底南高北低非常显著。经过早三叠世和尚沟期和中三叠世二马营早期的过渡，南北向地层厚度由变化不大到无明显变化。表明整个盆地相对沉降的幅度已无明显差异。在东西向上，在盆地西部除环县–平凉间较小范围沉积巨厚外，大部分地区的沉积地层较薄。总体显示西北高、东南低的格局。从二马营晚期开始，盆地南部沉积地层明显增厚。到中三叠世铜川期，沉积地层厚度完全表现为南厚北薄的特征。鄂尔多斯盆地南薄北厚和南厚北薄的彻底转变，在转变时间上，与秦岭造山带的演化过程有很好的对应关系。

总之，鄂尔多斯地区在二叠纪–三叠纪早、中期尚未独自成盆，而是和华北地区一起在华北陆块之上形成一个典型的台盆。鄂尔多斯盆地的早中三叠世沉积总体上表现为西北高、东南低的特征。北部为一东西向展布的隆起，该隆起向南缓倾，在西部与盐池隆起相接；在中部与志丹隆起相连。

（2）晚三叠世盆地原型

在晚三叠世印支Ⅱ幕构造运动作用下，南祁连、北秦岭沿原北西构造线方向崛起成山，使鄂尔多斯及邻区的古构造面貌发生了改变。

延长湖的沉积中心位于铜川–庆阳一带，而沉降中心则偏于西侧、西南缘。由于在上田组沉积过程中，湖盆中心一直滞留在盆地南部，北部一直是河流相区，处于相对上升地带，盆地内部“南湖北河”的面貌甚为明显，即在北纬38°以南主要是湖相沉积，以北主要为河流相沉积。沉积相带展布略呈环带状，展布轴向大体呈北西–南东向，较深–深湖相的展布呈北西–南东向，并不与盆地西缘南北向构造带平行。湖岸北线在乌审旗–靖边–横山一带，岸上为冲积平原及三角洲平原相，岸下湖岸线三角洲发育；西南缘湖岸线大致在石沟驿–平凉–永寿附近，沿环县、平凉发育近源近岸水下扇，与盆地东北部的三角洲呈对称分布；盆地内为湖泊沉积，沿华池–正宁一带为较深–深湖相。

由石沟驿–吴旗–富县–薛峰川沉积相剖面可知，上三叠系上田组在石沟驿至积参井之间非常短的距离内，相带由冲积扇直接变为滨浅湖相，而从盆地边缘向盆地中心正常的沉积体系一般为冲积扇–河流相–三角洲相–湖相，石沟驿地区上田组沉积相出现的突变，造成该区三叠世上田组巨厚沉积，钻井资料显示，厚度都<1 300 m。由此说明，在上田组沉积期间，在石沟驿与积参井之间应当存在巨大的地形高差，推断可能是在盆地演化过程中，推覆冲断形成大断裂所致。

对于汝箕沟湖，则可能形成于晚三叠世早期，处于鄂尔多斯盆地西北缘。由银川隆起将其与延长湖分开，形成一个相对独立的沉积中心。同时，在汝箕沟地区上田组顶部发育的玄武岩表明，至少在盆地西北部当时尚处于伸展环境。

总之，晚三叠世鄂尔多斯盆地及周缘地区的古地理轮廓为北缘为阴山隆起，西南缘及南缘为祁连–秦岭隆起，而研究区–盆地西缘远远超出现今上田组残留范围，向西与河西走廊晚三叠世盆地相连。根据龙1井–西峰–吴旗–横山–柳沟剖面可知，研究区表现为南厚北薄的沉积格局，说明研究区南部在区域性构造运动作用下，已经隆起形成物源区，呈现出北浅南深的古地理特征，从而进一步说明盆地构造运动对沉积环境格局的重要影响制约。

（三）侏罗系（延安组）沉积相特征、沉积环境演化和原型盆地恢复

1. 沉积相展布及特征

根据岩石的成因标志和宏观沉积特征，延安组地层的沉积环境可划分为浅湖三角洲体系和河流沉积体系两大类，其中宁东地区以浅湖三角洲体系为主，而宁南地区以河流体系为主。在浅湖三角洲体系中，可细分出三角洲平原相、三角洲前缘相和前三角洲–浅湖相；河流体系可划分出冲积河道相、泛滥盆地相及漫滩沼泽相等。

（1）浅湖三角洲体系

① 三角洲平原相，分布在三角洲层序的上部，是含煤地层中最主要的沉积类型，主要构成元素有分流河道及天然堤沉积组合、决口扇和决口三角洲沉积组合、分流间细粒越岸沉积组合和泥炭沼泽沉积。各沉积组合分述如下。

A. 分流河道和天然堤沉积组合：分流河道沉积由各种粒级的砂岩组成，发育大–小型交错层理，底部具冲刷面。分流河道砂体明显具有向上变细的粒序特征，于其顶部即过渡为较细的垂向加积，含较丰富的植物化石。砂体厚度一般在10多米至20多米。在断面上，分流河道砂体呈透镜状被粉砂、泥质沉积物所包围，顶部的细粒垂向加积部分较发育，这与决口分流水道砂体有较相似之处。分流河道砂体的测井曲线特征，反映了总体向上变细的垂向层序；视电率和自然电位曲线均呈向上收缩形，底界面突变。

天然堤沉积，在垂向上位于分流河道砂体之上，横向上则位于分流河道砂体的两侧，多为较薄的粉砂岩、细粒砂岩互层，单层厚度一般为十几到几十厘米。

B. 决口扇和决口三角洲沉积组合：决口扇和决口三角洲的普遍发育，是延安组含煤地层浅湖三角洲体系的重要特征。决口扇砂体主要由粉砂岩、细粒砂岩组成，以块状层理为主，有时可见小型交错层理、变形层理等，发育生物潜穴和扰动构造，常见植物根系直穿层面。决口扇砂体横向展布于河道砂体的旁侧，呈板状；在垂向上多呈夹层出现，厚度一般<3 m，其上、下与细粒沉积呈突变接触关系。决口扇砂体具重力流的沉积特征，砂体的内部颗粒磨圆度较差，杂基支撑。上述特点，均表现了决口扇沉积作用为一种快速的堆积。

决口三角洲沉积，形成规模可在数十平方千米，常成为稳定厚煤层发育的良好场所，包括决口水道砂体和水道间细粒垂向加积沉积物。决口水道砂体在走向断面上呈平行展布的上凸状透镜体，具向上变细的粒序特点，砂体厚可达 20 多米。决口水道间为粉砂、细粒砂岩和泥岩等充填，含较丰富的植物化石。

C. 分流间细粒越岸沉积组合：通常由粉砂岩、细粒砂岩和泥岩组成，发育水平层理或纹理，小型波纹层理和攀升层理等，常见植物化石或植物化石碎片。其层序特点表现为泥岩和粉砂岩、细粒砂岩的不等厚互层，单层厚度一般<1 m，其间常夹有决口扇砂体。

D. 泥炭沼泽：在三角洲平原环境中，后期通常演变为广阔的泥炭沼泽，形成较厚的稳定煤层。厚煤层的下伏层位一般以天然堤及决口扇、决口三角洲成因之细粒砂岩、粉砂岩和泥岩为主，有时也可以是废弃的分流河道砂岩。在稳定广阔的泥炭沼泽形成前的三角洲平原建设时期于分流间洼地局部即出现泥炭沼泽环境，但大多只形成煤线或极薄的煤层，有时也可能形成局限的中厚煤层。

② 三角洲前缘相，主要构成为河口坝沉积和水下分流河道沉积。

A. 河口坝沉积组合：通常由较细的砂岩和粉砂岩构成，可分为远端坝和近端坝两种形式，由主分流河道携带沉积物进入浅湖水体且向两侧和前方扩散形成的进积砂沉积所致。远端坝部分，粒度较细，为一套薄层粉砂岩与细粒砂岩互层，具水平层理，生物扰动构造较为发育；近端坝部分为一套细粒砂岩、中粒砂岩和粉砂岩互层，与远端坝比较，粒度总体较粗，发育小型交错层理，变形层理等沉积构造，构成河口坝沉积的主体部分。河口坝砂体的上、下界面均比较平直，呈席状展布形式，在垂向上总体显示了向上粒度变粗、互层厚度加大的特点。河口坝砂体的粒度区间跨度小，大多位于细砂级区间，分选性良好。

B. 水下分流河道沉积组合：水下分流河道砂体为三角洲平原之分流河道砂体向三角洲前缘方向延伸的部分，由各种粒级的砂岩组成，发育大–中型层理和块状层理，底部也具有冲刷面。在垂向上，其顶、底一般为三角洲前缘–浅湖的水下泥质或粉砂岩沉积。其测井曲线特征，视电阻率和自然电位 2 个参数曲线构成箱状形式，顶、底线均呈突变。

C. 前三角洲–浅湖相：前三角洲–浅湖相在垂向层序上位于三角洲层序的底部，由具水平层理或纹理的泥岩、粉砂质泥岩或粉砂岩组成，单层厚度一般<3 m，不含或者含少量的植物化石碎片，偶尔可发现蚌壳类动物化石，其下伏层多数情况下为另一三角洲层序顶部的主要煤层。

（2）河流体系

延安组含煤地层中河流体系沉积的发育程度比浅湖三角洲体系差，其沉积相的构成大致划分为冲积河道相、泛滥盆地相及漫滩沼泽相等类型，依次简述如下。

① 冲积河道相，由各种粒级之砂岩、砂砾岩组成，其垂向层序和沉积构造特点如下。

A. 砂体呈多阶性，沿古流方向侧向加积。常见层间冲刷面，以底部冲刷面最为明显。冲刷面凹凸不平，对下伏地层有较强的冲刷作用。

B. 明显具有向上变细的垂向层序，底部常存在较粗的滞留沉积，顶部过渡为细的泛滥盆地沉积。

C. 随着粒度向上变细，交错层理的规模也由大变小，层理类型由大型的交错层理过渡到小型的交错层理、攀升沙纹层理等。

② 泛滥盆地相：在横向上，泛滥盆地相位于冲积河道相两侧，由较细的细粒砂岩、粉砂岩、粉砂质泥岩和泥岩组成，常见水平层理和攀升层理。于泛滥盆地相和河道相其间常夹有决口扇砂岩，为河道决口快速堆积而成。在垂向上，泛滥盆地相位于冲积河道砂岩之上，构成完整的向上变细的河流充填层序。

③ 漫滩沼泽相：由炭质泥岩、根土岩和煤组成，在垂向上位于泛滥盆地相之上，自下而上为炭质泥岩、根土岩和煤。在横向上，这种相单元代表了河流体系中离冲积河道最远的沼泽沉积。由于冲积河道的迁移，漫滩沼泽随之扩展，并具较好的延续性，形成具有广泛分布的稳定厚煤层。

2. 沉积环境及演化

延安组沉积环境在时空演化上具有以下特点。

① 延安组第一段的沉积环境是以典型的冲积河道为格架的冲积平原环境，在河道两侧发育泛滥盆地和漫滩沼泽。随着沉积作用古地形渐趋淤平以及河道的废弃，使河道旁侧的泥炭沼泽环境进一步扩展，形成分布较广的中厚–厚煤层，但煤层的发育仍受古河道的控制。从古环境的配置关系来看，在接近盆地边部发育辫状河平原，向盆地中心方向过渡为曲流河洪泛平原。

② 延安组第二段至第四段的沉积环境与第一段有比较明显的不同，主要表现为出现向上变粗的三角洲层序，并发育典型的湖相泥岩层，这些特点表明盆地边缘由冲积平原环境演化为浅湖三角洲环境。在浅湖三角洲环境中三角洲平原占有优势，从沉积构成上则显示以三角洲平原相组合为主。在三角洲平原的主分流河道间广泛发育决口扇和决口三角洲。在垂向上，由前三角洲–浅湖泥质沉积，三角洲前缘较细的砂质沉积再到三角洲平原沉积和顶部的泥炭沼泽沉积，反映了浅湖三角洲的整个发育过程。受区域性水进水退的影响，该过程具有多阶段性重复的特点。

③ 延安组第五段的沉积环境是以三角洲平原的分流河道和泛滥盆地为格架环境的古环境配置关系，该时期湖水已退出本区，缺乏典型的湖相泥岩层，晚期具有向冲积环境过渡的特点，其垂向层序显示为向上变细的特征，反映浅湖三角洲又开始向冲积平原过渡。

综上所述，延安组的沉积环境从总体上来看是以河流作用为主的浅湖三角洲面貌，从其沉积演化的情况来看，延安组的形成经历了冲积平原、浅湖三角洲又复向冲积平原过渡的充填演化过程，每一个充填阶段均具有明显的周期性变化。

3. 原型盆地恢复

鄂尔多斯侏罗纪盆地的西界大体在桌子山东麓–石沟驿–王洼–华亭一线，侏罗纪地层在其北缘分布于黄河断裂以南，河套断陷内的白垩系和新生界直接不整合于前寒武纪结晶基底之上，并向南超覆，说明现今的河套断陷在侏罗纪可能是一个广阔的隆起区；此外，从盆地内部的侏罗纪地层厚度在伊和乌素–东胜一带逐渐向北变薄，不同层段向北超覆（如在罕台川、高头窑一带缺失延安组下部层位）等情况判断，现今地层的分布范围即使不是该盆地的真正北界，但无论如何都不会越过现今的河套断陷。侏罗纪煤系在鄂尔多斯盆地南缘分布于陇县草碧镇、千阳芬芳河、麟游良舍、彬州、旬邑以北，其厚度逐渐向南变薄，并在彬州、旬邑发育残积相沉积物，这样，它的南界就被限制在现今的渭河断陷以北。

鄂尔多斯盆地的侏罗系煤系分布于神木、榆林、子长、延安、富县、宜君一线。但是，无论从相走向或者地层厚度的区域变化判断，它都不可能是侏罗纪盆地的实际边界；已有古流数据显示未构成向心式古流格局，而是向东和南东方向开放。这表明，吕梁山在侏罗纪尚未形成，大同–宁武复向斜的侏罗系和河南济源的侏罗系可能是鄂尔多斯盆地的一部分。在大同–宁武一线，侏罗系煤系自北而南，由含煤的冲积体系为主的沉积序列变为不含煤的或含煤很差的湖泊体系为主的序列，古流指向南西或南西西，这种区域上的变化趋势与吕梁山以西神木–延安的情况类似；河南济源地区不含煤的侏罗系极为特殊，那里已发现了深湖沉积体系及比较完整的深水重力流沉积序列。因此，它可能和延安附近的湖泊沉积一起，构成水盆地中心。此外，山西太谷、榆社、武乡、祁县的交界地带以及古县上哲才至洪洞县苏堡一带残存有相当云岗组的地层，并平行不整合于三叠系之上，缺失大同组和永定庄组。上述事实表明，鄂尔多斯侏罗纪盆地的原始东界大致在东经 113°附近，现今保存于大同–宁武复向斜、河南济源以及吕梁山以西、桌子山、六盘山以东的侏罗纪煤系分布区，只是原始沉积盆地经后期构造运动肢解后保存下来的“片段”。

三、层序地层

（一）石炭纪–早二叠世层序地层

以贺兰山和香山地区剖面为基础，可将区内石炭纪–早二叠世层序地层划分为 5 个层序（旋回层序）、10 个体系域（图 2–11），其特征如下。

1. 层序 1（CS1）

属杜内早中期沉积，对应的岩石地层单位为前黑山组下段和中段，由海侵体系域（TST）和高水位体系域（HST）组成，厚 55.3～237.4 m。其底界与下伏地层中宁组呈不整合或平行不整合接触，界面之上发育高成熟度的海侵底砾岩，为 I 型层序界面。层序下部 TST 由潮坪相、障壁岛–潟湖相砾岩、砂岩、粉砂岩、泥岩和少量灰岩、灰质白云岩组成，沉积层序（相当副层序）具明显的退积特征。

TST 之上发育一层厚约 30 m 的潟湖相泥岩，色调呈灰绿、黄绿和紫红色，并见夹薄层灰岩，属凝缩层（CS），应相当最大海泛面（mfs）层位附近沉积。HST 由潟湖相碳酸盐岩和少量泥岩、石膏岩组成，碳酸盐岩含燧石结核或条带，局部可见石盐、石膏假晶及干裂，含腕足类、瓣鳃类和介形虫等，沉积层序具加积–进积特征。HST 顶部杂色泥岩见含钙质结核，具暴露标志，

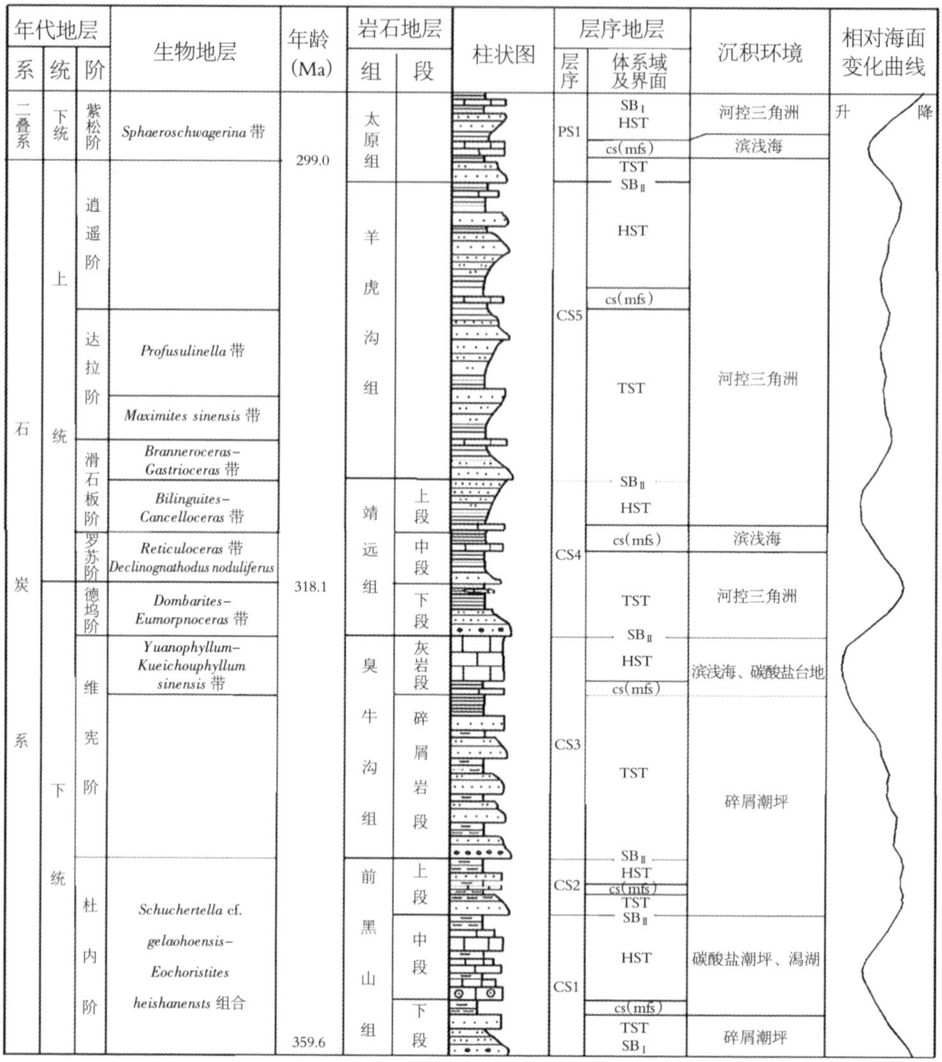

图 2–11　石炭纪–早二叠世早期层序地层划分图

说明该层序顶界位于含钙质结核泥岩之顶。本旋回层序组大致由 4 个副层序组成，各副层序之间均以突发海进面为界面。

2. 层序 2（CS2）

属杜内晚期沉积，对应的岩石地层单位为前黑山组上段，由 TST 和 HST 组成，厚 0～150 m。层序底界即为第一旋回层序组顶界，为一较大的海侵侵蚀面，属Ⅱ型层序界面。层序下部由浅灰色厚层中粗粒钙质石英砂岩、细砂岩及砂质灰岩组成，属海侵体系域（TST）。中部为钙质泥页岩夹厚层灰岩，为本层序的最大海泛期沉积（mfs）。顶部为灰色粉砂岩、砂质泥（页）岩夹浅灰色薄–中层石英砂岩，含黄褐色疙瘩状泥钙质团块，含菱铁矿结核，泥（页）岩含腹足类及总鳍鱼类化石等，为海退层序高水位体系域（HST）。本层序顶部存在一较大的海侵侵蚀面，为本层序顶界。该旋回层序组大致由5个副层序组成。

3. 层序3（CS3）

属维宪期沉积，对应的岩石地层单位为臭牛沟组。由TST和HST组成，厚100～400 m。层序底界即为第二旋回层序组之顶界，为一规模较大的海侵侵蚀面，属Ⅱ型层序界面。层序下部由潮坪相的灰–浅灰色石英砂岩、粉砂岩、泥(页）岩和少量薄层灰岩、劣质煤线组成，见夹鲕状赤铁矿层，含菱铁矿结核，含植物和腕足类、双壳类、海百合茎等化石，具向上变细的退积层序特征，属TST。TST之上为厚约20 m的深灰色薄层灰岩与黑灰色泥（页）岩互层段，含腕足类、双壳类、海百合茎、有孔虫等动物化石，应属凝缩层（CS），相当mfs上、下层位。HST由浅海相灰–深灰色中–厚层灰岩、生物碎屑灰岩组成，含燧石条带，横向可相变为黑色页岩夹灰岩，沉积层序具加积–进积特征。HST之上存在一较大的海侵侵蚀面，为本层序顶界。本旋回层序组由7个副层序组成，各副层序之间均以突发海进面为界面。

4. 层序4（CS4）

属德坞期至滑石板中期沉积，对应的岩石地层单位为靖远组。层序底界为一较大的海侵侵蚀面，界面下为第三旋回层序组之HST浅海相碳酸盐岩，界面上为灰白色细砾岩、石英砂岩，属水下分流河道沉积，界面上下沉积环境发生了较大的变化，是层序边界存在的标志。下部TST由分流河道细砾岩、石英砂岩、粉砂岩和泥岩组成，沉积层序（相当副层序）具明显的退积特征。TST之上为厚20～50 m之前三角洲相–浅海相黑色页岩、粉砂质页岩夹不稳定层状灰岩，页岩和灰岩富含头足类、腕足类、双壳类、腹足类等海相动物化石，页岩尚含植物和菱铁矿结核，应属凝缩层，相当 mfs 上、下层位。HST 由三角洲相的砂岩、粉砂岩、泥岩、页岩和煤层（线）组成，主要发育下三角洲平原和三角洲前缘亚相沉积，显示进积特征。HST 之上为一冲刷侵蚀面，应为本层序顶界。本旋回层序由 10 个副层序组成。

5. 层序 5（CS5）

属滑石板晚期至逍遥期沉积，对应的岩石地层单位为羊虎沟组。层序底界为一较大的海侵冲刷面。下部层序以含煤为主，代表低位期；中部发育较厚较稳定的含双壳类、介形类海相灰岩，代表层序的最大海泛期；上部层序陆源供给增强，发育大型板状交错层系，河口砂坝及间湾泥岩和含煤沼泽发育，代表高水位体系域。HST 之上为一冲刷侵蚀面，为本层序顶界。该旋回层序由 7 个副层序组成。

上述 5 个层序中 CS1 层序属Ⅰ型层序，CS2～CS5 层序属Ⅱ型层序，它们均由 TST 和 HST 组成，缺乏低水位体系域（LST），这是由于该区位于陆棚内部远离陆棚边缘所致。石炭纪时限约为 60 Ma，这样每个层序组的平均时限为 12 Ma，应为三级海平面变化控制的层序。

（二）晚三叠世（上田组）层序地层

根据贺兰山汝箕沟剖面、宁东石沟驿剖面、磁窑堡剖面及钻孔剖面分析，鄂尔多斯盆地西缘晚三叠世层序地层总体表现为一个三级层序，层序顶界为侏罗系富县组或延安组与三叠系上田组不整合界面，底界为上三叠统大风沟组与中三叠统二马营组整合界面。该三级层序可进一步划分为 3 个层序（相当于四级层序）。

1. 层序 1（TS1）

属晚三叠世早期沉积，相当于地层单元大风组下–中部。旋回层序 1 可进一步划分为 2 个小层序组，即小层序组 1 和小层序组 2，它们分别为初始快速沉降阶段的加积型下部体系域和快速沉降阶段的退积型中部体系域。

下部体系域体系分布在安口一带为低弯度曲流河体系，在石沟驿地区为辫状河体系，在贺兰山地区则为冲积扇–辫状河平原体系。整个小层序组表现为垂向加积的特点。盆地西缘下部体系域的沉积构成反映了基底沉降速率等于沉降供给。中部体系域体系构成西南缘主要为陡坡三角洲体系，而西北缘仍为冲积扇–辫状河平原体系，但以辫状河平原为主。小层序组的垂向堆叠形式为退积型，反映了大于沉积供给的高沉降速率的特点。

2. 层序 2（TS2）

属晚三叠世中–晚期沉积，相当于地层单元大风沟组上部至上田组下部。旋回层序 2 亦可划分为 2 个小层序组，即小层序组 3 和小层序组 4，它们分别相当于快速沉降阶段的湖泛型或退积型中部体系域和稳定沉降阶段的进积型上部体系域。

中部体系域体系构成在西南缘主要为湖泊体系（或作为前陡坡三角洲组合）、陡坡三角洲体系，西北缘则为扇三角洲体系。西南缘安口地区中部体系域为湖泛型，西北缘贺兰山汝箕沟地区体系域为退积型。盆地西南缘和西北缘体系域反映了继旋回层序 1 之后沉降速率急速增大，沉降供给相对降低。上部体系域构成在西南缘主要为冲积扇、陡坡三角洲体系，西北缘则仍为扇三角洲体系。该体系域是西南缘最大的一次进积，粗碎屑大量出现，陡坡三角洲朵体向盆地中心挺进。整个西缘上部体系域显示了明显的进积型特点。可见，盆地西缘旋回层序 2 上部体系域沉积供给量均大于沉降量。

3. 层序 3（TS3）

属晚三叠世晚–末期沉积，相当于地层单元上田组上部。旋回层序 3 也可划分为 2 个小层序组，即小层序组 5 和小层序组 6，它们分别为快速沉降阶段的退积型中部体系域和稳定沉降阶段的进积型上部体系域。

中部体系域体系构成在西南缘为湖泊三角洲体系，西北缘为扇三角洲体系，是第二次扇三角洲体系沉积旋回。盆地西缘整个体系域垂向小层序呈退积型叠覆。该时期盆地西缘沉积供给小于沉降速率。上部体系域全盆地除西北缘贺兰山地区外主要为曲流河体系及湖沼沉积。小层序为进积型堆叠形式。

整个盆地该时期趋于稳定，沉积供给大于沉降，导致盆地原型萎缩消亡，进入新的演化阶段。

（三）侏罗纪层序地层

根据实测地层剖面及钻孔剖面分析，鄂尔多斯盆地西缘侏罗纪层序地层总体表现为一个三级层序，层序顶界为下白垩统保安群与晚侏罗世安定组或芬芳河组不整合界面，底界为下侏罗统富县组或中侏罗统延安组与晚三叠世上田组不整合界面。该三级层序可进一步划分为5个旋回层序（相当于四级层序）。

1. 层序1（JS1）

属早侏罗世沉积，对应的地层单元为富县组。鄂尔多斯盆地在晚三叠世末期抬升，形成了区域性角度不整合界面。侏罗纪早期沉积物，尤其是富县组和延安组下部明显受控于起伏不平的古地形，沉积过程起了填平补齐之作用。富县组在盆地西缘分布局限，西北缘贺兰山一带基本缺失。内部可分2个小层序组，即小层序组1和2。小层序组1为初始缓慢沉降阶段的加积型下部体系域，是侵蚀沟谷的初始河道充填。小层序组2的中部体系域在研究区不太发育，而在盆地东部一些独立的洼地之中发育浅湖沉积和小型扇沉积。

2. 层序2（JS2）

属中侏罗世早期沉积，对应的地层单位是延安组。旋回层序2内部可划分5个小层序组，即小层序组3～7，分别与延安组内部5个岩性段相当。小层序组3和4分别为初始缓慢沉降阶段的加积型下部体系域和快速沉降阶段退积型中部体系域；小层序组5～7为稳定沉降阶段进积型上部体系域。下部体系域主要由曲流河体系构成，呈垂向加积，反映沉降速率等于沉积供给。中部体系域是鄂尔多斯盆地最大的湖泛期，以湖泊三角洲体系占优势，整体构成退积型堆叠形式，反映沉降大于沉积供给。上部体系域内部3个小层序组反映了在相同构造-沉降背景下的3个演化阶段，整体构成进积型堆叠形式。上部体系域反映沉积供给大于沉降速率。

3. 层序 3（JS3）

属中侏罗世晚期沉积，对应的地层单位为直罗组。本旋回层序可分 2 个小层序组，即小层序组 8 和 9，它们分别为初始缓慢沉降阶段加积型下部体系域和快速沉降阶段退积型中部体系域。下部体系域体系构成主要为辫状河–低弯度河流体系；中部体系域西缘主要为洪泛平原及河流沉积，局部出现平原湖泊沉积，以粉砂岩和泥岩为主。

4. 层序 4（JS4）

属晚侏罗世早期沉积，对应的地层单元为安定组。本旋回层序亦可划分为 2 个小层序组，即小层序组 10 和 11，它们分别为初始缓慢沉降阶段加积型下部体系域和快速沉降阶段退积型中部体系域。下部体系域体系构成在西北缘为湖泊三角洲体系，西南缘为湖泊体系。而中部体系域构成在盆地西缘主要为湖泊体系，从下往上从滨湖演化为浅湖沉积。

5. 层序 5（JS5）

属晚侏罗世晚期沉积，对应的地层单位是芬芳河组。只发育一个层序，分布于盆地西北缘乌家庙–铁克苏庙一带及西南缘千阳芬芳河局部地区。它们相当于稳定沉降阶段进积型上部体系域，主要由冲积扇体系构成。

第三节 六盘山盆地白垩纪地层特征与沉积相、沉积环境

一、地层特征

六盘山盆地综合地层区划属华北–柴达木地层大区，跨阿拉善地层区阿拉善南缘地层分区和祁连地层区北祁连地层分区。出露中元古代、奥陶纪、志留纪、泥盆纪、石炭纪、二叠纪、三叠纪、侏罗纪、白垩纪、古近纪、新近纪和第四纪地层（表 2–2）。下面仅重点叙述六盘山盆地白垩纪地层特征。

六盘山盆地白垩系仅发育下统，统称六盘山群，自下而上可进一步划分为三桥组、和尚铺组、李洼峡组、马东山组和乃家河组。

1. 三桥组

主要分布于月亮山地区，窑山、双井子、炭山、李洼峡、和尚铺、三关、沙塘川和沙南等地有零星出露，为一套几乎全由粗碎屑岩组成的山麓相沉积。以不整合于侏罗系或更老地层之上。

2. 和尚铺组

主要分布于月亮山和六盘山地区，在同心东部窑山、石塘岭和康家湾见有零星露头。为一套主要由紫红色砂岩、粉砂岩和泥岩组成的河流相-湖泊三角洲相的沉积。产鱼类、介形虫、植物等化石。与下伏三桥组和上覆李洼峡组均为整合接触。

3. 李洼峡组

主要出露于月亮山东北麓、大关山分水岭两侧及小关山三关口-沙南一带，同心东部康家湾和包头水见有零星露头，为一套主要由杂色砂岩、粉砂岩、泥岩和灰岩组成的滨浅湖相沉积。产叶肢介、介形虫、鱼类及植物等化石。与下伏和尚铺组和上覆马东山组均为整合接触。

4. 马东山组

主要出露于月亮山东北麓、马东山、大关山、小关山，同心东部的康家湾、窑山、包头水、双井及固原东部的炭山、云雾山、程儿山等地有零星出露。为一套主要由灰绿-蓝灰色泥岩、页岩和灰岩组成的浅湖相-半深湖相沉积。产叶肢介、介形虫、鱼类及植物等化石。与上覆乃家河组和下伏李洼峡组均为整合接触。

5. 乃家河组

主要出露于月亮山东北麓和小关山西麓，隆德县城南桃山、山河、同心东部包头水、固原东部炭山、西部高家山和裴家堡等地有零星出露。主要由灰绿、黄绿、蓝灰间夹紫红色泥岩、灰岩、泥灰岩组成，局部发育膏岩、岩盐沉积。产叶肢介、介形虫、鱼类及植物等。与下伏马东山组连续沉积，其上为始新统寺口子组或渐新统清水营组不整合覆盖。

二、沉积相特征、沉积环境演化及原型盆地恢复

(一) 沉积相特征

根据研究区沉积相标志的分析，结合野外露头剖面观察和石油钻井资料等，依据六盘山盆地发育的岩石类型、结构特征、沉积构造及古生物等资料共划分出 5 种沉积相类型，分别为冲积扇相、扇三角洲相、辫状河、辫状河三角洲相和湖泊相。具体特征分述如下。

1. 冲积扇相

冲积扇是由山前或断层陡崖顺坡向下，主要由粗粒碎屑物质组成的扇形沉积体。它们发育在那些地形起伏较大而且沉积物补给丰富的地区，其形成受大地构造、气候、河流、洪水、地形及母岩区岩性等因素控制。冲积扇一般在盆地形成初期阶段最为发育，这是由于当时地形高差大，盆地下沉快，山地侵蚀作用强，粗碎屑物供给充足，在山麓地带广泛发育。冲积扇相在六盘山盆地中仅发育在三桥组地层中，由于晚侏罗世末期六盘山盆地伸展强烈，盆地处于拉张构造环境，位于盆地东缘的鄂尔多斯西缘断裂带和西缘的秦祁造山带提供大量物源，冲积扇沿边界断裂呈裙带状发育，在红羊、火石寨等露头均较为典型，平面上各扇体主要沿断裂带呈垂直展布，单个扇体呈裙带状从断裂边缘向盆地内部延伸，垂向上由多个扇体叠加而成（图 2-12），形成冲积扇群。如在火石寨剖面，下白垩统三桥组底部可见到十几套冲积扇垂向上相互叠置，岩性单一，主要由紫红色砾岩、角砾岩夹砂岩组成。纵向上砾岩向上砾径变细，厚度变薄，底部砾径大多为 2～4 cm，个别可达 20 cm 以上，分选磨圆度差，各亚相特征如下。

(1) 扇根亚相

扇根分布在邻近冲积扇顶部地带的断崖处，其特点是沉积坡角最大，并发育有单一的或 2～3 个直而深的主河道。其沉积物主要由泥石流成因的杂乱砾岩和碎屑支撑的砾岩与筛状沉积组成。沉积物分选较差，缺乏内部构造，砾石砾径大部分 2～4 cm，最大可达 20 cm 以上，沉积构造不发育。

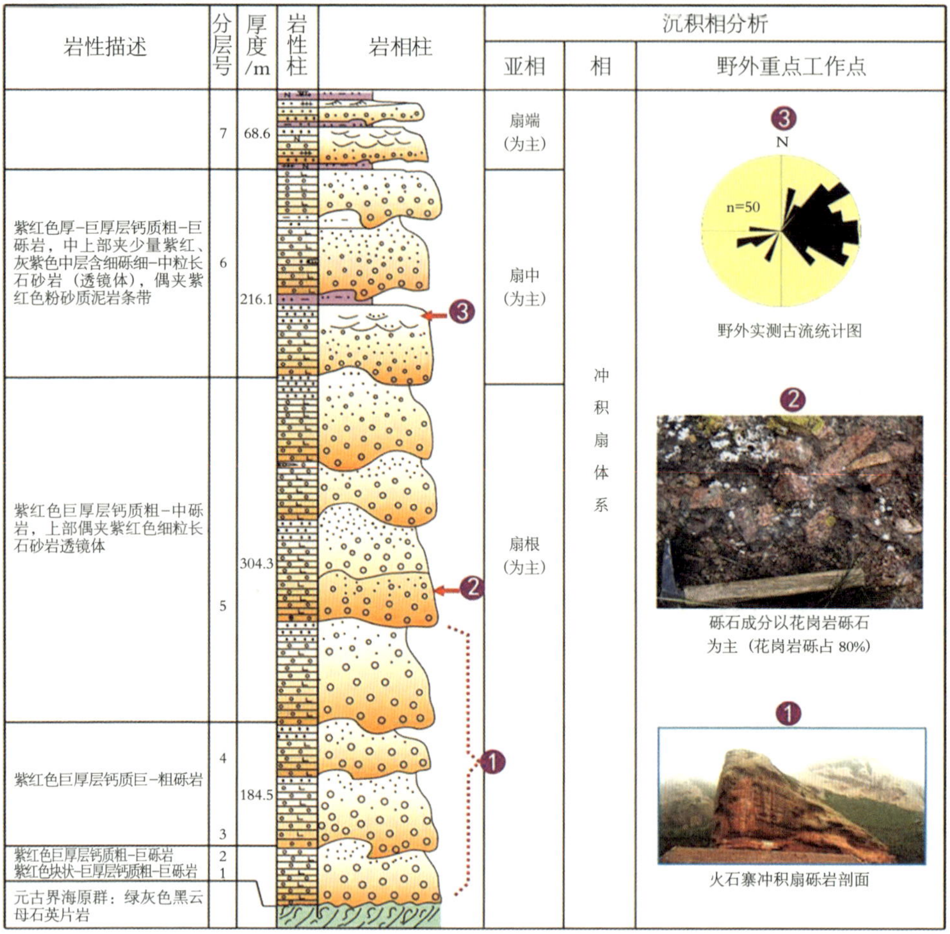

图 2–12　火石寨冲积扇剖面

（2）扇中亚相

扇中位于冲积扇的中部，是冲积扇的主要组成部分，具有中到较低的沉积坡角和发育的辫状河道。岩性主要为厚层状砾岩、砂砾岩、砂岩，常以筛积物形式出现，底部具冲刷面，正粒序较为明显，可见板状或槽状交错层理。砂岩的矿物和结构成熟度均较差。

（3）扇端亚相

出现在冲积扇的底部，其地形较平缓。沉积物通常以中细粒岩屑砂岩和粉砂岩组合等细粒沉积物为主。砂岩分选性变好，具块状、波状层理等，常见草、木本植物根系和枝叶印痕。

火石寨地区出露9个垂向上相互叠置的扇体，组成退积式冲积扇群，冲积扇群底部扇体由粗砾岩组成，向上逐渐变细变薄。单个扇体底部发育冲刷面，说明当时构造运动震荡强烈，湖平面升降频繁，致使扇体时而淹没于水下成为水下扇，时而露出水面形成冲积扇，遭受剥蚀，在其顶部形成剥蚀面。在湖平面频繁升降的过程中，水体不断扩大，冲积扇不断向物源区退积，因此，冲积扇扇体向顶部逐渐变薄、变细，反映了构造运动由强到弱变化，同时也反映早白垩世湖盆扩张速度较快。

2. 扇三角洲相

扇三角洲是从邻近高地直接前积到蓄水盆地的冲积扇体，常见进积型的垂向层序，多以事件性洪流沉积为主体，兼具牵引流、重力流和浊流沉积。一般发育扇三角洲的基本条件是高地势、高坡降和辫状河道，地震上多表现为中高幅杂成地震反射特征。在瞬时频率属性中扇三角洲平原亚相多为低频反射，扇三角洲前缘亚相沉积成层性好，多为中高频反射特征。

因此，扇三角洲主要发育在邻近高地的湖盆中或者断陷湖盆的陡坡一侧，这里近物源，坡降大，注入河水流程短，辫状河道多，河水流量变化大，剖面上呈向湖方向尖灭的楔状体。

六盘山盆地扇三角洲相主要出露在火石寨剖面，由于近物源，湖水正处于上升期，冲积扇入湖即形成扇三角洲。扇三角洲相可进一步划分为扇三角洲平原、扇三角洲前缘和前扇三角洲三种亚相。

（1）扇三角洲平原亚相

一般不发育，是扇三角洲的水上部分。扇三角洲平原主要是重力流沉积，其沉积物供给充足，呈砾、砂、泥混杂堆积，地层成层性差，波阻抗界面不明显，地震上以楔状杂乱–中强振幅–短连续为主要特征。沉积物以中、粗粒碎屑岩为主，多为砂砾岩、砾状砂岩夹薄层粉细砂岩和泥岩。主要发育水上分流河道、水上分流河道间和泥石流3个微相。

① 水上分流河道微相：主要由砾岩或含砾粗砂岩组成。砾石呈棱角–次棱角状，成分成熟度和结构成熟度低，发育块状和粒序层理，可见冲刷充填构造。在测井曲线上呈钟型、箱型。

② 水上分流河道间微相：以紫红色泥岩、泥质粉砂岩为主，夹薄层的砂岩，SP 曲线为低幅直线型。

③ 泥石流微相：主要为红色杂基支撑的砾岩和泥质砾岩组成，层理特征不明显，砾石杂乱分布。

（2）扇三角洲前缘亚相

指扇三角洲平原冲积扇入湖之后的水下部分，扇三角洲前缘为既有重力流沉积物又有牵引流沉积物，是扇三角洲发育最好的部分。主要发育水下泥石流、水下分流河道、水下分流河道间、河口坝及席状砂沉积。

① 水下泥石流沉积：主要为灰绿色杂基支撑的砾岩和泥质砾岩组成，同生泥砾、滑塌构造和变形层理发育。

② 水下分流河道沉积：水下分流河道是水上分流河道在水下的延伸，水动力相对较强。主要由含砾砂岩、细砂岩、粉砂岩组成，辫状河道的底部通常是一些砂砾岩，向上依次可见粗砂岩、中砂岩、粉细砂岩等的完整的岩性序列。成层性好，单层厚度1～10 m。水下分流河道的测井曲线形态与水上分流河道的曲线的特点类似，SP 曲线一般呈钟形或箱形，电阻率曲线一般呈高阻特点。水下分流河道的底部可以见到冲刷面，可见块状层理、槽状交错层理、楔状交错层理、板状交错层理、平行层理、波状交错层理和水平层理。由于冲刷面以下的泥岩含有较多的空隙水，常形成一些同生变形构造，如重荷模和火焰状构造。

由于扇三角洲前缘辫状河道的频繁改道，通常情况下上述岩性或者层理序列的发育是不完整的，辫状河道中心部位以下部粗粒反复冲刷叠置砂体为主；而缺失下部层理组合、粒度细的叠置砂体通常位于辫状河道末梢或边缘。

③ 水下分流河道间沉积：水下分流河道间是扇三角洲辫状河道之间相对

低能部分，岩性主要为灰绿色、灰色、肉红色泥岩、泥质粉砂岩、粉砂质泥岩等。发育水平层理和波状层理。自然电位曲线呈齿形曲线。由于水下分流河道改道能力强，一旦发生改道，这些沉积物就被冲刷减薄，甚至缺失，常以碎屑岩夹层的形式出现。

④ 河口坝沉积：河口坝也称为河口砂坝，是由于河流带来的砂泥物质在河口处由于流速降低堆积而成。流速的降低主要是由于湖水的顶推作用引起的。岩性以细砂和粉砂为主，分选好、泥质含量少。中到厚层，发育楔形交错层理“S”形前积纹层和爬升沙纹层理。其前积纹层倾向多变，反映水流方向多变。偶见水流波痕和波浪波痕等层面构造。砂岩中化石稀少。

漏斗型测井曲线是河口坝的典型特点，通常情况下与代表水下分流河道的钟型或者箱型等组合形式出现的。

⑤ 席状砂沉积：席状砂是在河口坝及扇三角洲前缘的砂体受湖水的不断冲刷改造下形成的，位于扇三角洲前缘边部。岩性主要为粉砂岩、泥质粉砂岩偶夹泥岩夹层，自然电位曲线呈齿型。

综上所述，水下分流河道在扇三角洲前缘中占主体地位，微相之间相差很大，这与古物源和水动力条件是密不可分的。

（3）前扇三角洲亚相

位于扇三角洲的最前端，与滨浅湖相过渡，是湖泊作用和河流作用均较弱的地区。主要发育灰–深灰色砂岩、泥质粉砂岩和泥岩，在剖面上为砂泥岩薄互层。这种薄互层可能由于河流作用强度不断发生变化而造成的，薄的粉砂层为河流作用较强时的产物。水平层理、透镜状层理和一些生物成因的潜穴及生物搅动构造发育。

综上所述，六盘山盆地扇三角洲沉积的主要特点可概括为以下几个方面。

① 扇三角洲沉积体系主要由灾变性洪水作用和浅水重力流作用沉积产生的近源粗粒沉积物组成，因此，除遭受物理作用改造的部分沉积组合之外，大部分都具成熟度低和牵引流成因的层理不发育的特点。有些沉积组合中变

形层理及滑塌构造十分发育。

② 扇三角洲砂分散体系的总体几何形态通常为短轴朵状，有时多个朵状体叠覆、毗连形成帷幕状。

③ 扇三角洲体系多次进积与退积的交替形成多层序叠覆的滨岸粗碎屑菱柱体。在倾向断面上呈多分岔的楔状，上倾方向为冲积扇砾岩，下倾方向与湖相或海相泥岩指状交互。

④ 组成扇三角洲沉积幕的每个体系单元在垂向剖面上对应一个层序。扇三角洲沉积的垂向层序除其总体向上变粗和变厚的一般性特征外，还具有多种岩性组合重叠而形成的复杂结构。

⑤ 各种成因的重力流沉积发育是扇三角洲体系的一个特色。近端以陆面扇泥石流沉积组合为代表，中、远端时常可见洪水性水下重力流和滑塌性水下重力流沉积组合。另外，灾变性水下重力流沉积与间灾变期生物改造产物不等厚互层是十分常见的形式。

⑥ 扇三角洲沉积幕的组合类型与沉积盆地的边界条件相关。完整的沉积幕通常发育在盆地总体沉降的水进阶段，而水退型沉积幕通常发育在盆地开始充填淤浅阶段。

3. 辫状河相

六盘山盆地辫状河可以分为砾质辫状河和砂质辫状河 2 种类型。

（1）砾质辫状河

以火石寨剖面和尚铺组为代表，辫状河道沉积由具大型槽状交错层理的砾岩层组构成，砾岩呈定向排列或呈叠瓦状。局部大型槽状交错层理砂岩发育。复合的砾质河道沉积内部具各种级别的内侵蚀面，反映河道频繁地发生迁移。砾质河道沉积向上演变为砂质为主的辫状河道沉积。在碎屑体系废弃的背景下出现细碎屑洪泛沉积，层序顶部通常发育薄层泥岩。

河道间砾质坝通常呈席状或扁豆状，具平行层理、低角度交错层以及板状交错层理。因辫状分支河道在高流态下经常迁移，坝被侵蚀，有时仅局部残留于砾质河道复合体内。层理的分布、产状及古流资料表明这些坝主要为纵向坝。洪水期间辫状河道内的这些间坝沉积常被淹没，在能量多变的流态下坝底尚有沉积物发生搬运，在坝顶加积并向下游方向迁移。

复杂的砾质辫状河道沉积呈整体较平坦的复合体。这种低弯道河沉积厚度较小，根据连续出露的地表剖面观察其宽度至少在几百米。河道间局部发育洪泛洼地充填其短期沼泽。在盆地沉积倾向上，向上游与冲积扇沉积呈渐变过渡，向下游则逐渐演变为砂质辫状河沉积。在沉积走向上，河道两侧为边滩沉积，河道中为心滩沉积，以纵向砂坝为主。

（2）砂质辫状河

以华亭、庄浪县和尚铺组为代表，砂质辫状河沉积以粗砂岩为主，局部含砾，其成因相包括河道充填、砂坝和洪泛平原沉积。砂质辫状河道充填以大型槽状交错层砂岩为主，其次为低角度或板状交错层理砂岩。内部发育复杂的侵蚀面，有时含大量内碎屑泥砾。图 2-13 为和尚铺组底部砂质辫状河道带砂体，总体呈现底部较为平坦的大型河道复合体，其内部的大型冲刷面平坦且延伸很远，反映水道迁移强烈，在洪水事件过程中反复改造。砂质辫状河道带复合砂体显示宽、厚值大，顶部细碎屑加积物薄的特点。和尚铺组中

图 2-13　辫状河相野外露头特征

部的砂质辫状河道充填一般相对较窄，局部亦可出现侧向加积。河道内部存在着多种多样的砂质底形，一般以大型槽状交错层理为主，板状次之，亦有低角度楔状层，砂质辫状河沉积较其上游砾质辫状河沉积，洪泛平原范围增大。

4. 辫状河三角洲相

海参 1 井靠近湖盆滨浅湖，三桥组和马东山组早期，辫状河三角洲相发育最为典型，整个层系由多个不同厚度的河道正韵律砂体叠置组成，每个韵律层底部由灰紫色中–厚层中–细砂岩组成，单个河道厚度大，向上逐渐变细，顶部为灰褐色、淡灰色泥质岩，反映了气候由干旱向潮湿转变条件下陆上辫状河相的沉积特征，沉积物较细，不含砾岩。分为辫状河三角洲平原和辫状河三角洲前缘 2 个亚相。

（1）辫状河三角洲平原亚相

辫状河三角洲平原与辫状河沉积不容易区分，辫状河三角洲平原可分为河道及河漫滩 2 类沉积。

① 河道微相：河道充填一般由中–厚层中–细砂岩组成，有向上变细的结构层序特征，规模较大，砂岩单位厚度一般为 10～50 m。颜色为灰紫色，岩性为中、细砂岩，砂岩成分中岩屑含量较高，石英含量较低，成分成熟度中等，结构成熟度较高。电性特征显示自然伽马曲线幅度较大，呈微齿化钟形，底部突变，顶部渐变过渡为河漫滩泥质岩沉积，是河床沉积的最直接反映。图 2–14 为火石寨新营乡公路旁边观察到的辫状河三角洲平原的决口河道砂体沉积。可区分出 2 个河道单元，河道单元Ⅰ发育三期河道沉积，每期河道沉积纵向上由下向上粒度逐渐变细，下部为含砾砂岩，向上槽状交错层理、楔状交错层理发育，粒度逐渐变细，河道单元Ⅰ中河道砂体向南迁移；河道单元Ⅱ中河道砂体重新切割河道单元Ⅰ，并向北迁移。

② 河漫滩微相：河道顶部细粒沉积，由厚度较薄的泥质岩组成，单位厚度一般为 1～5 m，泥岩颜色以褐红、褐灰、褐紫色为主，反映当时干热气候

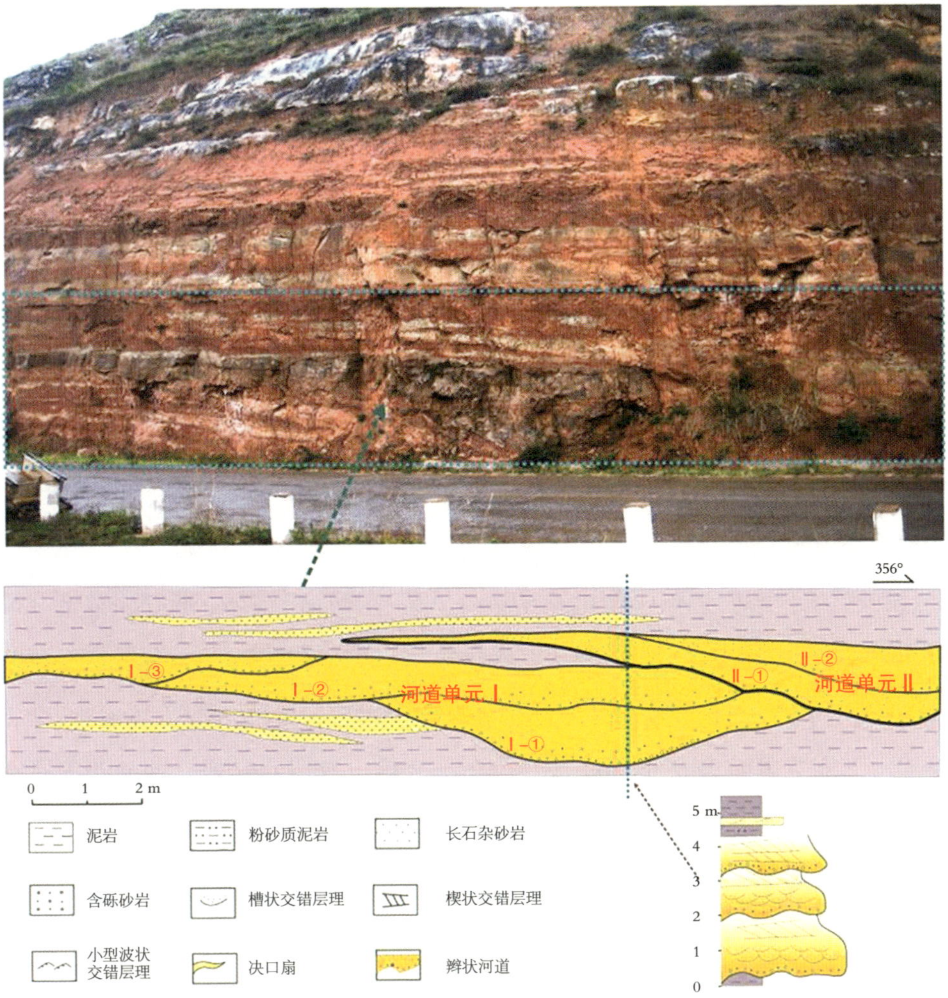

图 2-14　和尚铺组辫状河三角洲平原河道沉积

条件下的水上沉积特征，电性特征为自然伽马值曲线幅度较小。

（2）辫状河三角洲前缘亚相

主要沉积特征为灰色、灰白色粉细砂岩与灰黑色粉砂质泥岩、泥岩不等厚互层，多数表现为韵律及复合韵律特点，与辫状河三角洲平原相相比，岩石的颜色变深、粒度变细，泥岩增多。发育有波状层理、冲刷面构造。自然伽马测井曲线为中–高幅度漏斗状、指状、齿化箱形组合，其进一步可分出水下分流河道和水下分流河道间 2 个微相，见于白垩系和尚铺组及马东山组下部。

① 水下分流河道微相：辫状河道向水下分叉延伸的结果，以粉、细粒河道砂沉积，与水上河道沉积特征相似，但砂岩含泥质明显增加。概率曲线为低悬浮两段式，反映了从辫状河平原上流出的高速水流进入蓄水体后，受蓄水体的阻滞、顶托，到水下分流河道时水流流速下降，携带的沉积物快速沉积，使沉积物分选性较差，因而跳跃组分曲线平缓。河道沙自然伽马测井曲线为齿化箱形–钟形组合。

② 水下分流河道间微相：洪水期间沉积物从水下分流河道中溢出到河道间沉积而形成的，常以夹层的形成出现，沉积物主要为褐紫色、浅灰色泥质粉砂岩及粉砂质泥岩。自然伽马呈锯齿状，高值。

5. 湖泊相

湖泊是发生沉积作用的重要场所，它可以截流河流搬运的大量沉积物，形成巨厚的碎屑沉积体，也可以形成碳酸盐、膏盐和盐岩等化学沉积。湖泊的沉积作用十分活跃，容易因沉积物的充填而消失，最终为河流环境所占据。因此，湖盆沉积在剖面上往往是一个向上变粗、变浅的序列。湖泊四周通常被陆地包围，水动力条件也往往是从边缘向湖泊中心逐渐演变的。湖泊的水动力条件和沉积作用与潮汐作用弱的海洋有不少相似之处，湖泊中也有波浪和湖流作用，而且从湖岸到湖心，随着水体深度的增加，能量逐渐由强变弱。其沉积物一般也出现由粗到细依次变化，大致具有砾、砂、粉砂和黏土沉积物的机械分异现象。但是，湖泊与海盆也有着显著的不同。首先，湖泊水介质多为淡水或微咸水，因而其生物群和化学沉积物与海洋环境明显不同。其次，水体的大小、深度和水动力的强弱有很大差别。湖泊一般比海洋要小得多和浅得多，波浪和湖流作用的强度也弱得多，浪基面一般≤30 m，而且湖泊中无潮汐作用。此外，洪水、河流、物源、地形和气候条件等对湖泊沉积的影响也较大。六盘山盆地下白垩统发育湖泊相的层位比较多，在李洼峡组、马东山组和乃家河组沉积地层中都能见到，依据水深可进一步分辨出滨、浅湖和半深湖–深湖亚相。

（1）滨、浅湖亚相

浅湖位于枯水线和正常浪基面之间，受湖水（湖浪和湖流）的影响较大。岩性主要为泥岩。地震剖面上浅湖沉积层面之间呈整合接触，外部形态呈席状，地震相内部为平行、亚平行反射。当地层岩性为泥岩夹粉砂岩或呈砂泥岩互层时，波阻抗界面比较明显，呈中高频、强振幅、高连续性的反射；当发育大套泥岩时，波阻抗界面不明显，呈低频率、低振幅、低连续甚至无反射。在六盘山盆地中，滨湖沉积与浅湖沉积呈旋回状叠置，一个完整旋回的沉积序列包括 4 种岩性组合（图 2–15），由下至上为① 黑色钙质泥（页）岩层；② 灰黑色块状粉砂质泥岩层，粒度整体较细，且向上变粗；③ 交错层理的细砂岩与粉砂岩互层，说明其受到波浪作用，湖水变浅；④ 石蚕巢–藻礁层沉积。上述①②岩性组合中常含有浅湖介形、叶肢介及 Paleophycus 遗迹组构，代表浅湖沉积，③岩性组合常含有交错层理和波痕，为滨湖与浅湖过渡

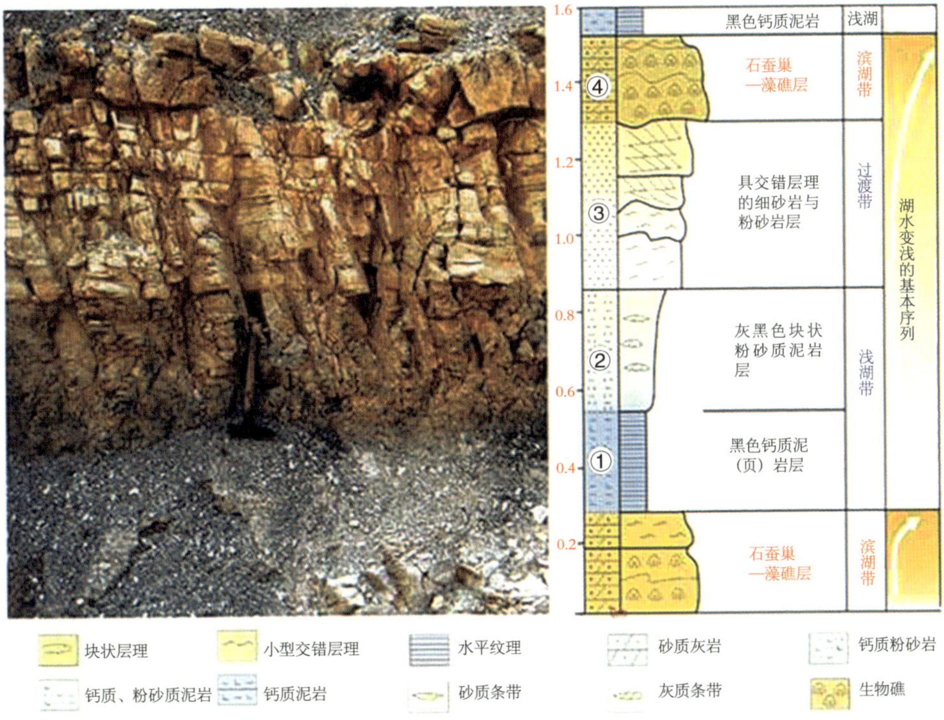

图 2–15　马东山组湖水变浅基本层序

相沉积，④岩性组合含有生物礁（或生物滩），造架生物主要为石蚕巢，为典型的滨湖沉积。由这 4 套岩石组成的基本序列，在盆地不同位置和层位发育的完整性有较大差别，有完整型和不完整型，如在包头水羊拉沟发现的剖面中清晰显示有 6 个向上粒度变粗、湖水变浅的完整基本沉积序列。表明马东山组时期沉积构造较稳定，沉积相变化不大，湖水周期性小幅升降，滨湖与浅湖相交替沉积。

（2）半深湖–深湖亚相

半深湖–深湖环境水体比较稳定，位于盆地的沉积中心，地震相特征表现为外部呈席状，内部呈平行状、弱–中振幅、中–低频率的特征。部分层位由于炭质泥岩的出现，形成较强的波阻抗界面，在地震上形成强振幅反射。岩石类型以质纯的泥页岩为主，并可发育有泥灰岩、油页岩等，主要发育水平层理，底栖生物不发育，黄铁矿是常见的自生矿物，多呈分散状分布于黏土岩中。岩性横向分布稳定，垂向上常具有连续的完整韵律，沉积厚度大，是最有利的生油地带。乃家河组沉积中后期，稳定沉积了巨厚层的深湖泥岩，湖盆面积达到最大

（二）沉积相模式

早白垩世六盘山盆地不同的大地构造背景，导致东、西，南、北相带不同，盆地东缘和北部一侧古地形相对较缓，发育辫状河三角洲–湖泊体系；盆地西部及南缘古地形较陡，沉积物以近源、快速、粗碎屑为主要特征，发育扇三角洲–湖泊沉积体系，沉积物搬运距离短，以冲积扇直接入湖为主要特征，山前近物源区以冲积扇沉积为主体构成水上扇三角洲平原部分，入水依次形成扇三角洲前缘和前扇三角洲，直至半深湖–深湖。六盘山盆地总体上可以归纳为 2 种沉积相模式（图 2–16）：一为冲积扇–扇三角洲–湖泊沉积模式（主要发育在三桥组–李洼峡组）；二为辫状河三角洲–湖泊相沉积模式（主要发育在马东山组–乃家河组）。

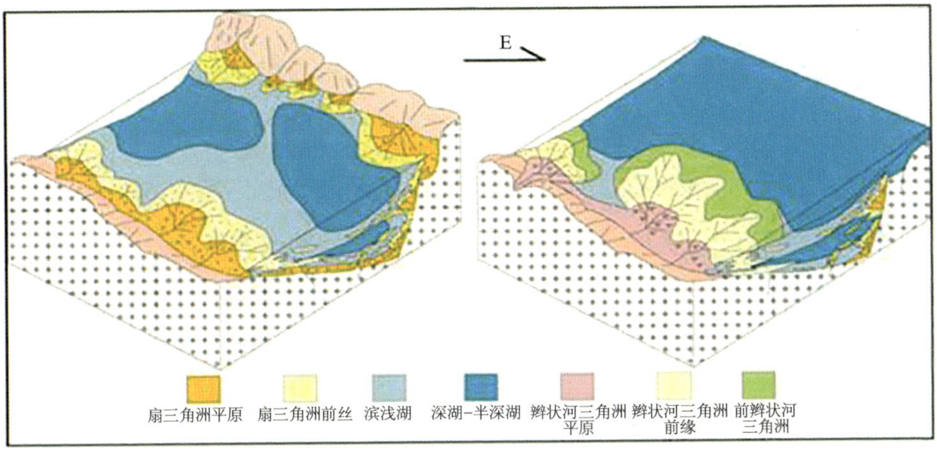

图 2–16 六盘山盆地早白垩世沉积模式图

左：冲积扇–扇三角洲–湖泊沉积模式；右：辫状河三角洲–湖泊相沉积模式

（三）沉积相展布、沉积环境演化

1. 沉积相展布

以单剖面和联络剖面相分析为基础，通过编制砂岩百分含量图、沉积微相图，恢复各组沉积相展布。

（1）三桥期

六盘山白垩系盆地形成初期，盆地内地势差异较大，湖盆水体较浅，气候干旱炎热。盆地沉降幅度大，沉积速度快，以冲积扇–扇三角洲沉积为主，盆地中部发育了辫状河和辫状河三角洲相的陆相红色粗碎屑岩。盆缘盘探 2 井、盘探 3 井、火石寨剖面为红色砂砾岩冲积扇–扇三角洲沉积，在盆地北部靠湖一侧，海参 1 井三桥组发育了 188 m 的大套灰紫色、紫红色中细砂岩夹薄层灰紫色泥岩的辫状河三角洲平原沉积。

（2）和尚铺期

湖盆扩张，沉积岸线向盆缘方向超覆扩展，至和尚铺中期气候逐渐转向温湿，湖泛面上升，河流物源进入湖内形成辫状河–辫状河三角洲沉积，泥质岩类增多，颜色相对变深。在盆地南部的火石寨一带发育了辫状河流相的淡紫红色粗砂岩，砂质泥岩；海参 1 井则发育了灰紫、紫红色粉–细砂岩及灰褐、灰紫色泥岩的辫状河三角洲前缘相沉积；在和尚铺一带沉积环境为辫状河三角洲相沉积，厚度达 1 000 m 以上，其间发育有薄而不稳定的漫滩泥和粉砂；盆地东缘炭山、石岘子及盘参 1 井一带发育了扇三角洲相砂砾岩，显示和尚铺时期盆地中间存在一个“古脊梁”，即石峡口古凸起。

和尚铺组总体呈紫灰–褐红色色调，岩性为砂质泥岩、粉砂质泥岩、页岩、粉砂岩夹大量细粒长石石英砂岩，岩屑石英砂岩等。在其顶、底部还出现有含粉砂微晶–粉晶灰岩、铁白云石化砂质泥灰岩。纵向上本组具有向上变细或向上变粗又变细的剖面结构，横向上本组岩性和厚度变化很大。

（3）李洼峡期

湖盆进一步扩展，早期气候温暖潮湿，水体逐渐加深，沙质河流携带的沉积物在湖岸带沉积席状沙坪及泥坪，颗粒偏细，以细砂岩、粉砂岩为主。对应的沉积物为李洼峡组下部灰色、灰白色、灰紫色砂岩与泥岩不等厚互层，属滨浅湖亚相。中期水体进一步加深，岸线向边部迁移，湖水达到最深，对应的沉积物为李洼峡组中部灰色、深灰色泥岩夹油页岩、砂岩，属半深湖–深湖亚相。后期湖盆稍有所萎缩，水体变浅，对应的沉积物为李洼峡组上部灰紫、灰褐、褐紫色泥岩、粉砂质泥岩与灰色、灰紫色粉细砂岩频繁互层，属浅湖亚相。和尚铺和李洼峡一带发育了巨厚层细粒泥质夹泥灰质沉积物，反映了半深湖的沉积；盆地东缘石岘子一带则发育了紫红色滨浅湖相细粒沉积，盆地中南部基本全部处于半深湖环境，沉积物类型基本一致。

（4）马东山期

是湖盆范围扩张最大的时期，从露头和钻井地层发育情况看，早期湖盆萎缩，岸线向湖一侧退积，气候逐渐转向干热，对应的沉积物为马东山组下部褐红色粉细砂岩夹灰紫色泥岩，属辫状河三角洲前缘亚相。中期水体加深，湖盆水体范围达到最大，向东与鄂尔多斯盆地连为一体，成为湖盆发育的全盛时期，气候温暖，生物繁盛，对应的地层岩性以灰绿、灰黑为主，沉积环境属弱还原–还原环境。

（5）乃家河期

早期湖盆继续扩展，乃家河组下部为灰色、深灰色泥岩夹浅灰色灰质泥岩沉积，属浅湖–半深湖亚相，中期有所回返，乃家河组中部为厚层褐红色泥岩夹薄层浅灰色砂岩、灰质泥岩沉积，属浅湖亚相，较马东山期盆地下降速率大大减小，沉积物供给明显增大，在可容空间的增长速度小于沉积物供给速度的条件下，此时湖盆水域面积不断缩小，水体变浅，沉积物注入量不变或略有增加，可容空间逐渐缩小，沉积物向湖盆中央进积，因而发育进积型准层序。乃家河期全区气候干旱炎热，湖盆处于萎缩期，形成了一套蒸发岩沉积，这是本区乃家河组的一个主要特征。

2. 沉积环境演化

总体来说，早白垩世沉积地层总体是向盆地边部逐步超覆（尤其向东超覆明显），盆地沉积演化明显分为 3 个阶段。

（1）窄盆期

包括三桥组、和尚铺组、李洼峡组沉积，盆地边缘同沉积断层活跃，湖泊发育低（枯）水位体系域、扩展（湖进）体系域和高（丰）水位体系域三个演化阶段，岩性上表现为由下至上沉积物由粗变细，发育的沉积相类型为冲积扇–扇三角洲–滨浅湖–半深湖相。盆地西缘三桥组时期，南西华山东部区域发育紫红色粗碎屑岩，沉积粒度大，分选磨圆度差，属近源的冲积扇沉积；盆地东南缘泾源崆峒山砾岩，反映了该时期古陆隆处于剥蚀阶段，砾石成分主要是下奥陶统灰岩，该“古脊梁”大致沿罗山–固原三关口方向向南延伸，将六盘山盆地和鄂尔多斯盆地分开，而“古脊梁”西部的鄂尔多斯西缘断裂带构成了盆地的东缘，分割了六盘山盆地与鄂尔多斯盆地，六盘山盆地进入相对独立的盆地演化阶段。

（2）广盆期

主要为马东山组沉积，盆缘断层相对稳定，气候温暖湿润，地表径流量大，湖盆范围大大扩展，湖水变深，湖水越过“古脊梁”与鄂尔多斯盆地连为一体，剖面上也表现为低位域、扩展域和高位域三个沉积体系域，由下至上沉积物粒度由粗变细，发育的沉积相类型为辫状河三角洲–滨浅湖–半深湖相，未见边缘相沉积。早白垩世，现今鄂尔多斯西缘逆冲带地区沉积较薄，前缘沉积较厚，盆地西低东高进一步发展。随着盆地持续沉降和气候温润潮湿，湖盆水体增多，六盘山盆地沉积范围逐渐扩广。到马东山组沉积时期，古陆梁基本被剥蚀，湖盆与东北鄂尔多斯盆地相连，成为同一湖盆沉积体系。

（3）湖盆收缩期

为乃家河组沉积，此时由于盆地气候干旱炎热，加上沉积物进一步充填，湖水变浅，湖盆可能形成多个沉积中心，形成一套蒸发岩沉积。

（四）原型盆地恢复

通过对六盘山盆地下白垩统残留地层基本特征、沉积物岩性、相带划分，以及白垩纪以后盆地改造形式等分析，我们认为六盘山盆地白垩系沉积时期范围应该更大，从盆地改造应力场来看，白垩纪以来盆地一直受到南西–北东向的挤压，所以盆地东西方向上的沉积边界恢复就变得尤为重要，由于断层主要是北西走向，所以盆地北缘边界基本保持了原来的沉积格局，这里主要对盆地东西缘沉积边界进行探讨。

三桥组时期，盆地西缘北部的南西华山东缘发育紫红色粗碎屑岩，沉积粒度大，分选磨圆度差，属近源的冲积扇沉积，而马东山组和乃家河组地层在南西华山东缘则发育半深湖–深湖相泥岩，缺失了滨浅湖相沉积，根据大地电磁（MT）特征显示，南西华山下部掩覆了巨厚层下白垩统低阻沉积物，推断为后期南西华山两麓断裂逆冲推覆所致。早白垩世时期南西华山地区沉积了三桥组冲积扇相粗碎屑岩以及马东山组与乃家河组的滨浅湖相碎屑沉积，后来遭受隆升、剥蚀、推覆，而大多被掩盖了。

由南西华山往南东到月亮山西麓可见三桥组一套紫红色砾岩、砂砾岩、粗碎屑岩层不整合于元古代海原群和加里东期花岗岩体之上。出月亮山后从沙岗往南东到夏寨乡–硝河–沙塘镇–甘肃省通化乡以南一线都被新生界覆盖，直到张棉驿乡南东又见三桥组出露，并不整合于元古代陇山岩群和三叠纪石英闪长岩体之上。而上述一线以南的西吉–静宁盆地中为数不多的几个钻孔揭示新生界之下为晚古生代地层，个别沟谷中有寒武纪、志留纪、泥盆纪、侏罗纪地层零星出露，但都未见六盘山群地层。区域上这条线大致代表了月亮山南麓–六盘山西麓断裂位置，也就是说，六盘山早白垩世盆地西缘边界为月亮山南麓–六盘山西麓断裂。

对于盆地东缘，前人普遍认为六盘山盆地与鄂尔多斯盆地之间存在的“古脊梁”是划分六盘山盆地和鄂尔多斯盆地的地理分界，是燕山期太平洋板块向中国大陆俯冲远距离效应的结果，该带在燕山早期还不具明显的分割性，燕山中期造山推覆；盆地西缘不同时代地层的磷灰石、锆石裂变径迹年龄平均为距今 146.8 Ma，反映盆地西缘主构造抬升事件发生于晚侏罗世；惠安堡–沙井子断裂及小关山东麓断裂（固原断裂）地区只在燕山运动中期（Ⅱ幕）发生 K 与 J 之间的明显不整合，表明“古脊梁”形成于燕山中期（晚侏罗世），当时贺兰–银川地区虽普遍褶皱隆起，但尚未形成真正意义上的“脊梁”。燕山中期构造运动（Ⅱ幕）加剧，形成的“古脊梁”，造成大部分地区的侏罗系与白垩系之间高角度不整合接触，盆地东缘的石岘子–泾源崆峒山三桥组砾岩，反映了该时期古陆隆升处于剥蚀阶段，砾石成分主要是下奥陶统灰岩，该“古脊梁”大致沿罗山–固原三关口方向向南延伸，将六盘山盆地和鄂尔多斯盆地分开，六盘山盆地东缘此时才开始形成被分割的前陆盆地雏形，而“古脊梁”西部的鄂尔多斯西缘断裂带构成了六盘山盆地的东缘，分割了六盘山盆地与鄂尔多斯盆地，六盘山盆地进入相对独立的盆地演化阶段。

早白垩世，鄂尔多斯西缘逆冲带地区沉积较薄，前缘沉积较厚，盆地西低东高进一步发展。随着盆地持续沉降，湖盆水体增多，盆地沉积范围逐渐扩广。到马东山组和乃家河组沉积时期，古陆梁基本被剥蚀，湖盆与东北鄂尔多斯盆地相连，成为同一湖盆沉积体系。而喜马拉雅运动（Ⅰ幕）致使盆地西部发生强烈的构造运动，以褶皱和断裂为主，西缘的白垩系发生逆冲推覆，加上马东山组沉积期湖盆的扩张，因此可以推测六盘山群上部盆地西缘边界应再往西。

三、层序地层

早白垩世六盘山盆地（六盘山群）相当于 P.R.Vail 的一个三级层序，层序边界（顶界和底界）均为不整合边界。自下而上进一步可划分出低水位体系域、湖侵体系域和高水位体系域（图 2−17、图 2−18）。

1. 低水位体系域（LST）

位于层序底部，形成于层序发育初期，底界与层序底界（三桥组与马家沟组等老地层间的不整合）一致，属 I 型不整合面，顶界为初始湖侵面（TS），为一整合界面（三桥组与和尚铺组之间的整合接触面）。该体系域由三桥组构成，岩性以角砾岩为主，厚度>202.6 m，属冲积扇沉积，是在低水位期湖水范围较小时形成的，此时湖盆和周围物源区存在较大的高差（陡岸），侵蚀作用强，洪水期洪水携带大量粗碎屑物质在短距离迅速入湖，在盆地边缘形成冲积扇充填体系，准层序为退积型层序。

2. 湖侵体系域（TST）

位于层序下部，形成于层序发育早期，底界即为 LST 的顶界，顶界为最大湖泛面（mfs），即马东山组下部。该体系域由和尚铺组和李洼峡组构成，岩性以灰紫−暗紫色泥岩、粉砂岩和细砂岩为主，夹灰绿−蓝灰色泥（页）岩及灰−深灰色灰岩，发育水平层理、沙纹层理，含植物、鱼类、介形虫和叶肢介等化石，岩性以角砾岩为主，厚度>202.6 m，属冲积扇沉积，是在低水位期湖水范围较小时形成的，此时湖盆和周围物源区存在较大的高差（陡岸），侵蚀作用强，洪水期洪水携带大量粗碎屑物质在短距离迅速入湖，在盆地边缘形成冲积扇充填厚 1 361.1 m，属滨浅湖−浅湖相沉积，是在盆地不断下沉，物源充足，可容纳空间增大速度与沉积物供给速度相当的条件下形成的，准层序以退积型为主，加积型和进积型次之。

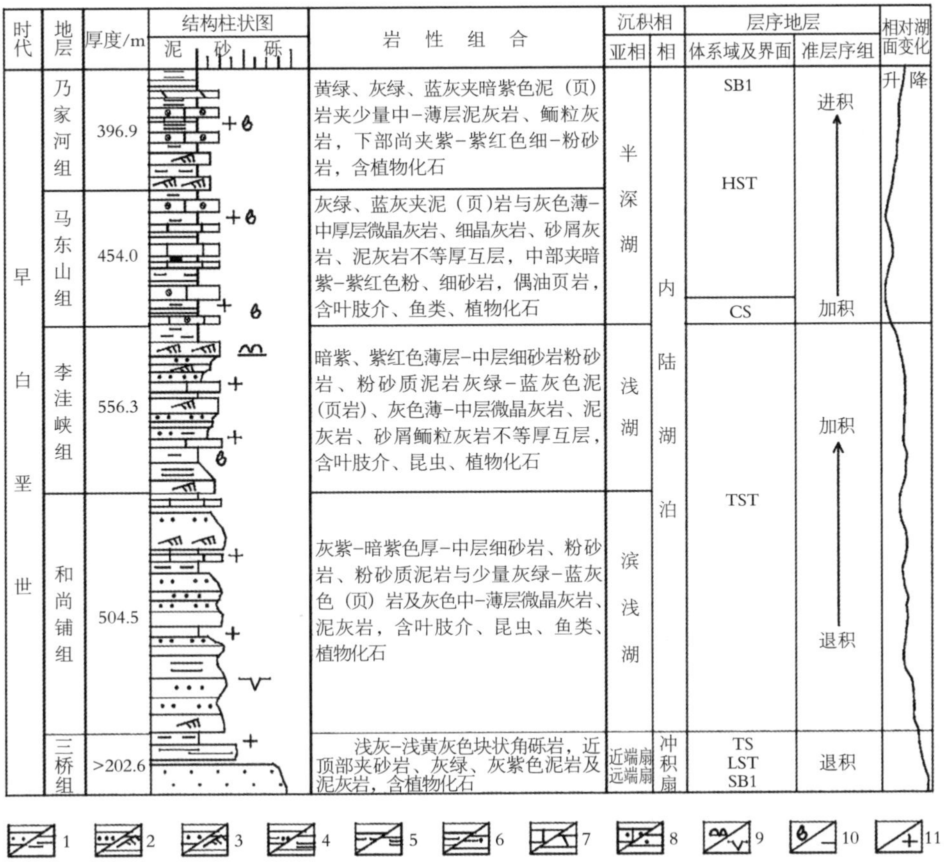

图 2–17　早白垩世六盘山群层序地层柱状图

1：块状角砾岩/平行层理砂岩；2：细砂岩/沙纹层理细砂岩；3：块状粉砂岩/砂纹层里粉砂岩；4：块状粉砂质泥岩/水平层理粉砂岩；5：块状泥岩/水平层理泥岩；6：页岩/油页岩；7：灰岩/泥灰岩；8：鲕粒灰岩/鲕粒砂屑灰岩；9：对称波痕/泥裂；10：动物化石/鱼类化石；11：植物化石；LST：低水位体系域；TST：湖侵体系域；HST：高水位体系域；TS：初始湖侵面；MIS：最大湖泛面；I：型层序界面

3. 高水位体系域（HST）

位于层序中–上部，形成于层序发育的中–晚期，底界为 TST 的顶界，顶界为 I 型不整合，即乃家河组与寺口子组间的不整合面。该体系域由马东山组和乃家河组构成，岩性以灰绿–蓝灰色泥（页）岩和碳酸盐岩为主，夹少量灰紫–紫红色细砂岩、粉砂岩、泥岩，偶夹油页岩，层理构造以水平层理为主，含植物、鱼类、介形虫、叶肢介、昆虫等化石，厚 806.1 m，属半深湖

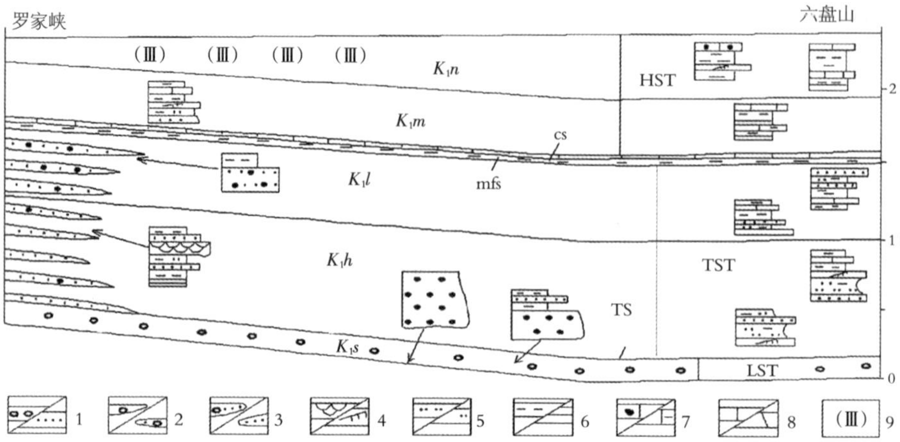

图 2-18　六盘山盆地早白垩世层序地层格架

1：砾岩/砂岩；2：砾岩透镜体/砂砾岩透镜体；3：含砾砂岩透镜体/砂岩透镜体；4：具槽状交错层理砂岩/具沙纹层理细砂岩；5：粉砂岩/粉砂质泥岩；6：泥岩/页岩；7：鲕粒灰岩/砂屑灰岩；8：灰岩/泥灰岩；9：石膏；LST：低水位体系域；TST：湖侵体系域；HST：高水位体系域；CS：凝缩层；mfs：最大湖泛面；TS：初始湖侵面；K_1s：三桥组；K_1h：和尚铺组；K_1l：李洼峡组；K_1m：马东山组

相-浅湖相沉积。高水位体系域下部（马东山组）是在湖水面下降之前湖水面最高时沉积的，此时湖水面上升速率变缓或趋于静止，沉积物供给速率变小，可容空间相对增大，因而发育加积型准层序。马东山组下部由具水平层理的泥（页）岩和灰岩组成，偶夹油页岩，含丰富的叶肢介、鱼类等化石，具凝缩层（CS）沉积特征。高水位体系域上部（乃家河组）是在湖水面逐渐收缩过程中沉积的，此时湖盆水域面积不断缩小，水深变浅，沉积物注入量不变或略有增加，可容空间逐渐缩小，沉积物向湖盆中央进积，因而发育进积型准层序。

综上所述，鄂尔多斯盆地（西缘）在晚石炭世-早二叠世总体处于陆表海环境，沉积了一套以潮坪-潟湖相和三角洲相为主的、有利于成煤成气的含煤碎屑岩建造。其中羊虎沟组在中央古隆起以西祁连海域，岩性以黑色泥岩、砂岩、粉砂质泥岩为主，夹泥晶-粉晶白云岩、灰质白云岩和煤线，产头足类、蜓类、牙形石及植物等，属海湾沉积环境，其西北部属障壁岛沉积，北部及东部边缘属潮坪沉积，其他地区为潟湖浅海占据。中央古隆起以东华北海域，为一向东开口的受限陆表海，其东北部为三角洲相，岩性主要为石英砂岩，西部和中部为潮坪-潟湖相，沉积物和西部海域相似，但沉积厚度较薄。太原组岩性以灰-灰黑色页岩、砂质页岩、灰白色石英砂岩为主，夹灰岩、煤层及耐火黏土，产蜓类、腕足类及植物等化石，总体属陆表海沉积环境，古地理格局总体表现为冲积扇、三角洲、潮坪-浅水陆棚碳酸盐岩、障壁岛等沉积体系共存，并形成陆缘碎屑和碳酸盐岩的混合沉积。中央古隆起为潮坪沉积，古隆起西部以潟湖、扇三角洲相为主，局部有障壁岛，在中央古隆起的东侧和南侧发育有滨海沼泽、滨浅湖沉积，沉积物为微晶灰岩、生物屑灰岩和煤层。太原组是鄂尔多斯地区成煤成气的一个重要地层，主要形成于三角洲、潟湖与障壁岛相连接区。山西组主要由灰白色石英砂岩、岩屑石英砂岩、灰黑色页岩、砂质页岩组成，夹煤层及耐火黏土，产植物化石，属陆相沉积，其东南部为浅湖沉积，浅湖外缘发育有多个滨湖，浅湖周缘以三角洲沉积为特征，北部发育有冲积扇和冲积平原。山西期气候温暖潮湿，植物繁茂，是鄂尔多斯盆地的主要成煤成气期。

早二叠世末鄂尔多斯盆地（西缘）气候逐渐变得干旱炎热，在中二叠世-中三叠世沉积了一套以河流相为主的杂色复陆屑建造，包括中二叠统下石盒子组、中-上二叠统上石盒子组、上二叠统孙家沟组、下三叠统刘家沟组、和尚沟组和中二叠统二马营组，这些地层主要由红色碎屑岩组成，泥岩夹层少而薄，而且有机质含量较低，未见形成油页岩，基本没有形成页岩气的条件。

鄂尔多斯盆地在晚三叠世发育了一套完整的陆相湖盆沉积体系，形成了以湖相暗色泥岩为主的烃源岩。研究区晚三叠世延长群主要由灰绿-黄绿色长石石英砂岩、岩屑长石砂岩、岩屑砂岩组成，下部夹砾岩、砂砾岩，上部则发育灰黑色粉砂岩、页岩、泥岩等，产双壳类和植物等化石，总体属湖泊三角洲沉积。汝箕沟湖岩性为砾岩、砂砾岩、长石砂岩、岩屑长石砂岩、长石石英砂岩、粉砂岩及泥岩、页岩，具有下粗上细的韵律层理，含有机质、煤线、碳质泥岩、植物化石，砂岩多为灰紫、黄绿色，页岩为深灰-灰黑色，具水平层理，为河流-湖泊相沉积，其中初期-早期为湖滨三角洲沉积，中期以后为湖泊沉积，局部发育深湖相沉积。延长湖岩性与汝箕沟湖相似，属湖泊三角洲沉积，其中早期湖盆东西两岸发育三角洲前缘亚相和三角洲平原亚相，湖盆中心部位为浅湖-滨湖亚相；中期沉积物以泥质岩类为主，属扇三角洲-湖泊沉积；晚期仍属扇三角洲-湖泊沉积，自湖岸线-湖盆中心依次出现扇三角洲平原亚相、滨湖亚相、浅湖亚相和深湖亚相沉积，深湖亚相沉积主要为黑色泥岩、油页岩和碳质泥岩，有机质丰度高，构成了重要的生油气建造。

鄂尔多斯盆地在侏罗纪发育陆相沉积体系，其中中侏罗统延安组是研究区重要的成煤成气地层。延安组主要由砂岩、泥岩、页岩和煤层组成，含植物、双壳类及孢粉化石，总体属温湿气候条件下的河流-浅湖三角洲相沉积。其中第一段为冲积河道、泛滥盆地和漫滩沼泽沉积；第二段至第四段为浅湖三角洲沉积，以三角洲平原亚相为主，并发育决口扇、决口三角洲、前三角洲湖相泥岩层-浅湖泥质沉积及泥炭沼泽沉积；第五段仍为浅湖三角洲沉积，以三角洲平原的分流河道和泛滥盆地亚相为主。中侏罗统直罗组、上侏罗统安定组和芬芳河组属干旱炎热气候条件下的河湖相沉积，主要由杂色-红色碎屑岩组成，泥岩一般呈浅灰色、紫红色，有机质含量较低，没有形成页岩气的条件。

早白垩世六盘山盆地为一内陆湖泊，总体属扇三角洲沉积，其中三桥组为一套几乎全由粗碎屑岩组成的山麓相沉积；和尚铺组为一套主要由紫红色砂岩、粉砂岩和泥岩组成的河流相-湖泊三角洲相的沉积，未见夹灰色-黑色含有机质的泥页岩，无形成页岩气的条件；李洼峡组为一套主要由紫杂色砂岩、粉砂岩、泥岩和灰岩组成的滨湖-浅湖相沉积，夹有少量深灰-黑色含有机质的泥页岩，有形成页岩气的条件，但泥页岩厚度较小；马东山组为一套主要由灰绿-蓝灰色泥岩、页岩和灰岩组成的浅湖相-半深湖相沉积，间夹油页岩，泥页岩厚度较大，有形成页岩气的条件，是研究区成油成气的重要地层；乃家河组为一套主要由灰绿、黄绿、蓝灰间夹紫红色泥岩、灰岩、泥灰岩组成浅湖相沉积，虽未见夹油页岩，但在一些钻孔中见有油气显示，也是研究区成油成气的主要地层。

综上所述，鄂尔多斯盆地（西缘）上石炭统羊虎沟组、下二叠统太原组、山西组、上三叠统延长群、中侏罗统延安组均沉积了较厚的富含有机质的泥页岩，具备生成页岩气的条件，为本次研究的目的层位；中二叠统下石盒子组、中-上二叠统上石盒子组、上二叠统孙家沟组、下三叠统刘家沟组、和尚沟组和中二叠统二马营组，中侏罗统直罗组、上侏罗统安定组和芬芳河组主要由杂色-红色碎屑岩组成，泥岩一般呈浅灰色、紫红色，有机质含量较低，没有形成页岩气的条件。

六盘山盆地三桥组、和尚铺组、为一套几乎全由粗碎屑岩组成，李洼峡组泥页岩厚度较小；故不是本次研究的主要目的层，马东山组、乃家河组泥页岩厚度较大，富含有机质，见油气显示，有形成页岩气的条件。

第三章 构造格架与演化

第一节 概述

宁夏大地构造位于柴达木-华北板块中南部，地处华北陆块、阿拉善微陆块和祁连早古生代造山带交汇地区（图 3-1），是连接我国北方西部与东部不同大地构造单元的枢纽地区，也是我国地层、构造、地貌以及各种地球物理场的重要分界区域。长期以来受到了许多中外学者的关注，重要的专门论著颇多。不同作者从不同侧面就宁夏的地质构造开展了不同程度的研究。

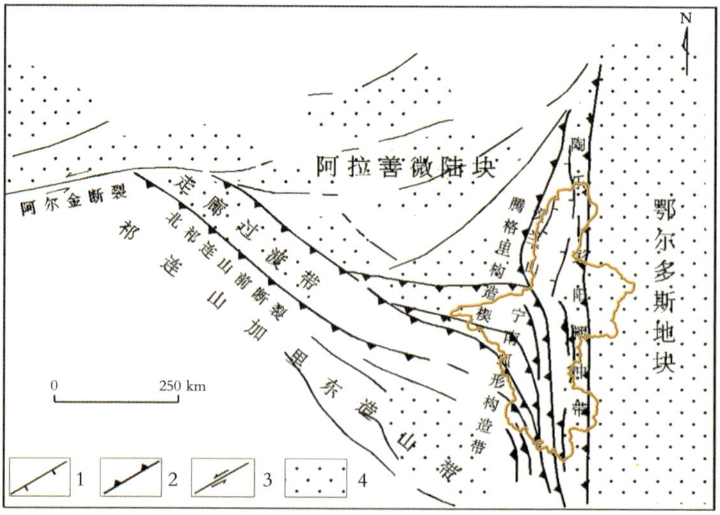

图 3-1 宁夏及周边地区区域构造

1：正断层；2：逆断层；3：走滑断层；4：中生代盆地

近年来，根据桌子山–贺兰山、香山–六盘山地区的地层发育特征和露头构造分析，获取了不同地段的沉积构造演化历史、与逆冲推覆有关的构造几何学和变形运动学参数，分别建立了“贺兰山冲断层系统”和“宁南弧形冲断层系统”，初步恢复了鄂尔多斯西缘沉积构造演化不同阶段的动力学环境条件及时空联系。

第二节　构造单元划分

宁夏大地构造单元划分为Ⅰ~Ⅴ级：1个一级（Ⅰ）构造单元（柴达木–华北板块），3个二级（Ⅱ）构造单元（华北陆块、阿拉善微陆块、祁连早古生代造山带），3个三级（Ⅲ）构造单元（鄂尔多斯地块、腾格里早古生代增生楔和北祁连中元古代–早古生代海沟系），5个四级（Ⅳ）构造单元（鄂尔多斯西缘中元古代–早古生代裂陷、鄂尔多斯中生代坳陷、卫宁北山–香山晚古生代前陆–上叠盆地、景泰–海原中元古代–早古生代弧后盆地和白银–西吉中元古代–早古生代岛弧），12个五级（Ⅴ）构造单元，包括褶断带、冲断带、大型断（坳）陷盆地、大型向斜构造等。具体划分方案见表3–1、图3–2。

表3–1　宁夏大地构造单元综合划分方案

<table>
<tr><th>单元级别</th><th>Ⅰ级</th><th>Ⅱ级</th><th>Ⅲ级</th><th colspan="2">Ⅳ级</th><th>Ⅴ级</th></tr>
<tr><td rowspan="6">构造单元名称</td><td rowspan="6">柴达木–华北板块Ⅲ</td><td rowspan="4">华北陆块Ⅲ$_5$</td><td rowspan="4">鄂尔多斯地块Ⅲ$_5^1$</td><td rowspan="3">鄂尔多斯西缘中元古代–早古生代裂陷Ⅲ$_5^{1-1}$</td><td rowspan="3">鄂尔多斯西缘冲断构造带</td><td>贺兰山褶断带Ⅲ$_5^{1-1-1}$</td></tr>
<tr><td>银川断陷盆地Ⅲ$_5^{1-1-2}$</td></tr>
<tr><td>陶乐–彭阳冲断带Ⅲ$_5^{1-1-3}$</td></tr>
<tr><td colspan="2">鄂尔多斯中生代坳陷Ⅲ$_5^{1-2}$</td><td>天环向斜Ⅲ$_5^{1-2-1}$</td></tr>
<tr><td rowspan="2">阿拉善微陆块Ⅲ$_4$</td><td rowspan="2">腾格里早古生代增生楔Ⅲ$_4^1$</td><td rowspan="2">卫宁北山–香山晚古生代前陆–上叠盆地Ⅲ$_4^{1-1}$</td><td rowspan="2">宁南弧形构造带</td><td>贺兰山南段褶断带Ⅲ$_4^{1-1-1}$</td></tr>
<tr><td>卫宁北山褶断带Ⅲ$_4^{1-1-2}$</td></tr>
</table>

续表

<table>
<tr><th>单元级别</th><th>Ⅰ级</th><th>Ⅱ级</th><th>Ⅲ级</th><th colspan="2">Ⅳ级</th><th>Ⅴ级</th></tr>
<tr><td rowspan="6">构造单元名称</td><td rowspan="6">柴达木–华北板块Ⅲ</td><td rowspan="3">阿拉善微陆块III_4</td><td rowspan="3">腾格里早古生代增生楔III_4^1</td><td rowspan="3">卫宁北山–香山晚古生代前陆–上叠盆地III_4^{1-1}</td><td rowspan="6">宁南弧形构造带</td><td>牛首山–罗山冲断带III_4^{1-1-3}</td></tr>
<tr><td>烟筒山–窑山冲断带III_4^{1-1-4}</td></tr>
<tr><td>香山褶断带III_4^{1-1-5}</td></tr>
<tr><td rowspan="3">祁连早古生代造山带III_2</td><td rowspan="3">北祁连中元古代–早古生代海沟系III_2^1</td><td rowspan="2">景泰–海原中元古代–早古生代弧后盆地III_2^{1-1}</td><td>西华山–六盘山冲断带III_2^{1-1-1}</td></tr>
<tr><td>兴仁–海原坳陷盆地III_2^{1-1-2}</td></tr>
<tr><td>白银–西吉中元古代–早古生代岛弧III_2^{1-2}</td><td>西吉坳陷盆地III_2^{1-2-1}</td></tr>
</table>

第三节　构造单元主要特征

一、鄂尔多斯地块西缘

鄂尔多斯盆地是我国重要的大型中生代能源盆地，矿产资源十分丰富，煤、石油、天然气俱全，面积约 250 000 km²。盆地周边断续为山系所环绕，海拔2 000 m 左右，盆地内部相对较低，海拔 800～1 800 m；西侧边缘北段以磴口西–贺兰山西麓断裂为界、西段以土井子–青铜峡–牛首山东麓–煤山东麓–固原东–新集断裂为界，南侧以草碧–圣人桥断裂为界，东抵吕梁山，南达渭河地堑，轮廓呈矩形。地块的周边均被新生代断陷盆地带（除西南角外）所包围，与宁夏密切相关的鄂尔多斯盆地西侧隔银川断陷盆地与贺兰山褶冲带，西南角为宁南弧形构造带。该地块在地质历史期间表现非常稳定，地块内没有明显的变形作用，仅表现为整体性的升降和掀斜运动；尽管不同的大地构造学派对该地块的性质及构造边界认识不同，但都认为地块在历史期间具有较大范围的完整性和稳定性。

鄂尔多斯地块位于华北陆块中西部，是一个古生代陆表海盆地（或被动

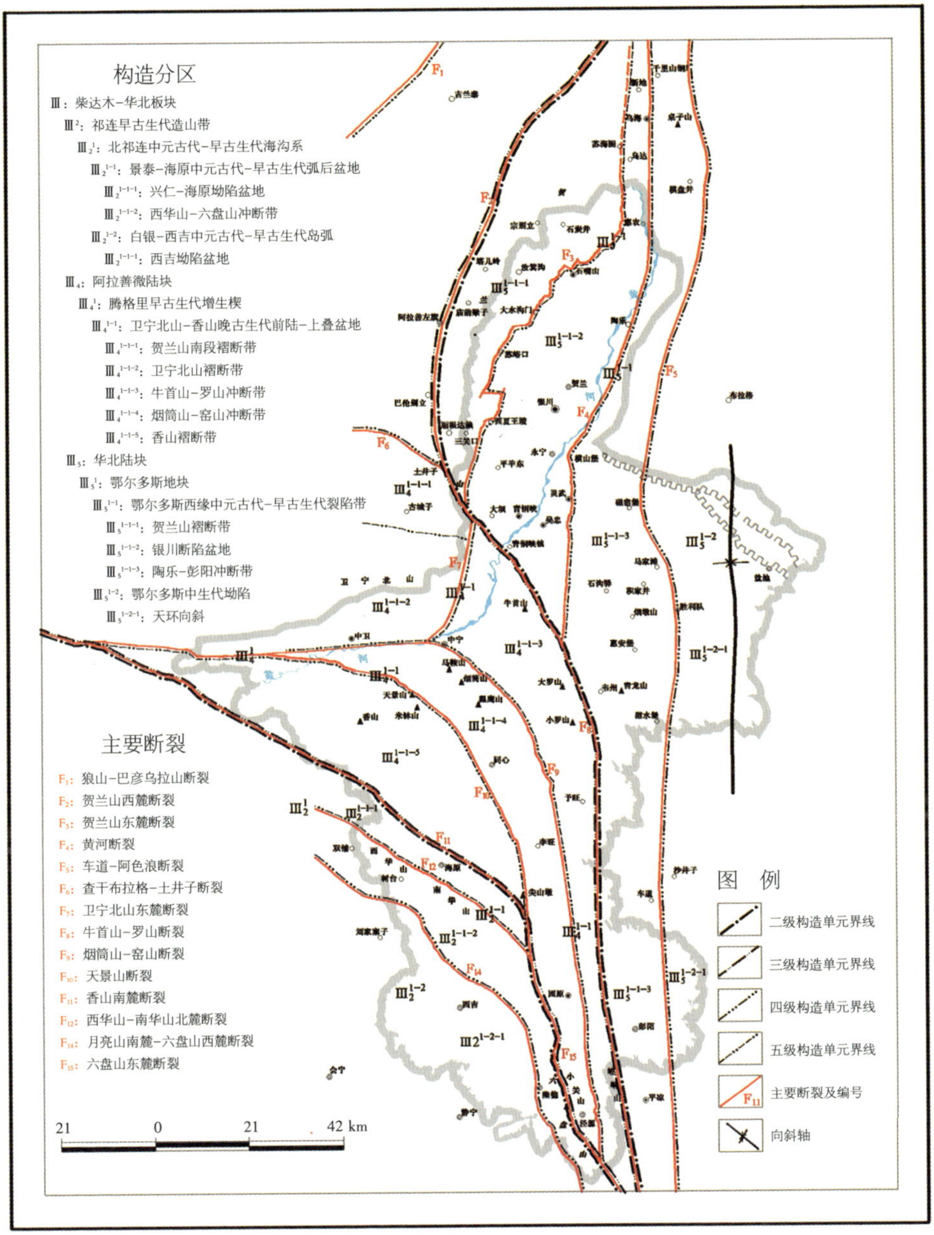

图 3-2　宁夏构造单元综合划分图

大陆边缘）及边缘坳陷与中、新生代陆内坳陷的大型叠合克拉通盆地。在不同时期形成不同特征的盆地类型。地块具有双层结晶基底结构，基底由太古宙及古元古代的变质岩构成，其结晶基底是我国最古老的陆块区之一。盖层中、新元古界到下古生界总体为一套海相碎屑岩–蒸发岩建造，盆缘存在活动构造背景的边缘相沉积，区域性缺失志留纪–泥盆纪和早炭世沉积。晚石炭世–早二叠世早期为滨浅海碳酸盐岩、碎屑岩建造，盆地南北两侧的隆起带为主要的物源供给区；早二叠世中晚期–三叠纪发育陆缘近海湖泊–三角洲沉积（局部有海湾沉积）。侏罗纪–早白垩世早期，盆地与周缘地区水体隔绝，形成内陆湖泊–三角洲沉积；早白垩世中晚期，盆地扩展与周缘地区水体多有连通（如六盘山盆地），早白垩世末期，盆地呈现东高西低、南高北低的形态；新生代盆地周缘发育裂陷活动，形成一系列裂陷盆地，造就现今周缘为裂陷带所限定的矩形形态。已知沉积岩累积厚度 5～18 km。

根据本项目研究目标区与目的层，盆地西缘仅涉及石炭纪以来的构造，前石炭纪纳入盆地基底构造及演化。

（一）盆地基底构造及演化

1. 新太古代–古元古代原始陆壳形成阶段（Ar_4–Pt_1）

鄂尔多斯盆地西缘仅贺兰山北段见古元古代贺兰山岩群以及古元古代花岗岩体构成的原始陆壳地体，其北西阿拉善微陆块有新太古代–古元古代阿拉善岩群变质地体，鄂尔多斯地块西缘的宁东–彭阳地区因中、新生界覆盖未见新太古代–古元古代变质结晶基底表露。新太古代–古元古代为中朝古陆块形成阶段。新太古宙末统一的华北、塔南高级变质地体被一组北东走向、地壳尺度的左行走滑韧性剪切带沿东西方向拆离，阿拉善变质结晶基底在华北和塔南地体之间形成，位于华北古陆块西缘的贺兰山地区古元古代时期接受陆缘环境三角洲相的砂泥质夹碳酸盐岩沉积。可能包括被改造的太古代岩石残片和增生的古元古代组份（贺兰山岩群中石榴堇青钾长片麻岩中的岩浆成因锆石 2 个最老 SHRIMP U–Pb 年龄 2 949±13 Ma 与 2 520±13 Ma（周喜文、耿元生，2009）表明本区存在太古代的岩浆活动记录）。而贺兰山北西的阿拉善微陆块巴彦乌拉山地区则表现为活动类型的陆缘碎屑岩夹基性–中酸性火山岩建造（巴彦乌拉山岩组）。古元古代晚期坳陷褶皱造山，吉兰泰韧性断裂（北段为磴口西–贺兰山西麓断裂，沿断裂带有基性–超基性岩片构造侵位；南段为土井子–青铜峡–新集断裂）将华北结晶基底与阿拉善结晶基底焊接在一起。此期是贺兰山岩群、巴彦乌拉山岩组发生主期变质、变形的时期，石榴堇青二长片麻岩的锆石 SHRIMP U–Pb 年龄 1 950±8 Ma（周喜文、耿元生，2009）代表该期变质年龄；经中–深变质形成贺兰山岩群一套较典型的孔兹岩系。几乎与此期变质变形同时或略早或略晚，发生强烈的混合岩化或同碰撞型花岗岩侵入（1 920～2 047 Ma）。碰撞造山后期亦有花岗岩侵入（锆石 U–Pb 年龄1 701～1 889 Ma，王成等，2008），标志着华北古陆块克拉通化结束和华北–塔南超级大陆形成。

2. 中元古代–震旦纪原始陆壳裂解与拼合及过渡基底形成阶段（Pt_2–Z）

自古元古代晚期阿拉善地块与鄂尔多斯地块焊接在一起形成中朝古陆块以后，盆地西缘北部贺兰山地区和南部北祁连东段西华山–南华山地区便进入各自不同的盖层沉积和构造演化阶段。

（1）贺兰山地区陆缘盆地演化阶段

中元古代时贺兰山–青龙山–云雾山地区为华北古陆块西缘稳定陆缘（克拉通），早期发生拉张沉陷形成贺兰山陆缘盆地，沉积陆缘滨海–浅海相碎屑岩建造的黄旗口组；在陆缘盆地南段泾源县石嘴子侵入花岗斑岩，为高硅准铝质–弱过铝质 A 型花岗岩，具有造山后岩浆地球化学特征，其锆石 SHRIMP U–Pb 年龄为 1 778～1 788 Ma（王成等，2012；高山林等，2012），代表华北古陆块西部中元古代早期贺兰山陆缘盆地的伸展作用，可能与古元古代末期–中元古代早期 Columbia 超大陆裂解过程有关。中元古代晚期贺兰山陆缘盆地海水加深，沉积范围不断扩大，形成台缘浅滩相碳酸盐岩建造的王全口组。显然，贺兰山–云雾山地区尽管中元古代早期发生伸展作用，侵入A型花岗岩，但整个中元古代并未见所谓的大陆裂谷或坳拉槽的典型沉积物，也没有典型的双峰式火山岩建造，反映伸展作用并不强烈，远没有达到有些学者认为的大陆裂谷环境，而是一直处于稳定大陆边缘的沉积环境。

（2）北祁连东段西华山-南华山地区岛弧-弧后盆地演化阶段

中元古代时黄家洼山-西华山-南华山一带位于华北古陆块西南缘，发育海原岩群一套由钠长云母片岩-钠长石英片岩、绿片岩-角闪质岩、大理岩类等组成的变质岩系，其原岩下部为碳酸盐岩夹中基性火山碎屑岩，上部以杂砂岩类为主的复理石夹火山岩沉积，厚度达5 000 m以上，这套浅变质海相火山岩-沉积岩系构成宁夏南部北祁连东段地壳演化早期阶段的过渡基底。根据海原岩群沉积组合特征及所含火山岩的稀土元素、微量元素特征研究，海原岩群基性火山岩、次火山岩形成于岛弧-弧后盆地构造环境，属活动型沉积。中元古代晚期的四堡运动（晋宁运动Ⅰ幕）使华北古陆块与祁连地块之间的弧后盆地褶皱隆起，在西华山海原岩群绿片岩中所获Rb-Sr等时年龄1 128±209 Ma、在头岔沟海原岩群钠长绿帘角闪岩中所获Rb-Sr等时年龄1 020±106 Ma，代表了该期构造运动事件年龄。

（3）北隆（贺兰山）南裂（北祁连）演化阶段（南华纪-始寒武世）

南华纪（780～635 Ma）时，贺兰山地区抬升，遭受剥蚀。震旦纪（635～541 Ma）时，贺兰山局部地区发育山岳冰川，接受冰水沉积的正目观组、兔儿坑组冰碛砾岩、含砾板岩、板岩，震旦系与下伏蓟县系王全口组为不整合接触。震旦纪末-始寒武世（541～521 Ma）时，贺兰山地区再次抬升，遭受剥蚀，下寒武统与下伏震旦系为平行不整合接触，代表兴凯运动在本区的响应。在北祁连东段，南华纪初期西华山-南华山地区经历强烈的变形、变质作用，它是诺丁尼亚超大陆裂解的先兆，是在伸展构造体制下的地壳较深层次中，以发育褶叠层构造和绿片岩相退变质作用为特征，在南华山路沟湾海原岩群糜棱岩化绿泥钠长片岩中所获Rb-Sr等时年龄800±40 Ma，代表该期裂解事件及其韧性动力变质年龄。

3. 寒武纪–志留纪陆缘裂陷–海沟系和陆缘增生、褶皱造山构造阶段（寒武纪–志留纪）

（1）裂陷沉降阶段（早寒武世–奥陶纪晚期）

区域资料综合研究表明，新元古代–早古生代，华北古板块南缘处于拉张环境，中祁连与华北古板块分裂拉开，陆壳解体，逐步发育成秦岭–祁连裂谷系，祁连和秦岭 2 支裂谷迅速开裂发育成洋盆（夏林圻等，1998，2000；冯益民等，1996，1997；宋述光，1997）。北祁连裂陷槽在寒武纪经历相当长的大陆裂谷体制演化阶段，至早–中奥陶世发展成“沟–弧–盆”体系的成熟大洋。早古生代中晚期，由于大陆动力学机制的改变，洋盆俯冲消减，使包括宁夏南华山–西华山以南地区在内的北祁连俯冲带以北形成较完整的沟–弧–盆体系。而靠近华北陆块鄂尔多斯地块西缘贺兰山–青龙山一带早古生代时则是华北陆块南缘的被动陆缘坳陷带；与其对应的阿拉善微陆块仍然呈隆起状，大部分地区缺失早古生界早期沉积层，表明此时期又与华北陆块产生了构造分异，并在其东南缘向北祁连海方向增生出被动大陆边缘斜坡相的楔形浊积岩地体–腾格里早古生代增生楔，以奥陶系米钵山组、香山群及辉绿岩等为代表。因此阿拉善地块东南缘的楔形陆缘斜坡盆地不是北祁连海插入华北板块南缘的楔形夭折裂谷，而具有新生的被动大陆边缘的性质。

（2）褶皱隆升阶段（奥陶纪晚期–志留纪）

奥陶纪晚期，发生加里东旋回第一期构造变形，使北祁连洋发生俯冲造山作用，形成北祁连加里东造山带雏形。同时，中祁连地块再次增生到华北陆块西南缘，致使志留系不整合覆于奥陶系香山群、中元古界海原岩群之上。末期伴有逆冲断裂，导致碰撞型花岗岩（南华山菜园岩体、乱堆子岩体(锆石 U–Pb 年龄 431±5 Ma)、油房园岩体（锆石 U–Pb 年龄 451±54 Ma)、石洼里岩体（锆石 U–Pb 年龄 437±5 Ma）等的侵位。该期俯冲造山作用致使腾格里–香山三角地带的早古生代增生楔形成一系列倾向大陆的逆冲断裂及其间的褶皱，随着持续汇聚新的沉积层不断楔入老沉积断片之下，增生楔逐渐向构造楔演化，也是北祁连海槽与香山陆缘斜坡盆地于加里东晚期最终关闭的产物。

早-中志留世，烟筒山-黑鹰湾山一带残留海盆中，沉积照花井组滨浅海陆源碎屑岩和碳酸盐岩建造；晚-末志留世，海水逐渐退出，沉积旱峡组滨海陆源红色碎屑岩建造。志留纪末祁连运动（加里东运动Ⅱ幕）使志留纪残留海盆最终关闭并褶皱成山，形成北祁连加里东碰撞造山带，也标志着加里东构造旋回至此终结，华北陆块与中祁连陆块聚合。

4. 华力西早期前陆盆地与褶皱隆升阶段（泥盆纪）

加里东构造旋回的结束，使鄂尔多斯盆地西缘加里东造山带隆起成山而遭受强烈剥蚀。在深大断裂附近及造山带前缘，形成前陆盆地和一些山间凹陷盆地。早-中泥盆世造山带前缘盆地相对较小，沉积中泥盆世石峡沟组一套陆相红色碎屑岩建造；晚泥盆世随着褶皱造山（陆内挤压）的加强，在鄂尔多斯盆地西缘形成大规模的前陆盆地，沉积了厚度更大、范围更广的一套陆相红色碎屑岩建造（上泥盆统中宁组）。受盆地边缘断裂不均衡影响，中泥盆世石峡沟组与晚泥盆世中宁组间形成角度不整合（潘江等学者将此角度不整合称为宁夏运动，以此作为华力西旋回的第一幕）。泥盆纪末期，前陆盆地及其基底层再一次褶皱隆起并遭受剥蚀。

（二）盆地西缘构造格架与单元特征

1. 贺兰山隆起冲断带

该冲断带西界为贺兰山西麓-土井子-青铜峡-新集断裂，东界为车道-阿色浪断裂。隆起冲断带包容了贺兰山古元古代地体（由贺兰山岩群中深变质岩系及古元古代花岗岩类岩石构成）与贺兰山-青龙山中-新元古代陆缘盆地（主要由浅海台地相碎屑岩-碳酸盐岩地层组成）。经受加里东期、华力西期、印支期等多期褶皱冲断变形，形成贺兰山-青龙山褶冲带。燕山-喜马拉雅期构造活动强烈，发生大规模逆冲推覆，构造块体相互叠压，造成地壳明显缩短、增厚、块体位移，强化和改造早期构造，形成现今的构造格局-贺兰山隆起冲断带，包括 3 个五级构造单元，其中贺兰山褶冲带与银川断陷盆地等 2 个五级构造单元的构造变形与改造强烈，不利于本项目页岩气的储藏，也不是目标区，因此不做进一步描述，下面重点叙述陶乐–彭阳褶冲带。

（1）陶乐–彭阳褶冲带

展布于车道–阿色浪断裂以西、黄河断裂与青铜峡–新集断裂以东地区，东接天环向斜，西邻银川断陷盆地与卫宁北山–香山弧形冲断带。自北而南可分为 4 段：桌子山褶冲带、陶乐–横山堡陆缘褶冲带、韦州–马家滩褶冲带、车道–彭阳褶冲带。下面重点描述涉及区内的后 3 个构造单元。

① 陶乐–横山堡陆缘褶冲带：北界为正义关断裂东延，南界为灵武南到磁窑堡一带。东邻银川断陷盆地，由于周缘巨厚的新生代沉积覆盖，前新生代地层露头出露非常有限，仅在横山堡、灵武和磁窑堡之间有较大面积的三叠系至白垩系出露。根据钻井资料和地震反射剖面解释，铁克苏庙–陶乐–横山堡地区的地层和构造与桌子山地区有相似性，其奥陶系完全可对比，地层分布受近南北走向的冲断层控制。冲断带分为 3 段。北段陶乐至铁克苏庙主体构造为西倾东冲断层，前缘下盘出现反冲构造，形成三角带断裂，大多被古近系甚至白垩系覆盖，北段北延可与苛素乌断层相接；中段陶乐地区西倾东冲断裂被反冲的东倾西冲断裂强烈改造，部分断裂延伸到古近系；南段横山堡地区以东倾西冲断裂为主，在横山堡西北，早–中奥陶世天景山组灰岩向西逆冲到白垩系之上，任 2 井揭示天景山组灰岩在寒武系之下重复出现，横山堡和陶乐之间存在调整逆冲位移的右行走滑断层。从有限的露头来看，横山堡地区的冲断层切割寒武系–渐新统的地层，可能是贺兰山南段科学山冲断系统前缘的反冲构造，其形成是燕山期末–喜马拉雅期阿拉善微陆块向东持续挤压的结果，形成时间比西部的贺兰山逆冲席和北部桌子山褶皱冲断带要晚。上述北、中、南段 3 个地区不同的构造样式表明鄂尔多斯西缘北段的逆冲体系是呈弧形向南东发育，北段最早停止活动，南段强度最大，活动时间最长。各地区向东推进的时间和强度的差异被近东西向断裂调整。

② 韦州–马家滩褶冲带：北界为灵武南到磁窑堡一带，南界大致在甜水堡一带。该褶冲带为典型的前陆盖层滑脱型褶皱冲断层系，由一系列西倾的分支断层构成叠瓦扇，叠瓦扇由分支断层和底板断层构成。在剖面上，冲断席上宽下窄，反映分枝断层向下收敛的趋势（图 3–3）。自西而东冲断作用减弱，垂向断距变小，出露地层变新。青龙山–马家滩褶冲带前缘带 T9 滑脱面之上以脆性破裂和断弯、断滑褶皱为主。韦州–马家滩褶冲带的大多数逆冲断层呈现低角度样式，在其东段金家渠–大水坑反冲断层呈高角度，但垂向断距小，与主断层构成前缘三角带。目前认为，逆冲断层在向前逆冲过程中，如果遇到断坡、前缘阻挡或是反作用时，会在逆冲前方发育反冲断层，形成冲起构造或构造三角带。大水坑以东地区很少发育逆冲断层，说明高角度反冲断层的发育是前缘水平逆冲作用的吸收形式之一。韦州–马家滩褶冲带以青龙山东麓党家堿断裂为界，西侧为韦州–青龙山褶冲带，东侧为惠安堡–马家滩褶冲带。东侧的褶皱大多为不对称东翼陡、西翼缓的线形褶皱，而西侧作为逆冲构造的后缘，以大型的短轴背斜为主，断层上陡下缓，收敛于石炭系煤系地层或奥陶系的板岩地层之中。

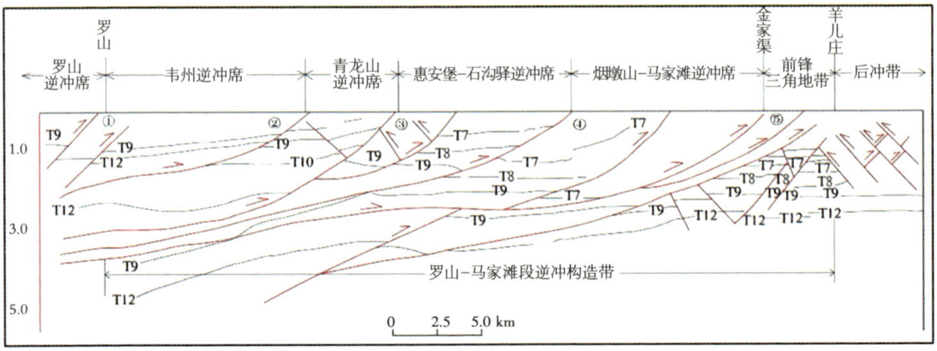

图 3–3 罗山–马家滩构造横剖面图（W→E）

①：青铜峡–固原断裂；②：韦州–安国断裂；③：青龙山–平凉断裂；④：惠安堡–沙井子断裂；⑤：马儿庄断裂；T7：上田组第三段反射；T8：二叠系顶界；T9：石炭系煤层反射；T10：奥陶系顶界；T12：寒武系底界

A. 韦州–青龙山褶冲带：韦州–青龙山褶冲带由韦州复向斜（逆冲席）与

青龙山复背斜（逆冲席）组成。韦州复向斜是一个向南（在红城水、下马关附近）仰起、向北倾伏的簸箕状向斜盆地。地表广布新生界，基岩出露较零星。其轴向自北向南由北北西转向南北，轴长约 55 km，宽约 15 km，北部被青龙山东麓党家坬大断裂所截，核部由晚三叠世上田组组成（其上有宽缓的次级小褶皱），向两翼依次出露二叠系和石炭系；向斜两翼不对称，西翼陡，倾角一般>30°，常受北西向断裂破坏；东翼较缓，倾角 10°～30°。青龙山复背斜是一个不完整的南北向复背斜构造，西邻韦州复向斜，东与惠安堡–马家滩褶冲带以党家坬大断裂为界。复背斜长约 45 km，北部宽 5 km，倾伏端在北部太阳山附近，核部由蓟县系硅质条带白云岩组成，往西依次出露有震旦系、寒武系和奥陶系。

B. 惠安堡–马家滩褶冲带：惠安堡–马家滩褶冲带由惠安堡–石沟驿复向斜和烟墩山–马家滩褶冲带组成(图 3–4)。惠安堡–石沟驿复向斜轴向自北而南由北北西向转向近南北向，长逾 60 km。核部地层为晚三叠世–侏罗纪地层，两翼为二叠纪–中三叠世地层，其上被古近系–新近系不整合覆盖。烟墩山–马家滩褶冲带北起磁窑堡，南经马家滩至萌城，东以马家滩–柳条井断裂（车道–阿色浪断裂）为界，与盐池坳陷带（天环向斜）相邻，西至青龙山为一狭长的褶断带，南北长约 110 km，东西宽 10～50 km，由于新生界覆盖，基岩出露很少，据地震资料，带内的中生代地层厚达数千米，原属中生代坳陷盆地，其下伏地层为二叠系、石炭系和奥陶系，奥陶系顶面埋深约 4 000 m。据物探及钻探资料证实在中生界内自北而南发育了由北北西向转为南北向的线状褶皱与冲断裂，它们互相平行舒缓波状展布。褶皱自北而南、由西向东发育六个背斜和六个向斜，褶皱一般长逾 20 km，宽 2～5 km，大部分向北倾伏，背斜西翼常被断裂破坏而不完整，出露窄，倾角陡有时倒转，向斜构造反之。褶皱均由中生界组成，向斜轴部多为晚侏罗世安定组和早白垩世保安群，背斜轴部则多为中侏罗世直罗组或晚三叠世上田组（图 3–5）。断裂亦隐伏于新生界以下，其走向与褶皱基本一致，断距由数百米至数千米不等，常

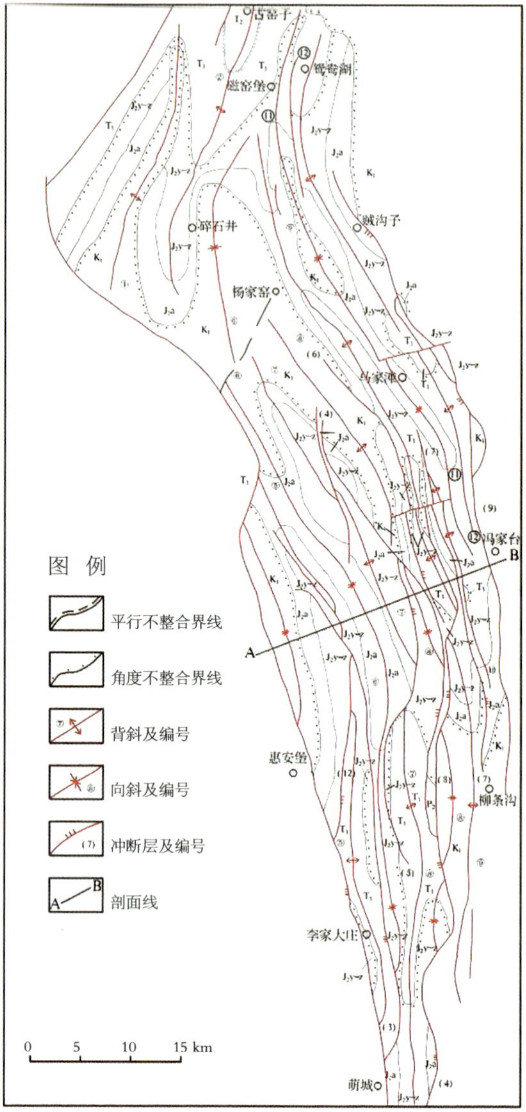

图 3-4 磁窑堡–马家滩–萌城基岩地质图

(根据宁夏煤炭工业地质勘探队 1980 年资料修编)

①：面子山向斜；②：刘家庄–碎石井背斜；③：磁窑堡向斜；④：烟墩山向斜；⑤：沈家庄–杨庄背斜；⑥：叶庄子–小沙湾子向斜；⑦：积家井–甜水堡背斜；⑧：海子湖–贺家窑向斜；⑨：周家沟–于家梁背斜；⑩：尖儿庄背斜；⑪：长梁山–马家滩向斜；⑫：鸳鸯湖–冯记沟背斜；(1)：老盐池–烟墩山冲断裂；(2)：于家台冲断裂；(3)：雷鸡圈冲断裂；(4)：上台子冲断裂；(5)：金家渠西侧冲断裂；(6)：于家梁冲断裂；(7)：杜窑沟冲断裂；(8)：李新庄西侧冲断裂；(9)：马柳（马家滩–甜水堡）冲断裂，即车道–阿色浪断裂（地层代号说明见第二章）

与褶皱相伴出现。这些断裂断面西倾，倾角 15°～70°。

综上，青龙山–马家滩褶冲带中的断裂构造以西倾为主，个别地段表现为东倾，据断层错动地层及褶皱倒向等指示断裂印支期–燕山期运动方向为自西向东推覆为主，少量有自东向西反冲，但断裂规模不大，应属西倾东冲主断裂系统发育过程中产生的背冲断层。喜马拉雅期除继承性的逆冲外，多兼有右行走滑特征。

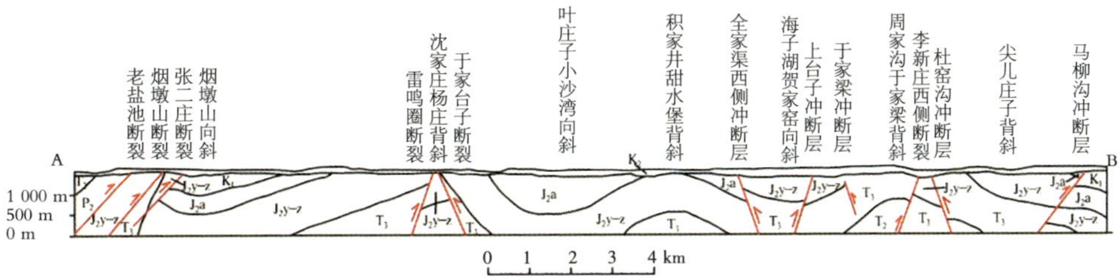

图 3–5　烟墩子–冯家台地区地质剖面图

（根据宁夏煤炭工业地质勘探队 1980 年资料修编，地层代号说明见第二章）

③ 车道–彭阳褶冲带：北起甜水堡，南到平凉。多被黄土覆盖，在沟谷中偶见中元古界–下古生界地层出露。主冲断层走向近南北向，断面向西陡倾，造成冲断块向东掩冲。该褶冲带地震与钻井资料减少，地面可见到冲断推覆现象，在车道坡见奥陶系掩冲于白垩系之上；在谢家湾见震旦系逆冲于奥陶系之上。

2. 鄂尔多斯坳陷带

该坳陷带包括鄂尔多斯早古生代陆表海（在宁夏暂称为盐池寒武纪–奥陶纪陆表海），展布于车道–阿色浪断裂以东的广大区域，据钻井资料坳陷带下伏寒武系滨浅海相–陆棚边缘相的碎屑岩–碳酸盐岩建造和奥陶系的开阔浅海台地相碳酸盐岩–碎屑岩沉积。坳陷带志留纪–早石炭世时隆起未接受沉积。在晚石炭世–三叠纪时伸展形成上叠坳陷盆地，晚石炭世时期为较稳定的华北型陆表海盆地，二叠系至三叠系主要由陆缘海陆过渡相含煤、泥炭碎屑岩地层和河湖相碎屑岩地层组成。其上被侏罗纪–白垩纪内陆坳陷盆地河湖相沉积地层不整合。早–中侏罗世沉积了富县组、延安组、直罗组和安定组；晚侏罗世，盆地受到东西向强烈的构造挤压而整体抬升，在盆地西缘形成近南北向的长逾 600 km 的褶皱冲断带（陶乐–彭阳褶冲带），在盆地西部山前发育东缓西陡的箕状坳陷，充填了芬芳河组粗碎屑沉积，并形成了侏罗系与白垩系之间的不整合。早白垩世初期，鄂尔多斯盆地表现前陆盆地性质，沉积了一套粗碎屑磨拉石建造。早白垩世早中期，鄂尔多斯盆地转化为伸展构造环境，伴生有拉斑玄武岩浆的喷溢，发育断陷盆地，在宁夏沉积了洛河组和环河组，盆地沉积中心位于鄂托克旗–泾川一线。早白垩世晚期，盆地西北部转化为挤压构造背景，发育挤压坳陷盆地，沉积了罗汉洞组与泾川组，随着沉降中心的迁移，沉积物向西部和北部的盆地边缘超覆。早白垩世末燕山期构造运动形成天环复向斜，顶部为新生界沉积层覆盖。

天环复向斜带：由早白垩世保安群组成的向斜构造，向斜轴向近南北向，常舒缓波状弯曲，长逾 100 km，宽约 20 km。东翼宽缓，倾角一般 3°～5°；西翼较陡，倾角一般 7°～9°。据钻探和物探资料揭示，其轴部地层为泾川组、罗汉洞组，两翼多为罗汉洞组和宜君组，东翼由罗汉洞组和环河组、洛河组组成。复向斜内部尚发育一系列宽缓的次级褶皱，有时在一翼上展布着一些小型东西向鼻状构造。复向斜轴部重力值较低，向两翼递增。

（三）盆地西缘断裂系统

由西往东展布贺兰山褶冲带、银川地堑断裂带和陶乐–彭阳褶冲带，除中部由一系列地堑式正断层组成外，东、西两侧褶冲带都由一系列逆冲推覆断层组成。其主要边界断裂如下。

1. 贺兰山西麓–牛首山东麓–崆峒山东麓断裂

该断裂由贺兰山西麓断裂和牛首山东麓–崆峒山东麓断裂（即青铜峡–新集断裂）组成，前者位于区外，本次不做描述；后者为牛首山–罗山–崆峒山冲断席前缘主边界断裂，向北西直达贺兰山南段的围沟井–土井子接贺兰山西麓断裂，总体走向 335°，区内延长约 350 km。前人认为它代表北祁连褶皱造山带东北边缘断裂，即前人所称青铜峡–固原断裂（但南段展布位置并不是前人认为的罗山东麓–小关山东麓，而是偏东的煤山东麓–崆峒山东麓），本项目认为香山寒武纪–奥陶纪陆缘斜坡盆地与贺兰山–青龙山寒武纪–奥陶纪陆缘坳陷带的分界线，亦是贺兰山隆起冲断带与宁南弧形构造带的分界线。断裂带重力场特征显示为北西向的重力梯度带，航、卫片线性影像特征明显，两侧地貌反差大，南西侧多为基岩山地，北东侧为洪积扇群。该断裂自加里东期到喜马拉雅期都有活动，对两侧地层的展布有较强的控制作用，为一条重要的逆冲推覆断裂。可分为3段：北段土井子–牛首山断裂，中段罗山东麓断裂，南段崆峒山东麓断裂。

（1）土井子–牛首山断裂

北起内蒙古土井子南，向南经柳木高达牛首山地区，全长约70 km。断裂切割了寒武系、奥陶系、上泥盆统、侏罗系、白垩系、古近系及新近系等。总体走向330°，在柳木高附近一条北西向断裂的断面倾向北东，倾角50°～70°，中晚寒武世阿不切亥组逆冲于晚侏罗世芬芳河组之上，可能代表主断裂（南西倾）上盘的反冲断裂，在柳木高北西，断裂带中擦痕清晰可见，显示上盘左行斜冲。它向北断续可见，经围沟井到土井子西北一带，断面倾角渐缓，断距变小；向南切过早白垩世和古近纪–新近纪地层，至青铜峡镇西被新生界覆盖。卫片解译表明，该断裂在青铜峡镇北西5 km附近始分为走向均为南东的2条隐伏断裂，其南西一条通过黄河后与牛首山西麓大寺沟冲断裂连接；北东一条过黄河，经青铜峡镇沿牛首山北东麓洪积扇前缘通过，断层南西倾，牛首山九泉附近可见米钵山组逆冲于彰恩堡组之上（图3–6），发育30～50 m断层破碎带，断面（产状245°∠65°，向下有变缓之势）上具斜向擦痕，擦痕倾侧角∠30°NW，表现为左行平移逆断层。

（2）罗山东麓断裂

北段向南东直插大罗山北。据钻孔及物探资料，断裂南延至孙家滩再一分为二，一支沿蜗牛山西麓–煤山东麓延伸，最终与南段小关山东麓断裂交

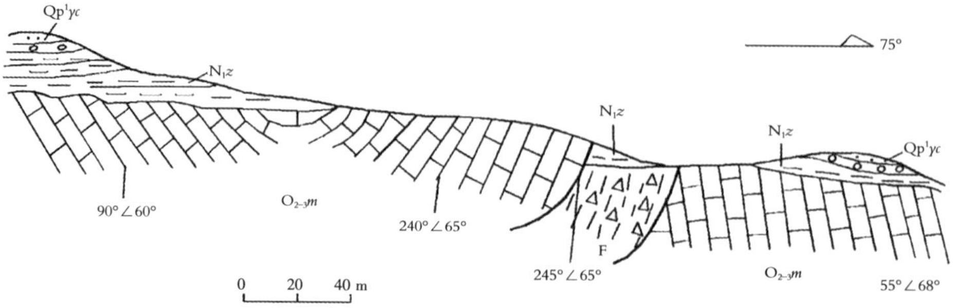

图 3-6 牛首山东麓大断裂九泉附近古断面素描图

Qp^{1}yc：银川组砂砾岩；N_1z：彰恩堡组泥岩；$O_{2-3}m$：米钵山组灰岩；F：断层破碎带

汇。在煤山东麓，可见米钵山组砂岩、板岩逆掩于二叠纪太原组泥岩、页岩之上，并发育宽约数米的断层破碎带，破碎带由灰黑、灰绿、褐色混杂的断层泥及碎粒岩等构成，局部断面延入羊虎沟组内部，造成太原组与米钵山组间的不整合面及下盘岩层在数十米宽的范围内产生倒转（图 3-7）。另一支沿罗山东麓延伸，多处见米钵山组逆冲于中新世彰恩堡组、渐新世清水营组之上（图 3-8），甚至第四系之上。断面呈舒缓波状，剖面上常表现为上陡下缓的铲形，倾角 20°～70°，破碎带宽一般 50～100 m，最宽处达 500 m，由碎裂岩碎粒岩及断层泥组成。

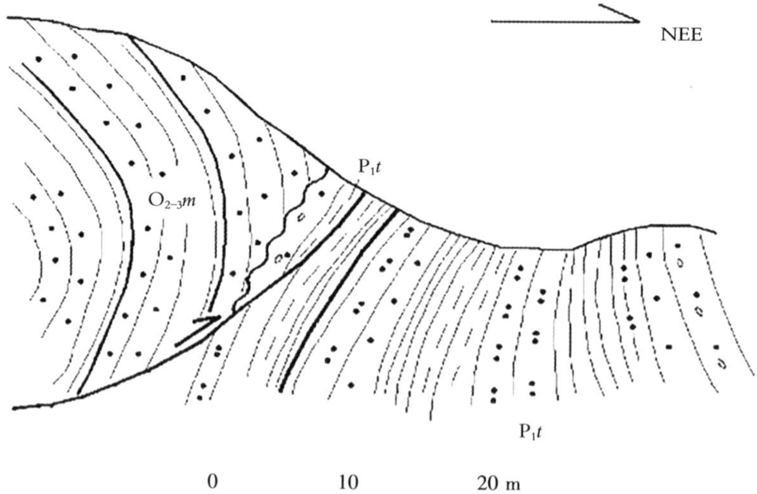

图 3-7 罗山东断层剖面图

P_1t：太原组砂岩、页岩；$O_{2-3}m$：米钵山组变质砂岩夹板岩

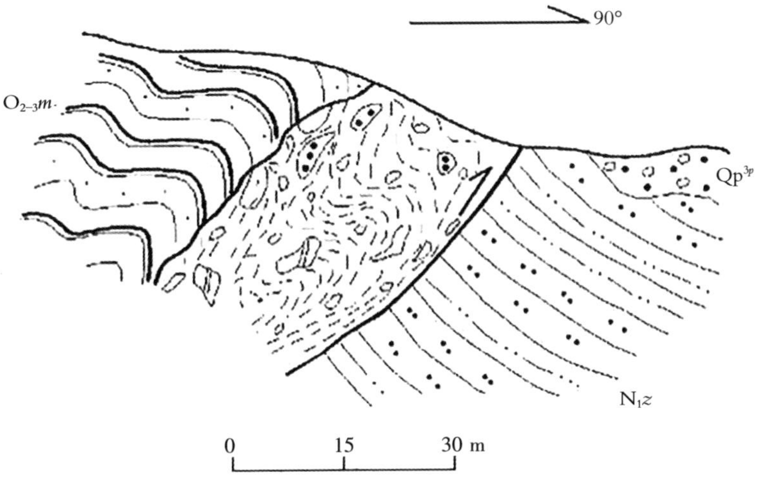

图 3-8　大罗山东麓断层剖面图（红庙沟北）

Qp^{3p}：上更新统砂砾石；N_1z：彰恩堡组泥岩；$O_{2-3}m$：米钵山组变质砂岩

（3）崆峒山东麓断裂

展布于崆峒山隆起带前缘，断裂走向北北西–北西向，断裂带地表出露连续性差，断裂规模较小，呈雁列状，断面倾向南西，倾角 60°～85°，逆冲性质明显，发育小型叠瓦状逆冲推覆构造组合。在牡丹台见上盘白垩纪马东山组逆冲于新近纪地层之上，上盘发育两组节理，显示主断裂具顺扭特征。断裂南延接陕西岐山–哑柏断裂，作为鄂尔多斯陆块隆起区与六盘山断陷带的分界。

2. 贺兰山东麓断裂

贺兰山东麓断层是贺兰山与银川地堑的构造边界，地貌特征与遥感影像十分显著。断层北起柳条沟，向西南经正义关沟沟口、红果子沟沟口、王泉沟口、大武口沟沟口、插旗口、苏峪口、紫花沟沟口到头关，走向北北东–南南西，倾向东南，倾角 68±10°，长约 139 km，宽度为 10～16 km。断层南延过井石子梁，再折向南南东，朝牛首山东麓–大罗山方向继续延伸，并转成近南北走向。断裂总体走向北北东，倾向南东东，浅部倾角 65°～80°，往深部倾角变缓为铲形正断层，在深部 28～29 km 的深度上交汇到黄河断裂上（图 3-9）。

贺兰山东麓断裂具有多期性活动特点，一般认为其形成于早燕山期，属挤压逆冲推覆断裂；喜马拉雅期沿先存断裂继承性活动，但断裂性质已截然不同，形成左行走滑正断裂，其形成与银川地堑同步，属盆地同生断裂。断层以西是高峻挺拔的贺兰山，主峰敖包疙瘩海拔 3 556 m；以东为开阔的银川平原，海拔 1 100～1 300 m，两者地形高差达约 2 200 m。新生代以来，该断层活动强烈，垂直运动幅度近 10 000 m，显示贺兰山体持续上升，银川盆地继续下陷过程。

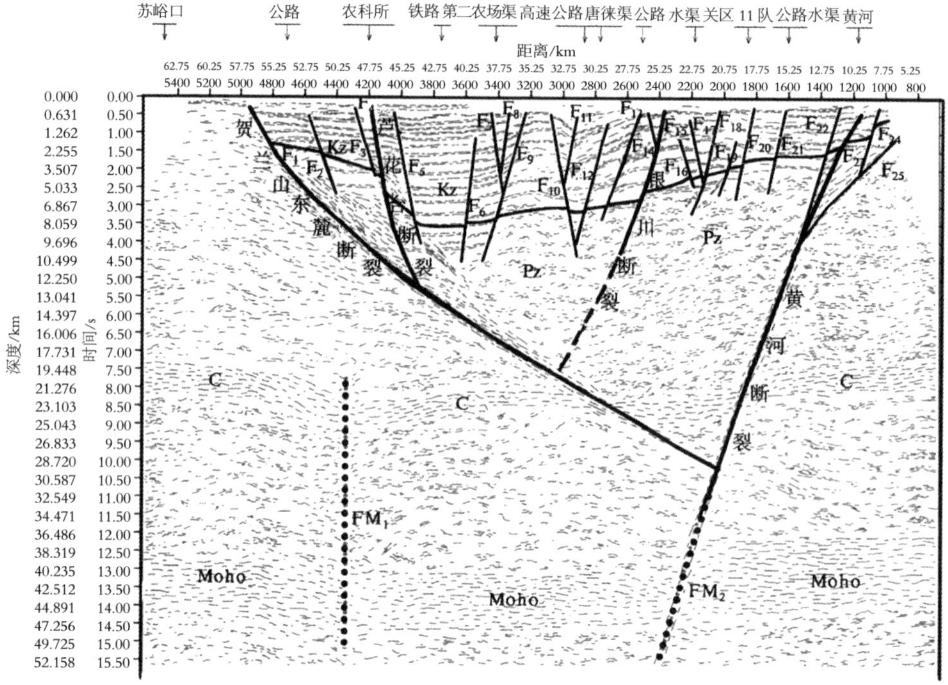

图 3-9　银川盆地深地震反射剖面解释结果图

3. 黄河-灵武断裂

黄河断裂是银川断陷盆地与东部的陶乐-彭阳褶冲带（鄂尔多斯西缘褶冲带）的分界构造，北起乌海一带，到石嘴山市东开始成为盆地东界断裂，南经陶乐西、月牙湖西、通贵到临河堡一线，长度 160 km。断裂的物探及线性遥感影像特征明显，总体呈北北东向延伸，断面西倾，倾角 70°。该断裂错断基底岩系和新生代地层，并控制黄河河床的展布，断距近 2 800 m，向北减至 1 300 m。黄河断裂在浅部由 4 条分支断裂组成，向深部以面状正断层形式延伸，切穿下地壳并错断莫霍（MOHO）界面，为一超壳深大断裂；银川地堑为以黄河断裂为主、其他断裂为辅组合而成的负花状构造（图 3–9）。在临河堡以南，黄河断裂向南转折，形成南北向的灵武断裂，展布于灵武东山西麓一带的山地与第四纪洪积扇之间，为北北东向或近南北向的断面西倾的正断层。断层东盘为早白垩世庙山湖组，西盘为古近纪–新近纪地层，该断裂后期为东西向断裂左行错移。

4. 青龙山东麓党家坬断裂

北段走向北北西，向北西可达贺兰山南段的三关口，往南转为南北向，全长约300 km。断面西倾，倾角 60° ~ 70°。大部分隐伏在第四系之下，仅在贺兰山三关口一带见中–晚奥陶世米钵山组灰岩逆冲于始新统之上；在青龙山老窑附近亦可见西盘奥陶系逆冲到东盘二叠系之上。断裂带宽 10 ~ 200 m，最大断距约 3 000 m，自陈家山向南延至彭阳再入甘肃平凉等地。该断裂至今仍有活动。

5. 马家滩–甜水堡断裂（车道–阿色浪断裂）

北起内蒙古桌子山东麓阿色浪北，向南经宁夏马家滩东、萌城进入甘肃省南秋子东车道坡、冯庄直抵平凉市以东。断裂多被新生界覆盖，但物探重力、电法及地震探测均证实其存在，总长约 500 km。它是陶乐–彭阳褶冲带东部边界。沿此断裂重力梯度密集，推测断面东倾，属高角度正断层，落差 8 000 m 左右。萌城以南断面西倾，为一向东仰冲的逆断层，倾角一般 40° ~ 50°，部分地段达 75°，据地震剖面 T9 反射层计算，断距 200 ~ 3 000 m，自北向南断距渐减乃至消失。该断裂明显控制了宁夏东部中–新元古代、寒武纪、早–中奥陶世地层的沉积与分布，除在加里东期–印支期有过较强活动外，它也明显地控制了中、新生界的分布与发育。如早白垩世保安群环河组在该断裂东侧厚数百米，而在其西侧则缺失；断裂两侧古近系–新近系的岩相、厚度也有较人差异，东侧以河湖相沉积为主，而西侧以山麓相堆积为主。

（四）鄂尔多斯盆地西缘沉积-构造演化

1. 构造应力场背景

（1）逆冲推覆方向

鄂尔多斯西缘冲断带平面上总体呈南北向，部分地段呈北北东或北北西向展布，大体构成反“S”形。从鄂尔多斯西缘冲断带各褶冲带前缘推挤中形成的开阔-闭合斜歪-倒转褶皱、牵引褶皱、次级分支断裂、劈理、共轭节理和主断层等总体结构样式分析，指示上盘由NWW-W向SEE-E逆冲推覆。

（2）主应力方向

据鄂尔多斯西缘冲断带印支期褶皱（石炭系-三叠系褶皱）、燕山期褶皱（侏罗系-白垩系褶皱）、新生界褶皱和震源机制解，分别求得印支期最大主应力方向为292°～317°，平均304°，燕山早期最大主应力方向为300°，燕山晚期最大主应力方向为215°～237°，平均226°，喜马拉雅早期最大主应力方向为44°，喜马拉雅晚期（第四纪以来）最大主应力方向平均值为40°，分别代表鄂尔多斯西缘冲断带所在地区各时期的平均主压应力方向。显然，喜马拉雅期最大主应力作用在先存北北东向断裂系上，必然发生右旋剪切，在银川盆地地壳表浅部中形成一系列次级右旋脆性剪切正断层和破裂带。

2. 形成时代与推覆距离

鄂尔多斯西缘冲断带尽管主要成生期是燕山期-喜马拉雅期，但也包含了加里东期-印支期的构造作用踪迹。据其构造格架和演化历史分析表明，至少存在7期主要的冲断层作用，各期冲断层作用分别发生在晚奥陶世末期、中泥盆世末期、三叠纪末期、中侏罗世末期、早白垩世末期、晚白垩世-新近纪中期和中新世末期到第四纪，形成由原地和异地推覆体和冲断席组成的四个构造层。

根据推覆构造的断裂和褶皱形态及产状、地质剖面、地震剖面，初步估算贺兰山中南段的三关口南褶冲带最小位移d≈5.1 km，缩短率e≈-15.7%，收缩率 e≈84.3%；贺兰山北段的宗别立推覆体位移 d≈10.6 km，缩短率 e≈−45.3%，收缩率 e≈54.7%；石炭井推覆体在东西方向上水平位移量 d≈3.2 km，缩短率 e≈−8.8%，收缩率 e≈91.2%。宁东烟墩山–马家滩褶断带水平断覆距 23.5 km。

3. 盆地西缘沉积–构造演化

(1) 华力西晚期伸展变形与上叠盆地阶段（早石炭世–中二叠世）

进入华力西晚期，陆内挤压逐渐演化为陆内伸展演化阶段。鄂尔多斯盆地西缘广阔地区沉陷为陆表海盆，使华北陆块陆表海与古特提斯海连成一体，西北侧是阿拉善古陆。鄂尔多斯盆地西缘的西南部于早石炭世遭受古特提斯北支海盆的海侵，成为叠置于北祁连造山带（包括走廊弧后盆地）的陆表海上叠盆地。晚石炭世–早二叠世，盆地西南深，东北浅，中间有一近南北向的早古生代隆起（中元古界–奥陶系，代表了晚石炭世–早二叠世盆地的基底。其南段及北段缺失晚石炭世–早二叠世沉积），该隆起以东（以阿色浪–车首断裂为界），晚石炭世–早二叠世地层褶皱较弱，遭断裂切割、破坏程度低；该隆起以西，晚石炭世–早二叠世地层褶皱强烈，遭断裂切割、破坏程度高，地层完整性差；早二叠世中晚期，陆表海盆逐渐向陆相盆地演化过渡，至中二叠世陆相盆地已分区明显，形成多个陆内坳陷盆地。在各盆地中二叠统上部见中酸性凝灰岩沉积，代表华力西运动Ⅱ幕的构造热事件。

(2) 印支早期陆相盆地阶段（晚二叠世–三叠世）

晚二叠世–中三叠世持续为陆相盆地形成期，在祁连–北秦岭地层分区，沉积了红泉组、五佛寺组和丁家窑组辫状河流相碎屑岩建造。在鄂尔多斯西缘地层分区，贺兰山地区与宁东地区分化为 2 个次级盆地沉积区，分别代表近源沉积区与远源沉积区，其间的银川盆地所在区域是否沉积尚难定论（或未沉积，或沉积了但经燕山期隆起剥蚀殆尽），但已有钻孔与物探证实盆地基底缺失中–晚二叠世–三叠纪沉积层，其间由贺兰山东麓断裂和黄河–灵武深大断裂控制。另外，晚石炭世–早二叠世时期的早古生代隆起南段仍然存在，局部缺失中–晚二叠世–三叠纪沉积层；北部则近于夷平，中–晚二叠世–三叠纪沉积层广泛发育。沉积了孙家沟组、刘家沟组、和尚沟组曲流河相和中三叠统二马营组辫状河流相碎屑岩建造。当时气候炎热、干旱间有温湿。中三叠世末的印支运动，使晚古生代–中三叠世地层普遍发生褶皱和断裂，盆地西缘（车道–阿色浪断裂以西）地层大多裸露地表，遭断裂切割明显，地层完整性差，并伴有较强的岩浆活动（贺兰山大战场花岗闪长岩锆石 U–Pb 下交点年龄 223.6 Ma）。代表印支旋回的一期构造变形，主要表现为地壳浅部弯滑褶皱变形及剪切挤压变形，形成较大型开阔圆桶状褶皱及逆冲断裂。车道–阿色浪断裂以东地区，中–晚二叠世–三叠纪沉积层褶皱宽缓，深埋地下，少量断裂切割，地层完整性好。

（3）印支晚期陆内伸展与褶皱断裂阶段（晚三叠世）

晚三叠世全区表现为广阔的陆内伸展，形成鄂尔多斯大型坳陷（含油气）盆地与贺兰山汝箕沟、巴伦别立–阿拉善左旗三叠纪陆相坳陷盆地以及走廊过渡区陆相坳陷沉积盆地。贺兰山鼓鼓台玄武岩年龄 229～193 Ma（锆石裂变径迹年龄 193 Ma）代表这一时期陆内伸展的产物；而石沟驿和平凉两个三叠纪盆地是走滑–拉分坳陷盆地。三叠纪末，伴随古特提斯洋的闭合过程，其构造效应的前缘波及宁夏地区，致使晚三叠世地层也发生大规模褶皱、断裂隆起或断陷。

（4）燕山期陆内坳陷与强烈变形构造阶段（侏罗纪–古新世）

贺兰山构造变形带是中国大陆重要的板内造山带，经历多期构造演化阶段，到侏罗纪–早白垩世时期，火山–沉积盆地（贺兰山鼓鼓台玄武岩喷发可能延伸到早侏罗世，玄武岩锆石裂变径迹年龄 193 Ma）发育及其板内构造变形(推覆–冲断构造、滑脱面–滑脱褶皱及构造叠加作用）十分明显，导致贺兰山隆起冲断带雏形（早期楔顶效应）的形成。

侏罗纪基本继承了三叠纪时期的盆地，宁夏主要发育鄂尔多斯西缘大型含煤盆地（宁东–盐池–彭阳地区），贺兰山地区发育汝箕沟、新井中小型含煤盆地，中间（银川盆地所在区域）仍为隆起带，缺失侏罗纪沉积层，其间仍由深大断裂控制。另外，香山地区山前、山间坳陷等有小型含煤盆地，而晚石炭世–早二叠世时期的“南北古脊梁”南段仍然存在，局部缺失侏罗纪沉积层；总之，鄂尔多斯西缘侏罗纪地层广泛发育，沉积了厚度较大的侏罗系碎屑–泥–碳质沉积层。燕山早期运动使侏罗系全面褶皱隆起并开始了以逆冲断裂为主的构造变形，西部贺兰山地区侏罗纪沉积层褶皱强烈，完全裸露出地表，遭断裂切割明显，地层完整性较差；宁东车道–阿色浪断裂以西，侏罗纪沉积层褶皱中等，部分裸露出地表或被剥蚀殆尽，遭断裂切割明显，地层完整性较差；宁东车道–阿色浪断裂以东，侏罗纪沉积层褶皱平缓，深埋地下，少量断裂切割，地层完整性好。

早白垩世，在燕山期褶皱隆起带前缘发育一系列坳陷盆地，表现为早期挤压的类前陆盆地–中晚期伸展盆地–后期挤压盆地的演化特征，主要有鄂尔多斯盆地及庙山湖盆地，分别沉积了保安群及庙山湖组，主要为一套炎热干旱间有温湿气候条件下的冲积扇山麓–河湖相红色碎屑岩建造。

晚白垩世–古新世，在印度板块向北漂移尚未大规模影响到中国大陆（华夏大陆）西部的情况下，鄂尔多斯盆地西缘周边地区处于构造相对平静、整体抬升剥蚀期，未接受沉积。

（5）喜马拉雅期推覆构造与盆–岭构造演化阶段（E_2–Qh）

始新世初印度地块与亚洲大陆的陆–陆碰撞与 A 型俯冲远程“楔顶效应”，青藏高原隆升，鄂尔多斯盆地西缘构造活动渐趋活跃。始新世–第四纪，受青藏高原隆升形成自南西而北东的推挤兼具左行走滑运动控制，拉分伸展型盆岭构造持续活动，控制银川盆地的北东–北北东向正断层发生，断陷形成盆地，贺兰山地垒块断隆升，银川地堑与贺兰山地垒的升降幅度近万米，产生贺兰山地垒–银川地堑–灵盐台地拉分型盆岭构造。同时，古近系–新近系普遍发生褶皱，最终形成了鄂尔多斯西缘冲断构造带。

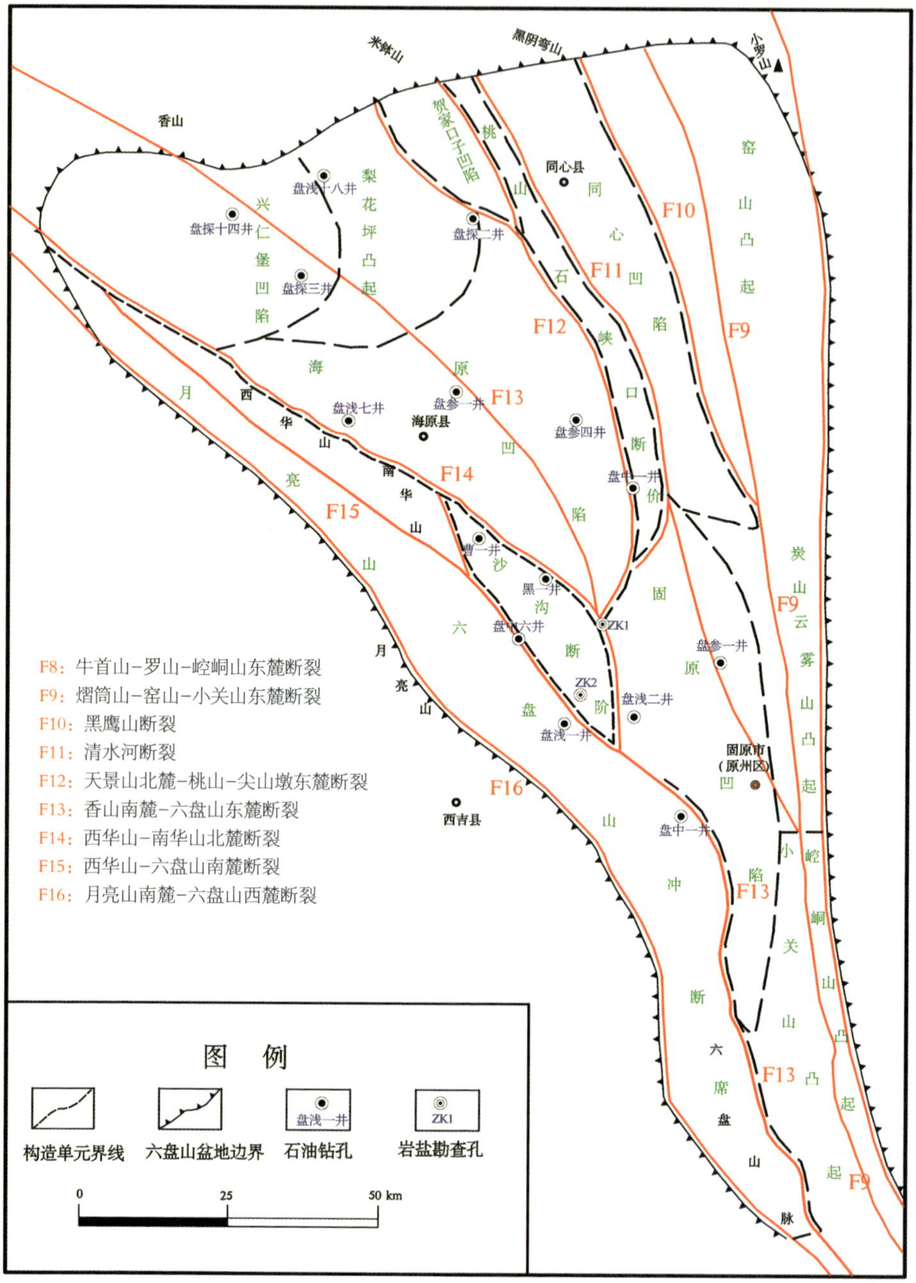

图 3-10　六盘山盆地构造单元划分图

二、六盘山盆地

六盘山早白垩世盆地为一上叠于阿拉善微陆块东南缘和祁连早古生代造山带东北缘之上的坳陷盆地，中–新生代卷入宁南弧形构造带。可分为 2 个四级单元：卫宁北山–香山晚古生代前陆–上叠盆地、景泰–海原中元古代–早古生代弧后盆地，前者涉及 3 个五级单元：牛首山–罗山冲断带、烟筒山–窑山冲断带、香山褶断带；后者涉及 2 个五级单元：西华山–六盘山冲断带、兴仁–海原坳陷盆地。

（一）盆地基底构造及演化

六盘山早白垩世盆地基底由元古界结晶基底和古生界及中生界三叠系–侏罗系沉积盖层组成。基底构造主要涉及阿拉善微陆块东南缘的卫宁北山–香山弧形冲断带和祁连早古生代造山带的白银–西吉岛弧与景泰–海原弧后盆地，以及西吉–海原晚泥盆世–侏罗纪坳陷盆地。受多旋回陆内造山作用影响，石炭纪以来，六盘山盆地基底经历华力期、印支期、燕山期早期等多期成盆作用（表 3–2），不同时代、不同成因和不同性质的盆地在空间上叠置，为多旋回叠合盆地基底。

表 3–2 六盘山盆地基底叠加改造演化过程

<table>
<tr><th colspan="2">构造期</th><th rowspan="2">地质时代</th><th rowspan="2">构造性质及特征</th></tr>
<tr><th>构造运动</th><th>构造阶段</th></tr>
<tr><td rowspan="4">燕山早期</td><td>隆升</td><td></td><td>侏罗末期盆地整体抬升剥蚀</td></tr>
<tr><td rowspan="3">伸展–断陷</td><td rowspan="3">早、中侏罗世</td><td>断陷作用</td></tr>
<tr><td>北西向展布，西深东浅</td></tr>
<tr><td>正断层具生长性质</td></tr>
<tr><td>印支晚期</td><td>隆升–坳陷</td><td>晚三叠世</td><td>晚期隆升剥蚀</td></tr>
<tr><td rowspan="2">印支早期</td><td rowspan="2">隆起</td><td>中三叠世</td><td>隆起区，造成地层缺失</td></tr>
<tr><td>早三叠世</td><td></td></tr>
<tr><td>华力西晚期</td><td>差异升降</td><td>二叠纪</td><td>北西向展布</td></tr>
<tr><td>华力西中期</td><td>沉降</td><td>石炭纪</td><td>具坳陷性质，生长断层发育</td></tr>
</table>

（二）盆地构造格架与单元特征

1. 构造格架

早白垩世以来六盘山盆地经历多期构造演化，形成显著的弧形推覆构造带，构成现在的基本构造格架。由于遭受不同构造阶段的伸展–断陷、挤压隆升、逆冲推覆作用，形成多种构造样式，主要发育挤压构造、伸展构造和反构造样式等三种这些构造样式的分布具有横向分带性和垂向分层性的特征。横向上，盆地内的伸展构造、逆冲构造及反转构造样式主要分布在西华山、南华山–清水河断裂之间的山前冲断带及中央坳陷带，烟筒山–窑山断裂以东的斜坡带则很少，且具有南强北弱的特点。垂向上，伸展构造主要分布在盆地内下白垩统及下伏地层中，挤压构造主要分布在上部古近系–新近系及第四系沉积盖层中，反转构造则起调节上下构造变形及应力转换的作用。

对盆地北部、中部、南部3条剖面的构造样式精细解释显示六盘山盆地具有南北分带、东西分块的特点，由北向南主要存在3个构造变形区（图3–11）。

（1）盆地北部隆升剥蚀区

构造改造活动以抬升剥蚀作用为主，加里东晚期运动形成梨花坪隆起，缺失志留–二叠系地层，晚三叠世该凸起随盆地一起沉降接受沉积，早中侏罗世凸起有所抬升，但为水下隆起，范围较古生代缩小，早期燕山运动使凸起抬升，高部位侏罗系–三叠系地层遭受剥蚀。早白垩世凸起随盆地沉降，接受较薄的下白垩统沉积，中燕山运动使凸起再次抬升，造成高部位缺失下白垩统地层。该区经历了多次升降运动，形成多个剥蚀面、不整合（图3–11A至A′剖面）。

（2）盆地中部弱挤压变形区

受新生代以来挤压收缩作用影响，早期构造回返形成反转构造，局部地区由于侏罗系–白垩系地层滑脱形成较低幅度背斜（图3–11 B至B′剖面）。

（3）盆地南部压扭性强变形区

处于多套断裂系统的交汇处，构造变形强烈。受北祁连造山运动和鄂尔

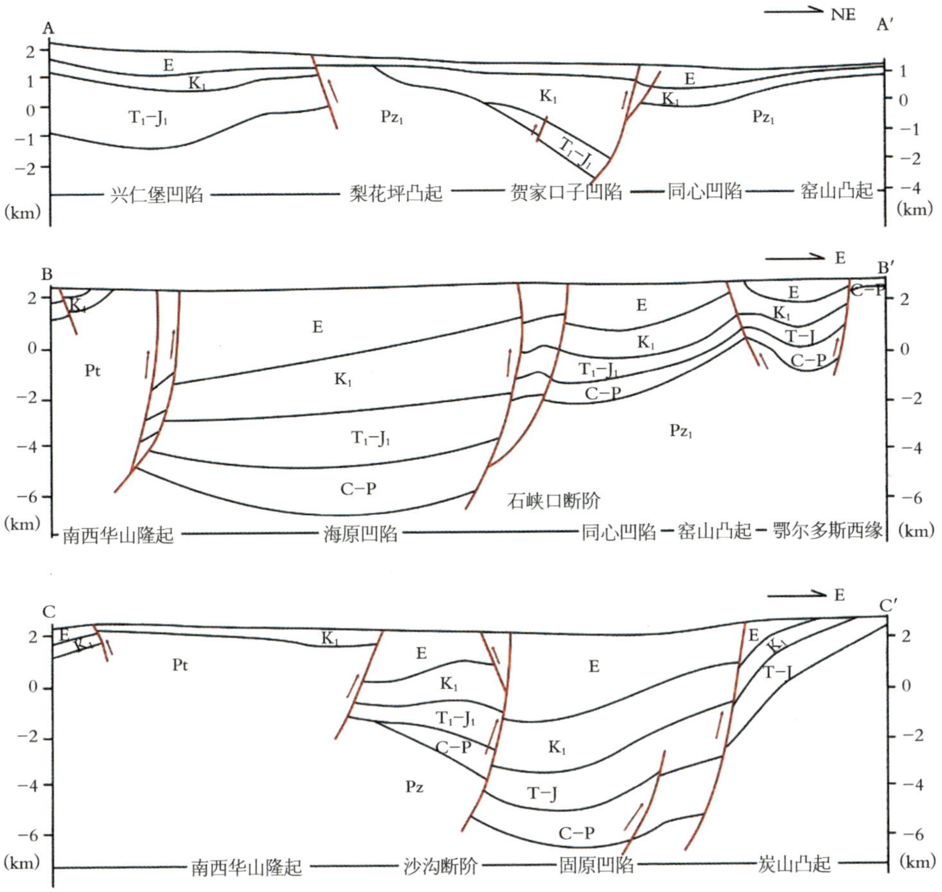

图 3−11　六盘山盆地南北分带性特点

多斯刚性地块的砥柱作用，后期改造以压扭应力作用为主，形成较为典型的压扭性帚状构造，构造样式以压性逆冲形成的高幅度断背斜、断鼻、断块为主（图 3−11 C 至 C′剖面）。

2. 构造单元特征

（1）牛首山−罗山冲断带

展布于窑山−炭山−云雾山−崆峒山地区，夹持于罗山东麓−崆峒山东麓断裂与窑山−小关山东麓断裂之间，由古生代−中生代地层和少量中元古代地层组成的窑山−炭山−云雾山−崆峒山山体逆冲于古近系−新近系乃至第四系之上，冲断带内部褶皱、断裂发育，变形强烈。冲断带自北而南可进一步分为

3个亚带：窑山凸起（东部）、炭山–云雾山凸起、崆峒山凸起。各凸起早白垩世沉积基底不同，北部为奥陶系、石炭系和侏罗系，中部为中元古界和侏罗系，南部为三叠系和侏罗系。

（2）烟筒山–窑山冲断带

展布于同心清水河流域–小关山一带，南西以天景山北麓断裂南延的桃山–尖山墩东麓断裂和六盘山东麓断裂为界，北东以窑山–小关山东麓断裂为界。北西抵烟筒山褶断带，南延至固原市以南小关山地区。北北西向展布，走向延伸大约215 km，宽20～30 km，中北部多被新生代地层覆盖，仅南部小关山地区出露大量白垩纪–古近纪地层。燕山运动及喜马拉雅运动在该带内表现突出，致使内部构造变形强烈，发育一系列线状褶皱及2～3条次级叠瓦状逆冲断裂，构造线方向主要为北北西向。伴随逆冲断裂，形成清水河新生代坳陷盆地。自北西而南东可进一步分为4个带：桃山–石峡口断阶、同心凹陷、窑山凸起（西部）、固原凹陷、小关山凸起。

（3）香山褶断带

展布于海原徐套–关桥–郑旗一带，南西以香山南麓断裂东南段为界，北东以桃山–尖山墩东麓断裂为界。基底为奥陶纪、泥盆纪、石炭纪地层，二叠纪–三叠纪属长期隆起区，侏罗纪开始沉降，目前所见中生代最老地层为延安组，其上覆大片古近系、新近系和第四系。燕山运动使延安组褶皱，形成北西向的宽缓褶皱如麻黄沟背斜，晚期伴有强烈断裂活动，沿麻黄沟–北沿口断裂发生右行逆冲推覆，局部形成飞来峰。喜马拉雅运动一方面强化燕山期褶皱，另一方面使古近系–新近系广泛褶皱隆起，第四系部分遭掀斜或破坏，并伴有逆冲推覆。可进一步分为贺家口子凹陷、黎花坪凸起（北部）、兴仁堡凹陷（北部）、海原凹陷（北部）。

（4）兴仁–海原坳陷盆地

位于香山南麓断裂以南，西华山–南华山北麓断裂以北的广大区域内，呈北西向展布，自北西往南东可进一步分为兴仁堡凹陷（南部）、黎花坪凸起

(南部)、海原凹陷（南部)；新生代为一前陆坳陷盆地，在六盘山早白垩世湖盆沉积基础上又上叠沉积了较厚的古近纪-第四纪地层，第四纪沉降中心位于近西华山-南华山北麓断裂一侧的兴仁堡西，第四系厚439 m，其中，下、中、上更新统分别厚 49 m、255 m、115 m，全新统厚 20 m。受喜马拉雅期逆冲推覆作用影响明显。

(5) 西华山-六盘山冲断带

展布于西华山、南华山、月亮山、六盘山地区，呈北西-北北西走向，夹持于西华山北麓-六盘山东麓断裂与月亮山-六盘山西麓断裂之间。出露地层有中元古界变质岩系，志留纪旱峡组，泥盆纪老君山组，白垩纪六盘山群和古近系、新近系、第四系及零星的寒武纪-奥陶纪地层。该冲断带由于受到多期构造运动的影响总体上不是由构造层叠置而成，而是由一系列的断块与坳陷带拼接而成，自北西往南东可进一步分为西华山-南华山冲断带、沙沟断阶与月亮山-六盘山冲断带。西华山-南华山冲断带由西华山-南华山冲断体和付家岘冲断体及其间的园河断凹与干盐池、老虎腰岘等拉分盆地构成；其中西华山-南华山冲断体为南、西华山南、北两麓大断裂所夹持的冲断体，总体走向 310°左右，延长 50 km，宽 6～7.5 km；内部地层主要为中元古界海原岩群变质岩系，冲断体东、西两端见志留系、泥盆系不整合于中元古界之上；冲断体内褶皱、断裂极为发育，构造线方向以北西向为主，次有近南北向、北东向和近东西向。沙沟断阶夹持于南华山北麓断裂东段与沙沟断裂之间，主体由马东山白垩纪六盘山群和古近系-第四系组成，南华山东端零星出露志留纪旱峡组，泥盆纪老君山组。月亮山-六盘山冲断带夹持于西华山-南华山南麓断裂-沙沟断裂-六盘山东麓断裂与月亮山-六盘山西麓断裂之间，主体由白垩纪六盘山群和古近系-第四系组成，零星出露中元古代海原岩群；六盘山群与古近系-新近系内发育一系列NW-NNW 向线状褶皱，呈平行状或斜列状成群产出，显示遭受燕山运动-喜马拉雅运动的挤压-剪切作用。

（三）盆地断裂系统

六盘山构造自奥陶纪末以来不断受到北祁连造山带构造变动的影响，逐渐形成了一系列向北东突出的宁南弧形冲断层系统。宁南弧形冲断系统早在早加里东运动萌生逆冲断层，全面启动于晚加里东运动，至少经历了 4 期冲断层作用，但没有结晶基底岩石卷入。第一、二期发生在志留纪末至中泥盆纪之间，主要受北祁连造山作用影响；第三期发生在侏罗纪–白垩纪期间，受特提斯洋闭合及随后发生陆–陆碰撞引起的挤压作用影响；第四期受喜马拉雅造山作用的影响，构造作用持续至今。第一、三期具有逆冲推覆的特点，第二、四期主要表现为冲断。

主要边界断裂由北东至南西共展布 8 条弧形断裂带。其中最东侧的牛首山东麓–崆峒山东麓断裂作为主边界断裂在前面已叙述，下面重点描述其余 7 条断裂。

1. 烟筒山–窑山断裂

该断裂为同心–小关山冲断席前缘主边界断裂，北西延接烟筒山东北麓断裂，延伸>280 km，北北西向展布。航片上线性影像清晰，地貌特征明显，北东侧为红寺堡新生代盆地，南西侧多为山体，两侧高差达 200～300 m。在窑山北等地见奥陶系、石炭系逆冲于白垩系、古近系、新近系及第四系之上。破碎带发育，带宽 10～50 m，由碎裂岩、断层角砾岩及断层泥组成。该断裂带结构较复杂，平面上由若干条长短不一的次级断层错列组成。

主边界断裂南段的小关山东麓断裂（前人称固原断裂，并认为北延接青铜峡断裂；本项目认为小关山东麓断裂北延应接烟筒山–窑山东北麓断裂），沿炭山–固原东–后湾沟–三关口–土窑–秋千架–沙南一带展布，北北西向纵贯宁夏南部。沿断裂带零星出露寒武纪–奥陶纪地层。在三关口红砂石梁附近，断层破碎带宽 30～50 m，带内岩石呈碎裂状。次级不同方向断裂在寒武纪–奥陶纪地层及白垩纪地层中密集分布，形成 3 种断层组合形式：① 叠瓦状前缘逆冲断层加后冲断层及前缘对冲断层组合（图 3–12）；② 叠瓦状逆冲断层加后缘反冲断层、前缘对冲断层组合（图 3-13）；③ 前缘逆冲断层与对冲断层加后缘反冲断层、滑覆正断层组合（图 3-14）。据该断裂在红砂石梁东、庙儿沟、尚家沟门一带次级断裂、次级褶皱轴与主断裂构成的“入”字形构造分析，除向北东方向逆冲推覆外，右行走滑特征也较明显，在沙南峡该断裂右行错断北东向断层近百米。

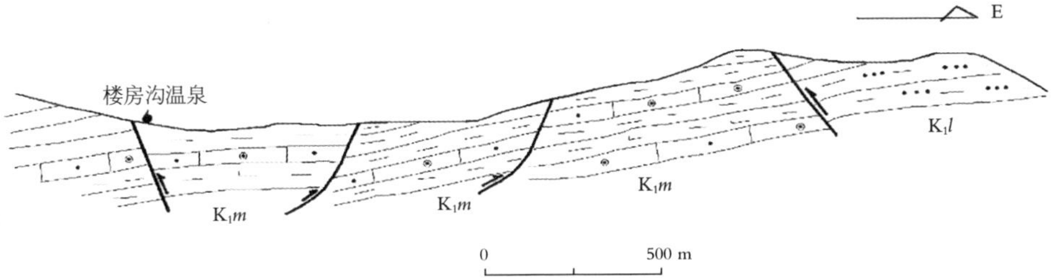

图 3-12　红沙石梁叠瓦状逆冲断裂构造剖面图

K_1n：乃家河组；K_1m：马东山组；K_1l：李洼峡组；K_1h：和尚铺组；K_1s：三桥组；$O_{1-2}t$：天景山组灰岩

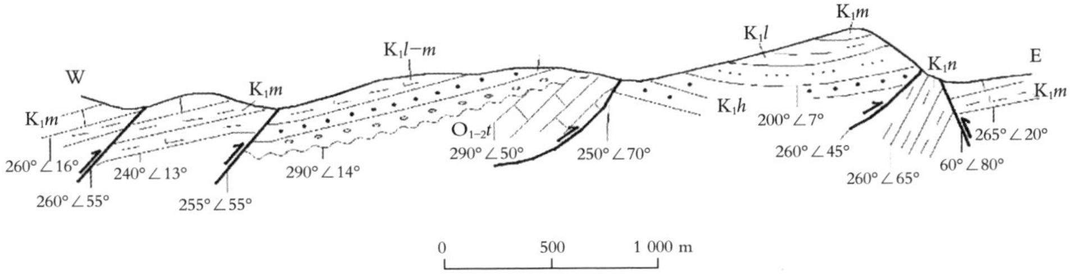

图 3-13　红沙石梁逆冲断裂构造剖面图

K_1m：马东山组；K_1l：李洼峡组

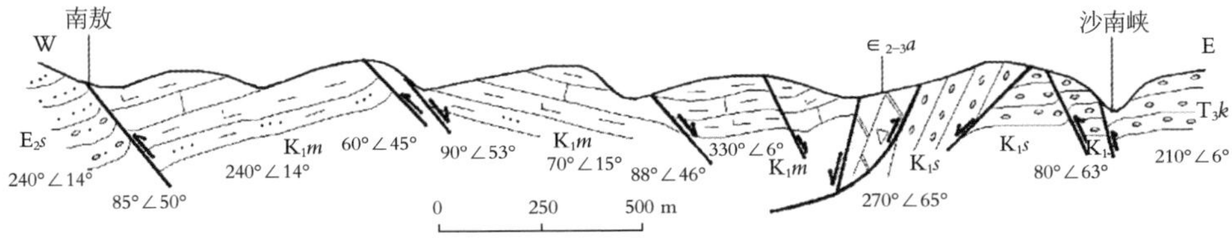

图 3-14　沙南峡逆冲断裂构造剖面图

E_2s：寺口子组；K_1m：马东山组；K_1s：三桥组；T_3k：崆峒山组；$\in_{2-3}a$：阿不切亥组

2. 清水河断裂

展布于长山头东北麓坡角下及清水河一线，走向 330°，延伸>200 km，南东延隐伏于清水河盆地之下，航片上线性影像清晰。在长山头东北麓一带形成不同地貌类型的截然分界，断层南西侧为长山头山体，北东侧为洪积扇、丘陵及清水河河谷，两盘相对高差 100 m 左右。断层切割了香山群徐家圈组，破碎带宽约 50 m，带内断层泥、断层角砾岩发育，近断层处地层产状紊乱，北东盘岩层揉皱发育。断层产状 230°～240°∠40°～50°，为一逆断层。南西盘第四纪以来逐渐上升，北东盘为压陷盆地，由于新构造活动，河流下切侵蚀强烈和侧向迁移频繁，发育三至四级河谷阶地。

3. 天景山断裂

西起长流水以西，经窑沟村、高家水、红沟梁、天景山北麓、小洪沟至红尖山，往南东延可与六盘山东麓断裂相接，呈向北东凸起之弧形，盆地内呈北北西向展布。地貌特征明显，北东侧主要为新近系丘陵区及第四系低缓的残坡积–洪积扇群，南西侧为古近系–新近系低山区。航、卫片上线性影像清晰。断面南西倾，倾角 15°～50°，舒缓波状延伸。地表切割地层有古近系、新近系及第四系，基底切割地层有奥陶系、泥盆系、石炭系、侏罗系–白垩系，总体为一逆冲推覆断层。第四纪以来断裂活动性较强，由数条次级断裂左阶或右阶斜列组成，尤其晚更新世以来的活动，除挤压逆冲之外还兼有明显的左旋走滑特征，造成水系变形、地质体的错位。

4. 香山南麓断裂

展布于香山南麓–固原硝口–六盘山东麓，南至泾源西沟以南，并延至陕西省陇县境内。西段为香山褶皱造山带南麓后缘断裂，走向 310°，倾向南西，倾角陡 50°～70°。断裂南东延至盆地内，过兴仁堡表现为隐伏断裂，垂直断距大于 700～800 m。在尖山墩以南的硝口交汇于六盘山东麓断裂，南至泾源西沟以南，并延至陕西省陇县境内，为整条断裂的南段，走向北北西–近南北向，区内长约 100 km，断裂倾向南西西–南西，倾角变化大为 25°～75°，断层破碎带宽约 100 m，据物探资料，断距可达 2 000 m。在大湾乡杨岭一带，沿断层面或与之斜交的次级裂隙中充填有含铅、锌、辰砂的中低温热液碳酸盐岩脉。断裂由数条次级逆冲推覆断层构成，在盛义沟表现为小型叠瓦状推覆构造(图 3-15)，断层迹线波状弯曲（图 3-16），表现为上陡下缓的铲形推覆断裂；在冶家西、黄林寨一带呈现舌状前锋（图 3-17），白垩系逆冲推覆于古近纪清水营组之上；舌状前锋的倾角仅 10°，两侧倾角 25°（图 3-18）。主断裂附近褶皱较发育，据在盛义沟、响龙河等地次级断裂和褶皱轴与主断裂所构成的“入”字形构造分析，六盘山东麓断裂向北东逆冲推覆为主，兼右行走滑。

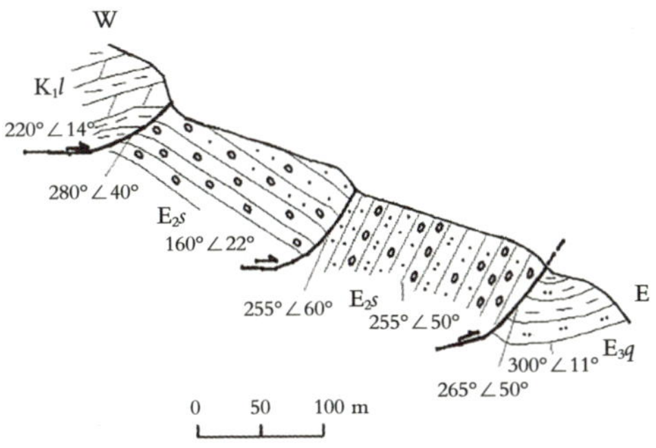

图 3-15 盛义沟小型叠瓦扇构造剖面图
E_2s：寺口子组；E_3q：清水营组；
K_1l：李洼峡组

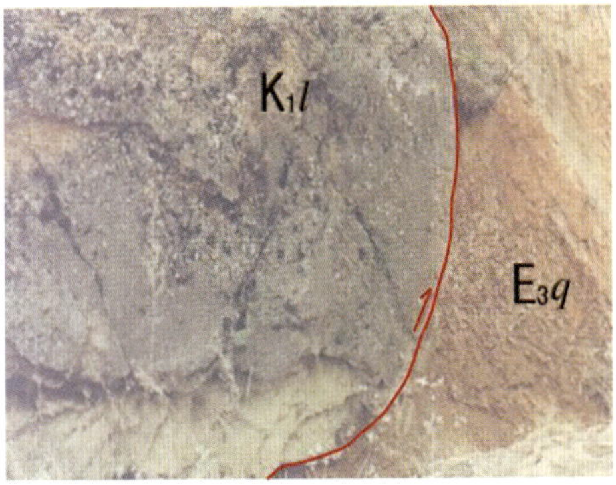

图 3-16 六盘山东麓断裂（盛义沟）

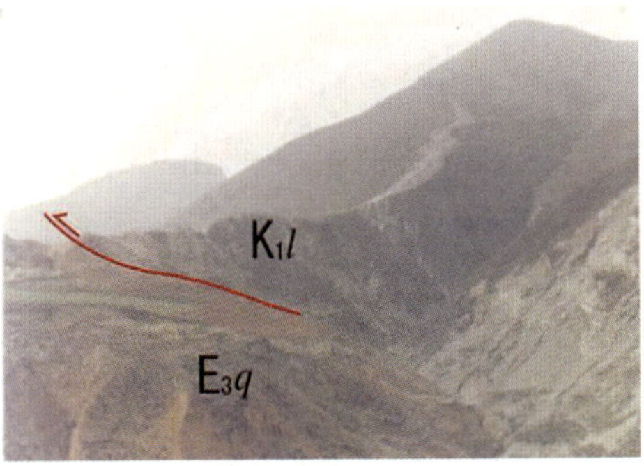

图 3-17 六盘山东麓断裂舌状前锋
（冶家西）

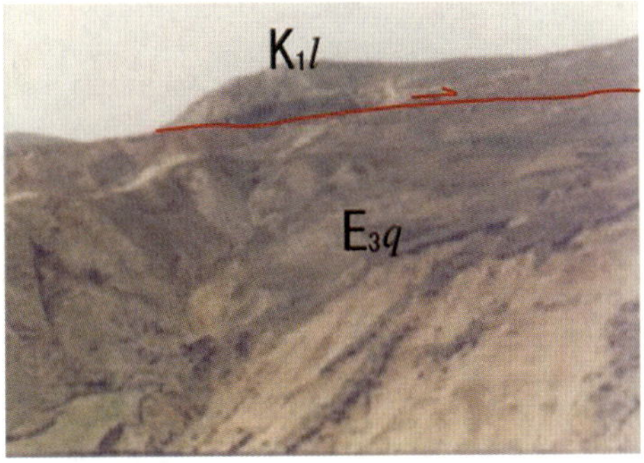

图 3-18 六盘山东麓断裂推覆体
（上黄林寨）
K_1l：李洼峡组；E_3q：清水营组

5. 西华山–南华山北麓断裂

西起干盐池，经西华山、南华山北麓延伸至曹洼以东，向南东经硝口接六盘山东麓断裂。总体走向 305°～310°。北西延至甘肃省景泰接龙沟河–官草沟脑深断裂，构成老虎山早古生代弧后盆地蛇绿混杂岩带的北界。地貌特征明显，北东侧为低缓的黄土丘陵区，南西侧为陡峻的山体，遥感影像标志清晰，区内断续出露长约 110 km，断面倾向西南，倾角 50°～70°，舒缓波状延伸。上盘地层主要为海原岩群，局部地段见古近系、新近系及第四系；下盘地层主要为古近系、新近系、第四系，局部见晚–顶志留世旱峡组。为一多期活动的逆断层，该断裂活动最早始于加里东中晚期，导致深部岩浆沿断裂上侵，形成数个线状展布的花岗闪长岩体以及闪长岩脉；喜马拉雅期断裂活动再次加剧，性质更趋复杂，各段表现差异极大，为一条产状和力学性质多变的活动断层；第四纪以来表现为左行走滑兼逆冲断层，局部地段呈正断层。断层破碎带极发育，宽数十米至数百米，由碎裂岩、碎粒岩及断层泥组成，断层泥中时夹构造透镜体，最大扁平面产状 230°～260°∠60°～80°。据碎裂片岩岩组分析，为B+S 构造岩，显示多期构造变形叠加，C 轴方位 64°。沿断裂带走向常与其他断层左阶排列构成拉分盆地的边界走滑断层。

6. 西华山–南华山南麓断裂

该断裂位于西华山、南华山南麓，总体走向 305°～310°。北西延至甘肃省景泰县交会于龙沟河–官草沟脑深断裂，区内断续出露长约 110 km，断面倾向北东，倾角 70°～80°。断裂切割了海原岩群、志留系、泥盆系、下白垩统和古近系–新近系，沿断裂带有加里东期花岗闪长岩体和闪长岩脉侵入。在头岔北见海原岩群逆冲于始新世寺口子组之上，破碎带宽约 10 m，次级褶皱和断裂发育组成“入”字形构造，显示断裂为左行走滑兼逆冲特征，断层为一多期活动的逆断层。

7. 月亮山南麓–六盘山西麓断裂

位于月亮山–六盘山西麓，向南东经隆德沿六盘山西麓直入甘肃省境内，向北西沿屈吴山西南麓直入甘肃省境内接风溶堂-国昌沟深断裂，为景泰老虎山早古生代弧后盆地的南界。它在宁夏境内长约150 km，走向北西，平面上呈舒缓波状弧形展布，倾向北东，倾角50°～60°。断层破碎带发育，宽约10～15 m，上盘由长城系、白垩系构成；下盘由古近系、新近系和第四系组成。在遥感影像图上线性特征清楚，地貌上构成月亮山山地与黄土丘陵的分界。该断裂为白垩纪六盘山群断陷盆地的西部边界正断层，断面东倾，沿断层上盘沉积有巨厚洪积相三桥组砾岩；在喜马拉雅期陆内造山作用下，该断裂构造反转，形成左行走滑兼逆冲断层，旁侧发育牵引褶皱月亮山背斜等。

（四）六盘山盆地沉积-构造演化

六盘山盆地位于秦祁造山带，阿拉善地块与鄂尔多斯地块之间的三角地带，白垩纪以来构造运动活跃，特别是秦祁造山带的逆冲推覆，致使白垩纪盆地原型发生巨大变化，使得白垩纪盆地性质、沉积特征及地层展布不清。为了对沉积盆地页岩气资源做出客观的评价，因此必须进行原型盆地恢复，进而阐明构造运动对前期盆地的改造以及对后期成盆作用的影响。在第二章对六盘山原型盆地进行了恢复，重点对盆地早白垩世东、西缘沉积边界进行了探讨。本章节将通过分析早白垩世六盘山盆地构造应力场背景、剥蚀量和盆地水平缩短量来再现盆地的原始面貌和原型盆地沉积-构造演化。

1. 构造应力场背景

（1）早白垩世伸展变形阶段

早白垩世盆地沉积时期同生断层发育，沉积物明显受断裂控制，例如清水河断裂、小关山东麓断裂（图3-14）就明显控制了三桥组（K_1s）砾岩层、马东山组（K_1m）页岩层与乃家河组（K_1n）岩盐矿的沉积，盆地北部由于受到较少的后期改造，盆地尚未发生明显的反转，同生断层保存相对完整。六盘山盆地内沉积序列所记录的构造环境也显示出下白垩统正旋回沉积序列，自下而上为砾岩、含砾砂岩、砂岩和泥岩，反映了湖盆逐渐扩张。因此，依据下白垩统同沉积断裂变形特征和沉积序列，可以确定早白垩世六盘山盆地是一个受近东西向引张应力场控制的断陷盆地。

中国科学院长沙大地构造研究所利用磷灰石裂变径迹研究鄂尔多斯盆地西缘热历史，研究表明，自中生代以来，盆地西缘至少经历了4次构造热事件，峰值年龄分别为170 Ma、130 Ma、75 Ma和17 Ma。六盘山群三桥组底界磁性地层年龄129.6 Ma代表了六盘山早白垩世拉裂盆地开始形成年龄，反映了该区由燕山运动Ⅱ幕挤压向拉张应力状态的转变，早白垩世早期近东西向拉张作用使盆地沿早期形成的断裂带下陷形成断陷盆地，并在盆地内部发育一系列拉裂形成的正断层，推测寺口子、李俊地区发育的断面东倾、倾角较大的断层此时即已形成雏形，西部隆起剥蚀区的北祁连西华山–月亮山–火石寨等地山麓前缘强烈下陷接受沉积，形成早白垩世底部的红色砾岩角度不整合覆盖在该区域元古代海原群、古生代花岗岩等不同时代地层与岩体之上；而原先处于前陆地区沉积了晚侏罗世安定组的东部炭山–石岘子一带在下陷后也接受沉积，三桥组底部的红色砾岩不整合接触覆于上侏罗统安定组之上。这种在同一盆地东、西部不同的地层接触关系也反映了盆地的拉张断陷差异性质。

（2）晚白垩世以来的挤压变形及反转阶段

早白垩世晚期的燕山晚期构造运动（Ⅲ幕），构造应力体制发生转换，由于太平洋板块向北北西运动与欧亚板块向南运动之间产生的近南北向左行剪切挤压而派生的北西–南东向的挤压应力，致使六盘山盆地近E–W向引张转变为强烈的NW–SE向的挤压，野外大量的断裂变形观测分析结果表明构造反转时期的挤压应力方向为NW–SE向。六盘山盆地受这期NW–SE向的挤压构造应力场的控制，盆地构造反转，六盘山群发生褶皱变形和逆冲断裂，造成全区普遍隆起，并缺失晚白垩世–古新世沉积，始新世寺口子组和渐新世清水营组角度不整合于六盘山群之上。该时期是六盘山盆地局部构造的第一次发育期，形成了一些低幅度背斜构造，主要分布于盆地中部的海原凹陷。

喜马拉雅运动，由于青藏高原的强烈挤压隆升，使盆地发生强烈的构造运动，形成由南西向北东（图 3–19）的大规模逆冲推覆构造，造成南西华山隆升前中生代地层推覆到白垩纪地层之上。同时也是盆地局部构造形成的主要时期，目前所发现的地面构造及地震发现的隆升幅度较大的局部构造大多是在该期形成的，如肖家湾背斜、陈耳山等。六盘山山体也快速隆升，使构造地貌发生强烈的分异。

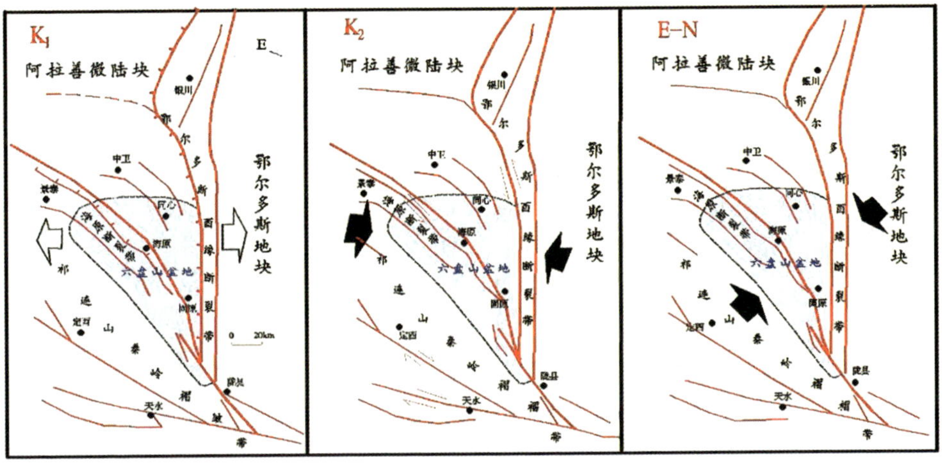

图 3–19　六盘山盆地白垩纪以来演化示意图

左：K_1 早期盆地拉张断陷；中：K_1 晚期–K_2 盆地挤压反转；右：新生代以来逆冲推覆

2. 地层剥蚀量恢复

目前地层的剥蚀量恢复有许多方法，如镜质体反射率法、磷灰石裂变径迹分析法、声波时差测井法、流体包裹体法、地层趋势对比法、沉积速率分析法和岩石密度分析法等。本项目采用地层趋势对比法，对整个六盘山盆地白垩纪地层的剥蚀量进行恢复（图 3–20），显示六盘山盆地乃家河组剥蚀程度以盆地南部的盘参 1 井地区最为强烈，剥蚀厚度约为 1 550 m，向北逐渐减弱，其中海原凹陷中心的盘参 4 井剥蚀厚度约为 1 500 m，盘中 1 井约为 1 470 m。

3. 盆地水平缩短量

六盘山盆地新生代以来经历了一个缩短的过程，六盘山地区发生了大规模的逆冲推覆运动形成了六盘山逆冲推覆构造，主要表现为南西-北东方向挤压形成的逆冲推覆和褶皱变形。通过地质剖面的恢复和估算，六盘山逆冲推覆构造的水平位移数据为六盘山东麓大断层东西方向的水平缩短量（推覆距离）为 5.5 ~ 6.5 km，上盘褶皱展平可以获得大约 2 km 的水平缩短量；小关山断裂水平缩短（推覆距离）最小为 2 km。上盘褶皱展平约 2 km；崆峒山前缘断裂水平缩短>1 km。综上，六盘山逆冲推覆构造总的逆冲推覆距离 8.9 ~ 9.5 km，其总的水平缩短量 14.5 ~ 15.5 km。

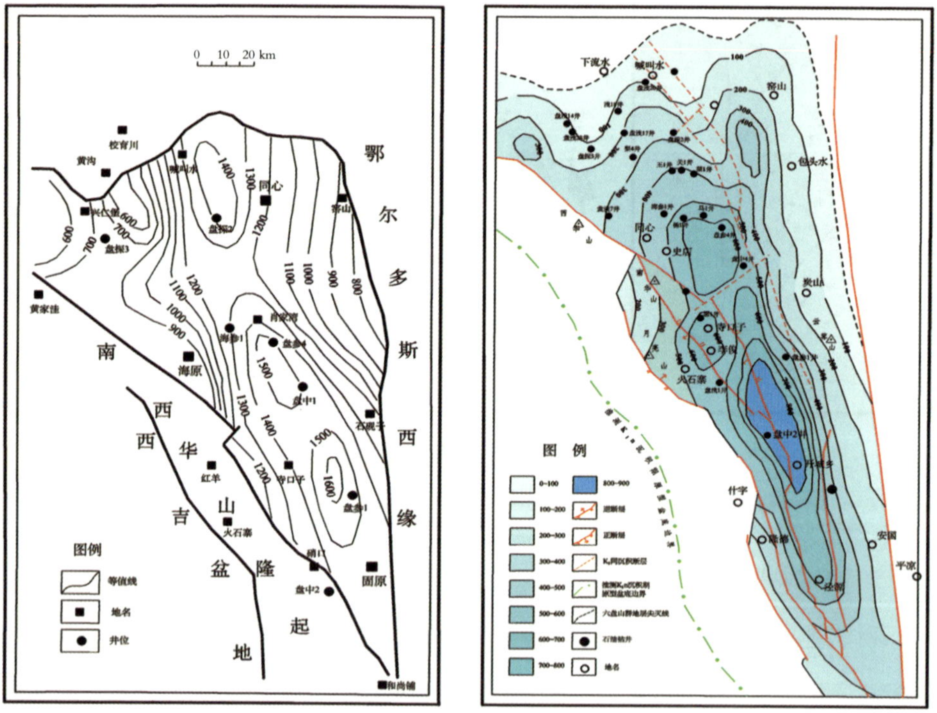

图 3-20　六盘山盆地乃家河组剥蚀等厚图
左：乃家河组剥蚀厚度；右：乃家河组残留厚度

4. 原型盆地沉积-构造演化

六盘山盆地为一早白垩世挤压-走滑盆地（类前陆盆地）。盆地不同区域其基底构成不同：盆地西南部基底为长城系海原群变质岩系，盆地东北部基底为奥陶纪天景山组及米钵山组，泥盆-石炭系或侏罗系，盆地西北部基底为香山群或侏罗系。盆地内有多个同沉积次级隆起和凹陷；新生代以来褶皱与断裂发育，不但盆内构造分区明显，更以六盘山东北缘断裂为界，西南为新生代隆起，早白垩世六盘山群裸露地表，褶皱明显，但地层完整性尚好；盆地东缘因烟筒山断裂逆冲推覆，少量六盘山群出露地表褶皱较强，地层完整性较差。六盘山盆地早白垩世地层整体构成一列完整的内陆盆地充填三级层序(图 2–18)，记录了盆地从初始充填–湖盆扩张–萎缩消亡的演化过程(图 3–21)，其原始沉积面貌（图 3–22）详细特征在第二章已有论述，下面仅对盆地沉积–构造演化特征作一总结。

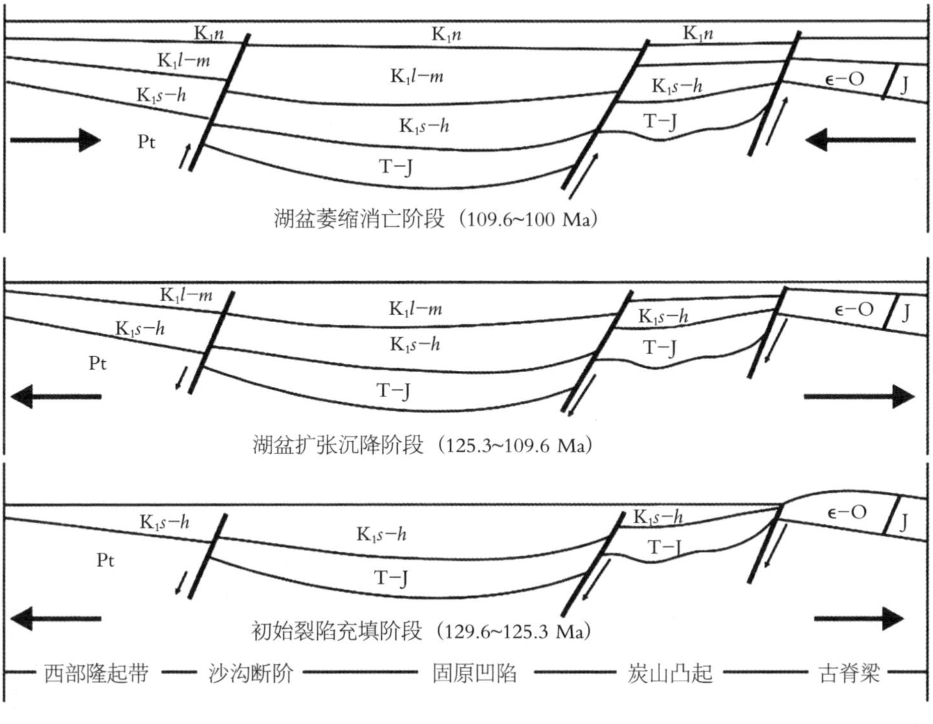

图 3–21　六盘山早白垩世构造演化示意图

（左右两侧箭头指示应力方向）

（1）早白垩世三桥期前陆盆地阶段

六盘山白垩纪盆地形成初期，盆地边缘发育冲积扇–扇三角洲红色砂砾岩沉积，盆地内发育辫状河三角洲相的陆相红色粗碎屑岩。

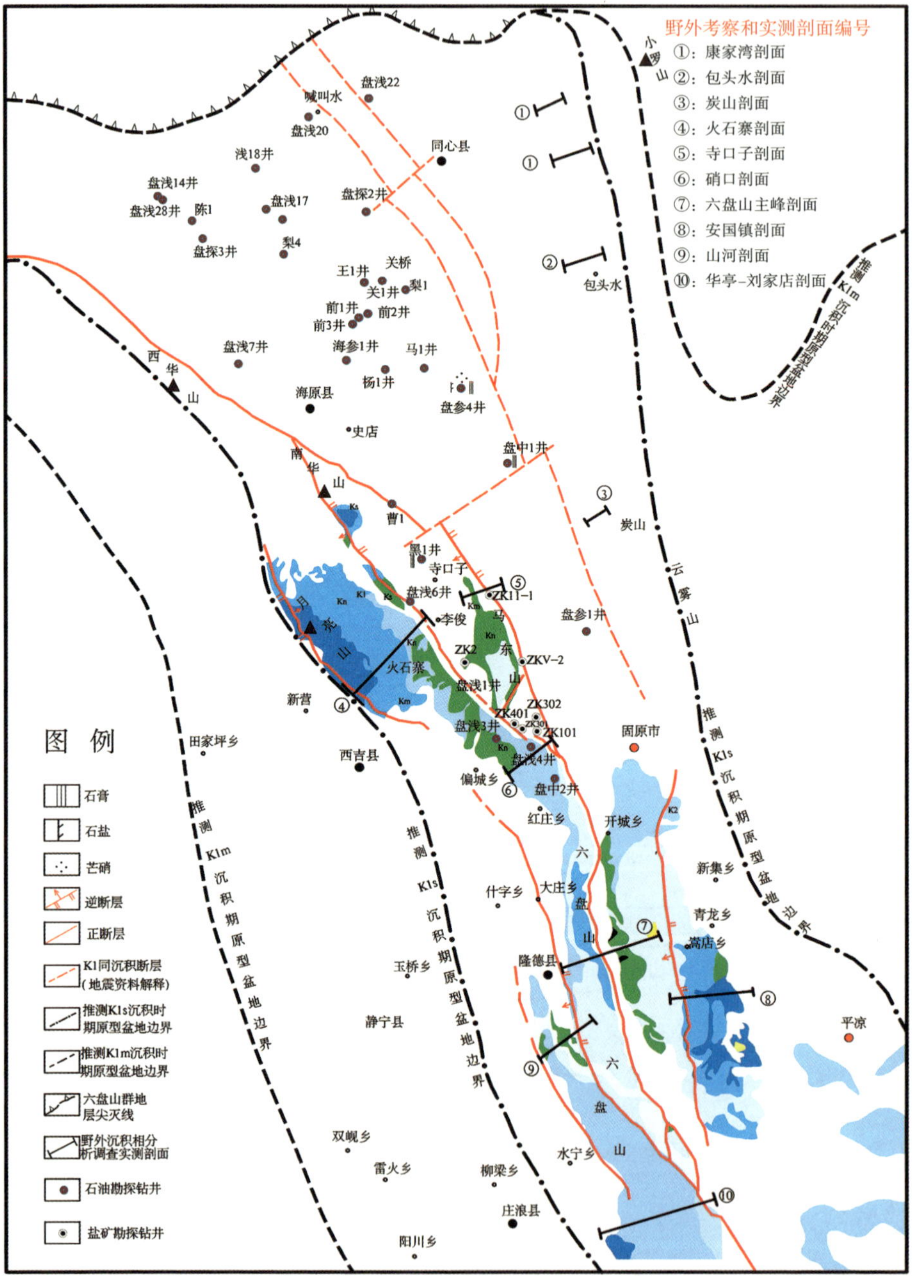

图 3-22　六盘山盆地早白垩世原型盆地面貌

（2）早白垩世和尚铺期－马东山期伸展变形阶段

和尚铺期：随着拉张作用的持续进行，盆地内部正断层开始活跃，西侧边界断层由早期左行走滑转为右行走滑，在东西两侧边界断裂控制作用下，盆地整体发生强烈旋转下陷，可容性空间迅速扩大，湖盆继续扩展，沉积岸线向盆缘方向超覆扩展，“古脊梁”遭受强烈剥蚀。盆地内形成辫状河三角洲前缘相沉积，发育灰紫、紫红色粉－细砂岩及灰褐、灰紫色泥岩沉积；盆地东缘发育扇三角洲灰绿色砂砾岩，显示东缘靠近“古脊梁”。

李洼峡期：湖盆进一步扩展，早期沉积为滨浅湖亚相的灰色、灰白色、灰紫色砂岩与泥岩不等厚互层。中期水体进一步加深，沉积物为半深湖亚相的灰色、深灰色泥岩夹薄层粉砂岩。后期湖盆水体变浅，沉积物为浅湖亚相的灰紫、灰褐、褐紫色泥岩、粉砂质泥岩与灰色、灰紫色粉细砂岩频繁互层。

马东山期：早期湖盆萎缩，沉积物为滨浅湖相－辫状河三角洲前缘亚相的褐红色粉细砂岩夹灰紫色泥岩。中期湖盆又开始扩展，水体加深到湖盆发育全盛时期，沉积了深湖－半深湖相一套深灰、黑灰色泥页岩。

（3）早白垩世乃家河期挤压反转变形阶段

早期湖盆继续扩展，乃家河组下部为灰色、深灰色泥岩夹浅灰色灰质泥岩沉积，属半深湖亚相；中期有所回返，乃家河组中部为厚层褐红色泥岩夹薄层浅灰色砂岩、灰质泥岩沉积，属浅湖亚相。乃家河组中上部表现为挤压型盆地性质，湖盆衰退，沉积了一套以泥岩夹石盐、石膏、钙芒硝为主的蒸发盐岩。自下而上碳酸盐岩迅速减少，紫红色岩层逐渐增多和顶部夹膏岩沉积；晚期又开始扩展，乃家河组上部为厚层灰色泥岩沉积，属半深湖亚相。

（4）早白垩世末以来逆冲推覆变形阶段

早白垩世末，经燕山运动Ⅲ幕，盆地褶皱隆起，晚白垩世－古新世全区处于剥蚀状态。受到 NW－SE 向的挤压，使白垩系产生北东向－近南北向中小型宽缓褶皱和逆冲断层。始新世－渐新世，为盆地新生代初始断陷沉积时期，盆地内分布有多处面积不等的始新统寺口子组和渐新统清水营组，不整合覆于六盘山群不同层位之上。渐新世末至上新世，为盆地构造活跃期，遭受 SW–NE 向的挤压，全区进入盆岭构造演化阶段，盆地发生了较强的逆冲推覆变形，导致燕山期形成的推覆构造带不断地向北东挤凸而成弧形，形成青藏高原东北缘宁南弧形挤入推覆构造带和盆–山构造地貌。更新世–全新世，多表现为间歇性升降，除山区继续遭受剥蚀外，在河流沟谷、山间盆地、山前凹陷及山麓地带广泛沉积冲积、洪积、坡积砾岩、砂、砾石层、沙土及厚度不等的风成黄土。更新世中晚期以来，受青藏高原东北边缘北东向推挤并兼具左行走滑运动，形成诸如海原活动断裂带、中卫–同心活动断裂带、烟筒山–窑山东北麓活动断裂、牛首山–煤山–崆峒山东麓活动断裂及其附近的小型挤压剪切牵引褶皱、推挤构造、拉分盆地等。并使第四系掀斜和错断、位移，甚至前第四纪地层逆冲推覆于第四纪地层上。地震活动频繁，中卫–同心活动断裂带距今 16 ka 以来发生了 6 次古地震事件，南、西华山北东麓断层也揭露古地震活动事件 6 次，这些地震事件都与地壳深部结构和青藏高原隆升向北东推挤相关联。

第四章　泥页岩有机地球化学和分布特征

第一节　鄂尔多斯盆地西缘泥页岩有机地球化学和分布特征

一、有机质丰度

有机质丰度是评价烃源岩的基础指标。常用来评价烃源岩有机质丰度的主要参数有总有机碳含量（TOC）、氯仿沥青“A”和总烃含量（HC），其中TOC控制着后二者，是烃源岩评价的基本参数。一方面，TOC是衡量烃源岩生烃潜力的一项重要指标；另一方面，TOC与泥页岩的孔隙度和吸附气含量呈较好的正相关关系，相同温压条件下，泥页岩有机质含量越高，其微孔隙空间越多，也就可以吸附更多的天然气。有专家学者认为，具有工业价值的页岩气藏TOC应>1.0%，随着开采技术的进步，TOC下限值可能会降低到0.3%。

鄂尔多斯盆地西缘上古生界泥页岩TOC普遍较高，样品测试数据统计表明，上古生界泥页岩钻孔样品TOC为0.17%～8.68%，平均为1.99%。其中，山西组TOC分布在0.17%～2.27%，平均为1.16%；太原组TOC分布在0.65%～2.65%，平均为1.45%；羊虎沟组TOC分布在0.70%～8.68%，平均为2.86%。野外露头样品的TOC值略低，一般为0.17%～1.78%，平均为1.09%。泥页岩样品中，山西组TOC<1%的占50.0%，TOC介于1%～2%的占33.3%，>2%的占16.7%；太原组TOC<1%的占50.0%，TOC介于1%～2%的为0，>2%

的占 50.0%；羊虎沟组 TOC<1%的占 25.0%，TOC 介于 1%～2%的为 0，>2%的占 75.0%（图 4–1）。平面上TOC 变化趋势较为明显，山西组泥页岩 TOC 最低 0.17%，最高 2.27%，平均1.16%。在贺兰地区自南向北升高，在盐池地区 TOC 由东向西增高。TOC>2.0%的泥页岩位于盆地中部西侧（图 4–2）。太原组泥页岩 TOC 最低 0.65%，最高 2.65%，平均 1.45%，在贺兰地区由东北部向西南部增高，在盐池地区自西向东先增高后降低（图 4–3）。羊虎沟组泥页岩 TOC 最低 0.70%，最高 8.68%，平均 2.86%，在盐池地区由东向西增高（图4–4）。

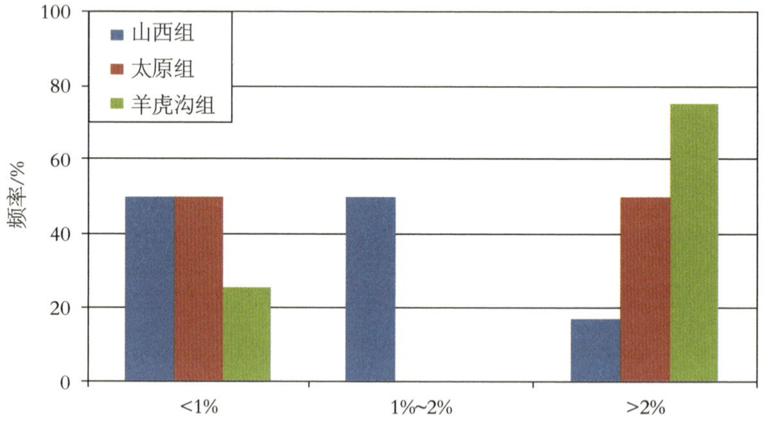

图 4–1　鄂尔多斯盆地西缘上古生界泥页岩样品 TOC 分布直方图

鄂尔多斯盆地西缘延长群泥页岩 TOC 较大（图 4–5），除了石沟驿剖面和汝箕沟剖面的露头样品的 TOC<1.0%之外，其余井中所取的岩心样品 TOC 均能达到 2.0%以上，黄 25 井和池 43 井中的泥页岩样品 TOC 达到 3.0%以上。全部样品 TOC 平均值为 2.06%，除去 TOC 较小的露头样品，钻井区的岩心样品 TOC 平均值为 2.59%，自西向东呈 TOC 逐渐加大的趋势，TOC 较大的区域集中在研究区中部。较高的 TOC 为页岩气的成藏提供良好的物质基础。

对鄂尔多斯盆地西缘延安组 4 块泥页岩样品进行 TOC 的测定，发现其 TOC 较高，最低为 1.89%，最高可达 5.91%，平均含量 4.32%（图 4–6），在

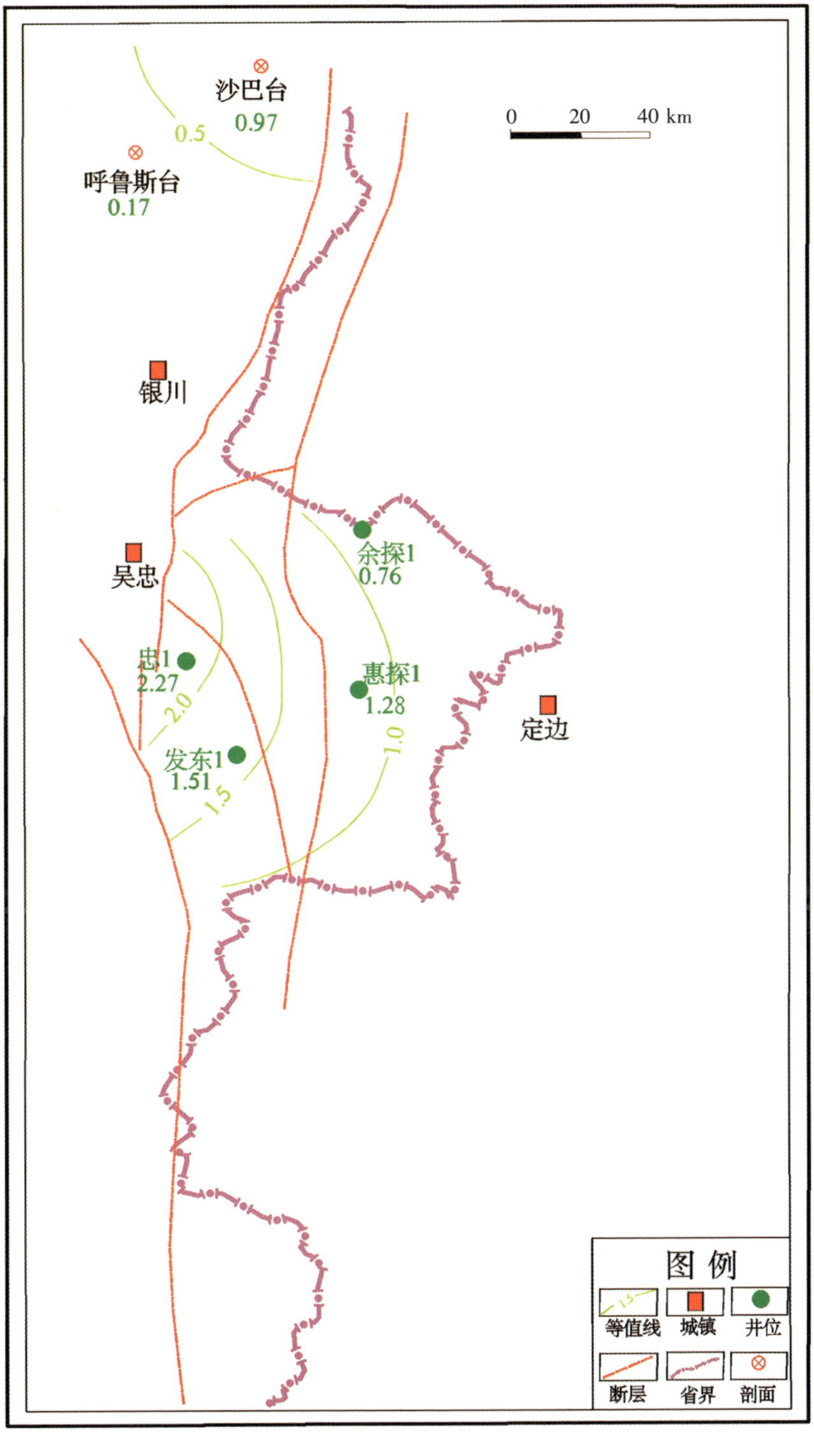

图 4–2　鄂尔多斯盆地西缘山西组泥页岩 TOC 等值线图

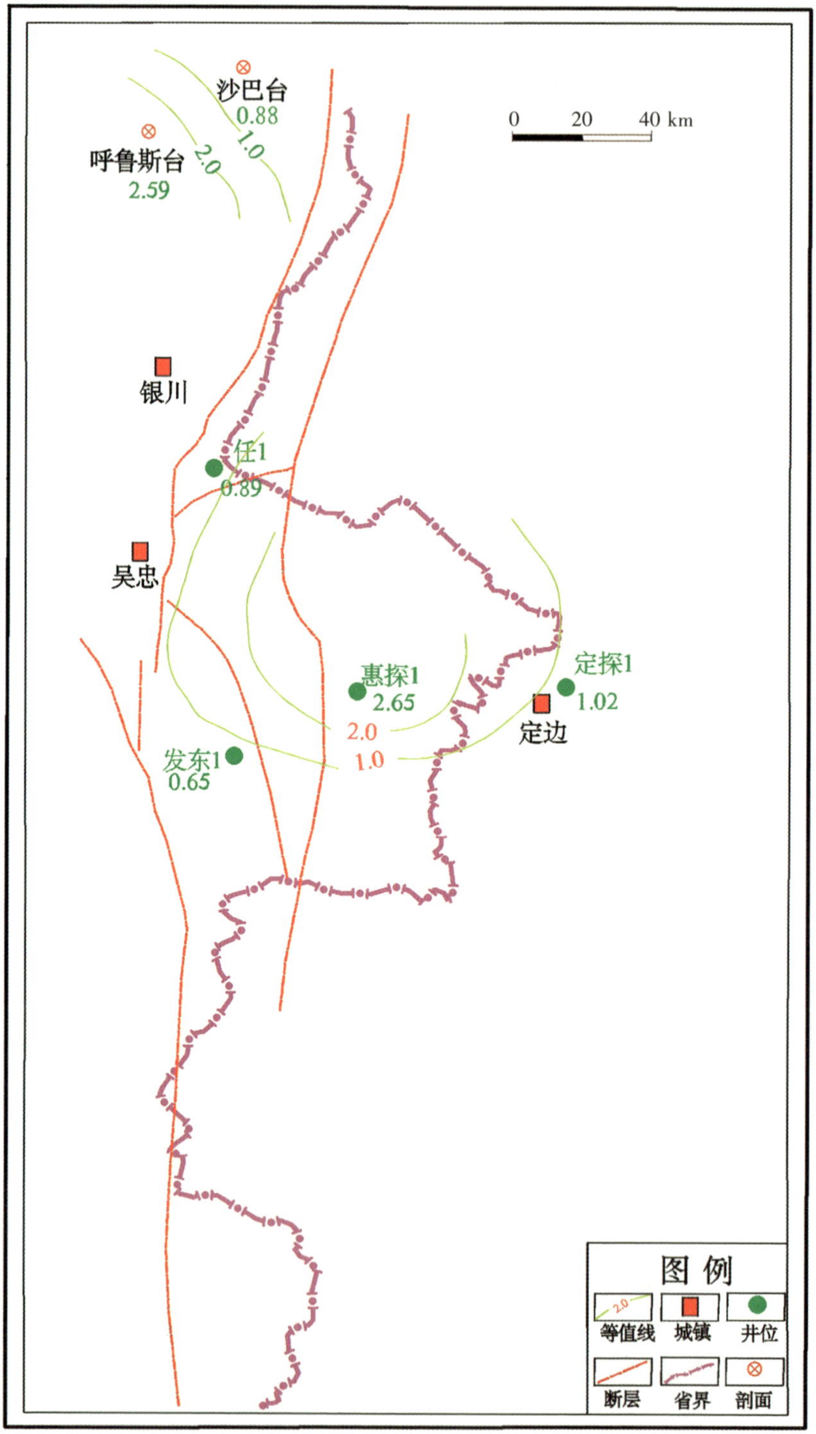

图 4-3 鄂尔多斯盆地西缘太原组泥页岩 TOC 等值线图

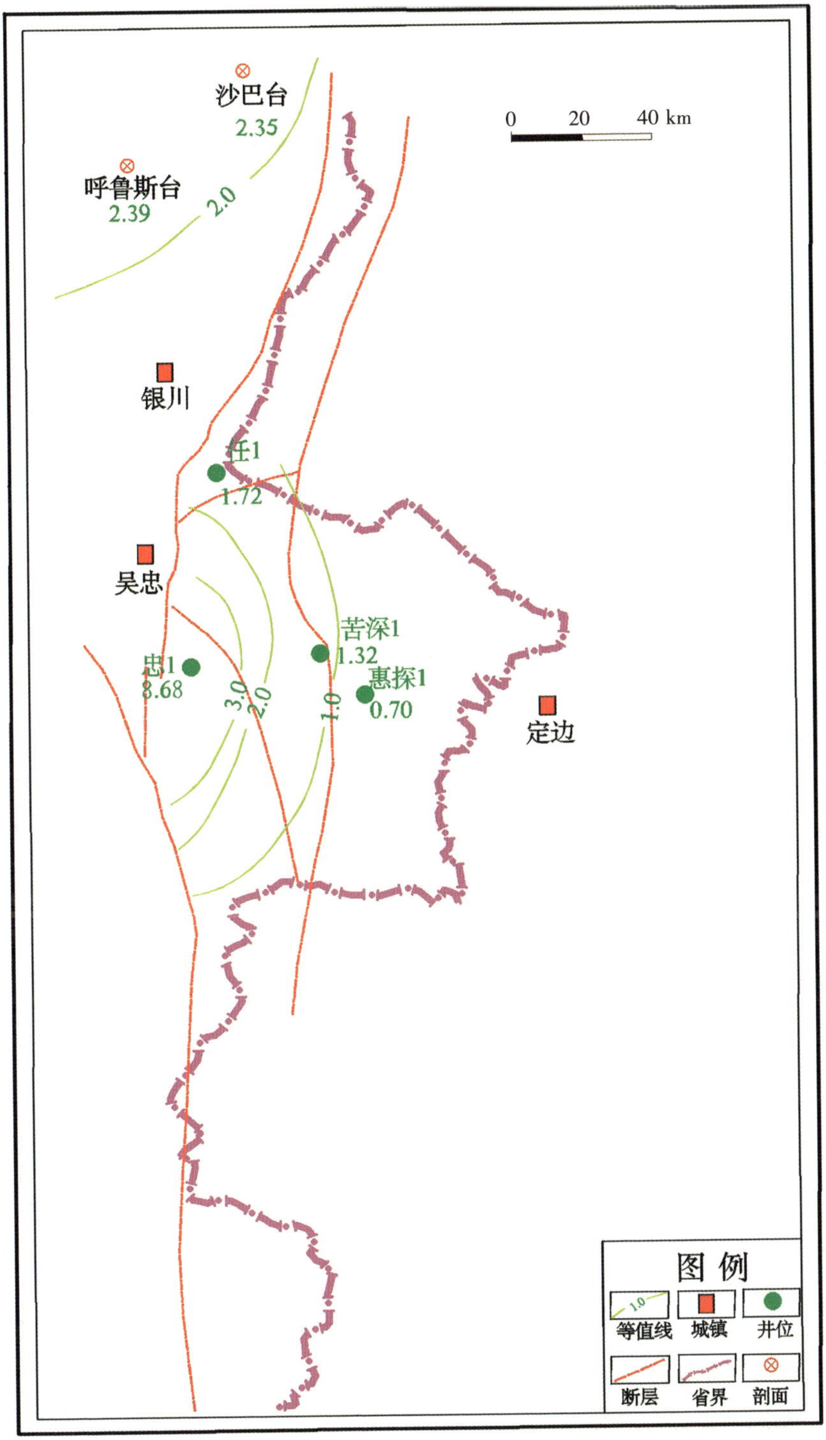

图 4–4　鄂尔多斯盆地西缘羊虎沟组泥页岩 TOC 等值线图

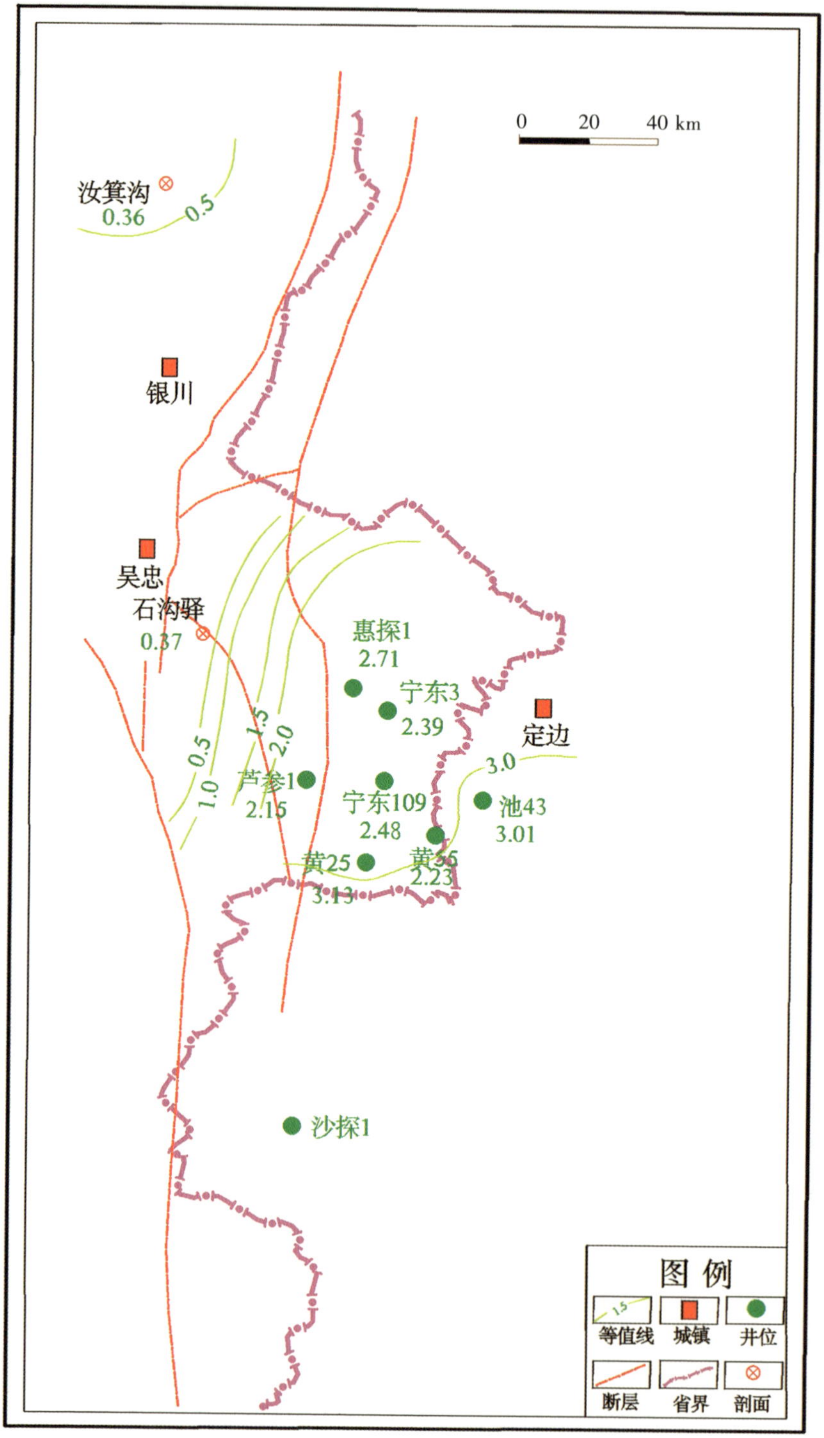

图 4-5 鄂尔多斯盆地西缘延长群泥页岩 TOC 等值线图

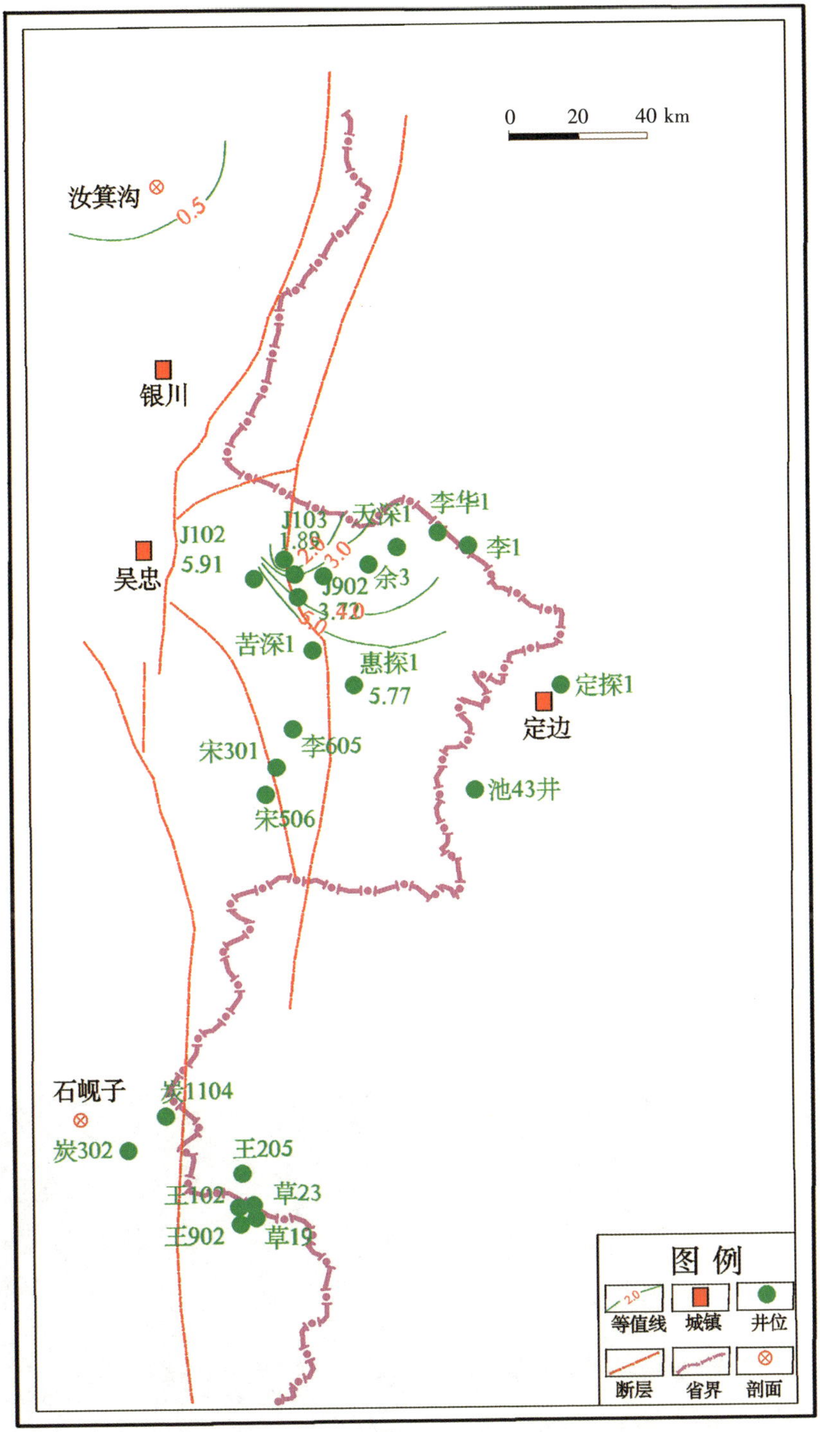

图 4-6　鄂尔多斯盆地西缘延安组泥页岩 TOC 等值线图

TOC 中满足页岩气成藏的基本要求。但是鉴于延安组富含煤的特点，TOC>5.0%的 2 块样品中可能含有煤渣，导致最终测定的 TOC 虚高。

二、有机质类型

烃源岩的有机质类型不同，其生烃潜力、生烃类型及生烃门限都有一定的差异。有机质类型对天然气的吸附率和扩散率也有重要的影响。有机质类型一般分为Ⅰ、Ⅱ1、Ⅱ2 及Ⅲ型。根据美国页岩气盆地的勘探经验，I 型与Ⅱ型干酪根为页岩气生成的主要有机质类型。

有机质类型研究的方法有多种，比较常用的一种方法是干酪根类型指数法。所谓干酪根类型指数法就是依据各显微组分对生油贡献的大小，分别乘以不同的加权系数，计算其类型指数（TI）作为有机质类型的划分标准，对有机质进行定型。具体的计算公式如式（1）所示，每块样品共计 300 个颗粒，所得各组分的百分含量乘以各加权系数，得到样品的类型指数（TI）。

$$TI=[a\times100+b\times50+c\times(-75)+d\times(-100)]/100 \qquad (1)$$

式中，a、b、c、d 分别代表腐泥组、壳质组、镜质组和惰质组。

透射光荧光干酪根显微组分鉴定分析表明，鄂尔多斯盆地西缘上古生界泥页岩有机质类型指数在 5.25～46.5，有机质主要为Ⅱ2 型，含少量Ⅱ1 型（图 4-7）。

(a) HLST-7 透射光下显微组分

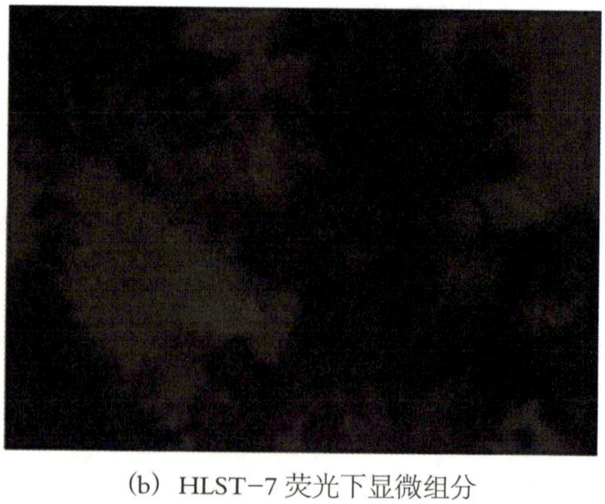

(b) HLST-7 荧光下显微组分

(c) SBT−6 透射光下显微组分

(d) SBT−6 荧光下显微组分

(e) HLST−6 透射光下显微组分

(f) HLST−6 荧光下显微组分

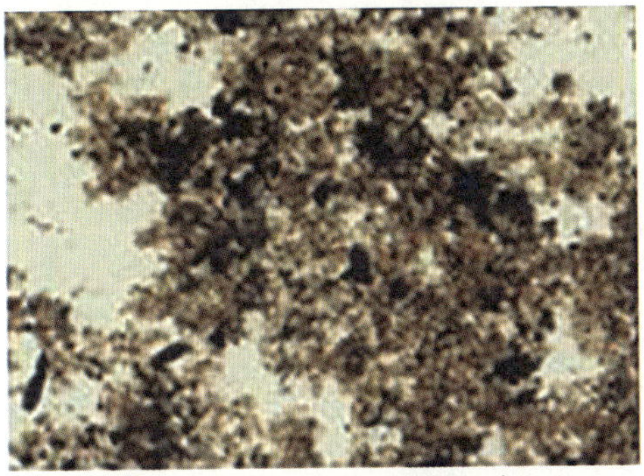

(h) SBT−4 透射光下显微组分

(i) SBT−4 荧光下显微组分

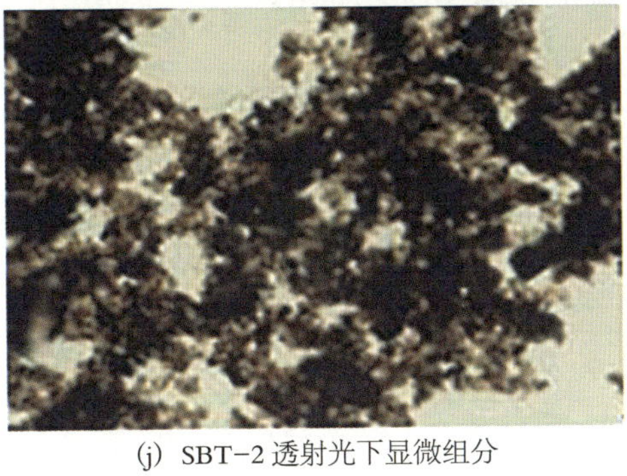

(j) SBT−2 透射光下显微组分

(k) SBT−2 荧光下显微组分

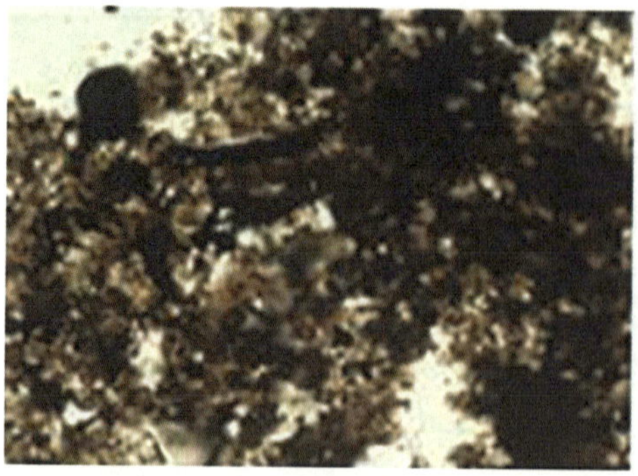

(l) HLST-1 透射光下显微组分

(m) HLST-1 荧光下显微组分

图 4-7 鄂尔多斯盆地西缘上古生界泥页岩透射光荧光显微组分图

显微组分以腐泥组为主，呈棕色及少量棕黄色，含量为 52%～73%，平均值为 63.5%；其次为惰质组，含量为 24%～43%，平均值为 28.2%；再次为镜质组，含量为 2%～15%，平均值为 8.3%；不含壳质组。其中羊虎沟组泥页岩有机质主要为Ⅱ2 型，腐泥组呈棕色，含量为 63%～68%，平均值为 66.0%，镜质组含量为 6%～10%，平均值为 8.0%，惰质组含量为 26%～27%，平均值为 26.5%；太原组泥页岩有机质主要为Ⅱ2 型，腐泥组呈棕色，含量为 61%～64%，平均值为 62.5%，镜质组含量为 12%～15%，平均值为 13.5%，惰质组含量为平均值为 24.0%；山西组泥页岩有机质主要为Ⅱ2 型及Ⅱ1 型，腐泥组呈棕色或棕黄色，含量为 52%～73%，平均值为 62.5%，镜质组含量为 2%～5%，平均值为3.5%，惰质组含量为 25%～43%，平均值为 34.0%（表 4-1）。

表 4-1 鄂尔多斯盆地西缘上古生界泥页岩干酪根组分表

样品编号	层位	腐泥组/%	壳质组/%	镜质组/%	惰质组/%	腐泥组颜色	类型指数	类型
HLST-7	山西组	73	0	2	25	棕黄	46.50	Ⅱ1
SBT-6	山西组	52	0	5	43	棕色	5.25	Ⅱ2
HLST-6	太原组	61	0	15	24	棕色	25.75	Ⅱ2
SBT-4	太原组	64	0	12	24	棕色	31.00	Ⅱ2
HLST-1	羊虎沟组	63	0	10	27	棕色	28.50	Ⅱ2
SBT-2	羊虎沟组	68	0	6	26	棕色	37.50	Ⅱ2

鄂尔多斯盆地西缘延长群和延安组泥页岩有机质类型均以Ⅱ2型为主(图4-8、图4-9)，显微组分以腐泥组为主，占50%以上，颜色呈棕色和棕黄色，其次为惰质组，平均含量20%，镜质组含量较低，平均10%，不含壳质组（表4-2）。

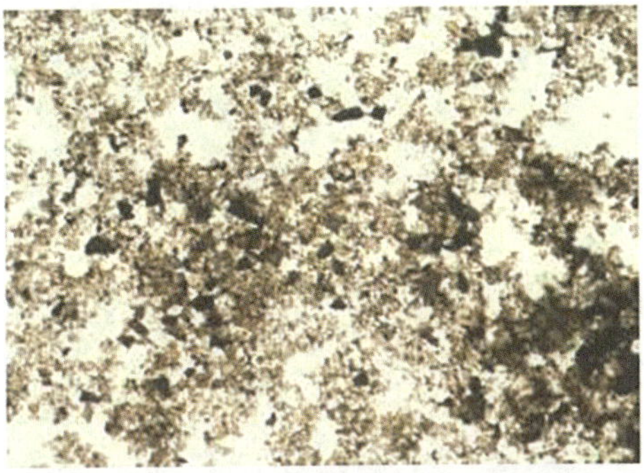

(a) SGY-2号样透射光下显微组分

(b) SGY-2号样荧光下显微组分

(c) RQG-1号样透射光下显微组分

(d) RQG-1号样荧光下显微组分

(e) RQG-5号样透射光下显微组分

(f) RQG-5号样荧光下显微组分

图4-8　鄂尔多斯盆地西缘延长群泥页岩透射光荧光显微组分图

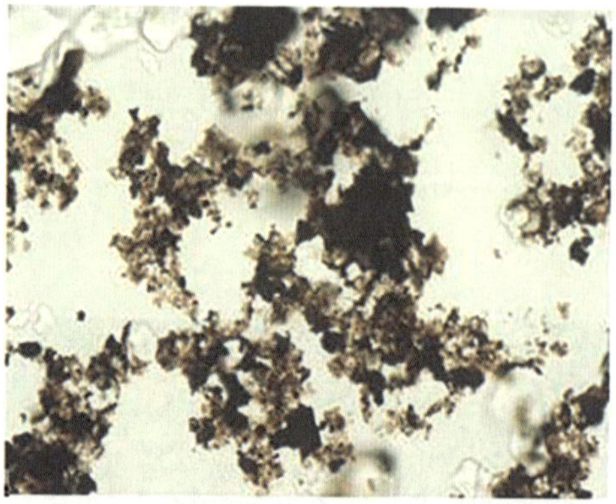

(a) RQG-6 号样透射光下显微组分

(b) RQG-6 号样荧光下显微组分

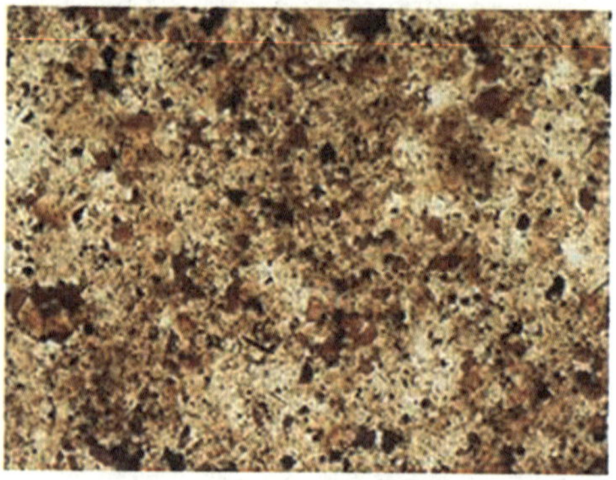

(c) SXZ-1 号样透射光下显微组分

(d) SXZ-1 号样荧光下显微组分

图 4-9 鄂尔多斯盆地西缘延安组泥页岩透射光荧光显微组分图

表 4-2 鄂尔多斯盆地西缘延长群和延安组泥页岩干酪根组分表

样品编号	层位	腐泥组/%	壳质组/%	镜质组/%	惰质组/%	腐泥组颜色	类型指数	类型
SGY-2	延长群	56	0	13	31	棕色	15.25	Ⅱ2
RQG-1	延长群	54	0	10	36	棕色	10.50	Ⅱ2
RQG-5	延长群	58	0	4	38	棕色	17.00	Ⅱ2
RQG-6	延安组	65	0	3	32	棕色	30.75	Ⅱ2
SXZ-1	延安组	50	0	35	15	棕黄	8.75	Ⅱ2

三、有机质成熟度

烃源岩有机质的成熟度是表征其成烃有效性和产物性质的重要参数。它是指在有机质所经历的埋藏时间内，由于增温作用所引起的各种变化。在一定范围内，含气泥页岩的热成熟度越高表明泥页岩生气可能性越大，干酪根热成熟度大小也影响泥页岩中能够被吸附在有机质表面的天然气量。随着热演化程度的增加，页岩气的吸附气量会逐渐变大。通常用镜质体反射率(RO)来表征有机质的热成熟度。干酪根只有在达到一定的热成熟度才能开始大量生烃和排烃，对于热成因页岩气来说，泥页岩的成熟度进入生气窗是产生页岩气的必备条件。

从泥页岩样品的测定结果看（表 4–3），鄂尔多斯盆地西缘上古生界泥页岩有机质成熟度较高，平均 1.29%。76 块样品中仅 1 块样品 RO<1.0%，属于成熟–过成熟阶段，较高的成熟度有利于有机质热解生气。从平面上看，鄂尔多斯盆地西缘山西组、太原组及羊虎沟组泥页岩的有机质成熟度平面分布特征十分相似，如图 4–10、图 4–11 及图 4–12 所示。其中山西组 RO 分布于 0.65%～2.06%，平均值 1.49%；太原组 RO 分布于 0.14%～2.09%，平均值 1.49%；羊虎沟组 RO 分布于 0.22%～2.21%，平均值1.52%。

延长群泥页岩有机质成熟度总体不高（图 4–13）。在所选取的岩心样品中，任 7 井、忠 1 井和芦参 1 井的样品 RO 较低，<1.0%，其余各井样品的 RO 均在 1.0%及以上，最高值为 1.20%。样品总体 RO 平均值为 0.86%，低于烃源岩的生烃门限，如果除去 RO 较低的 3 口井，其余各井的 RO 平均值为

表 4–3 鄂尔多斯盆地西缘泥页岩 RO 测量结果

样品编号	层位	样品类型	测点数	标准偏差	RO/%
HLST–7	山西组	干酪根	21	0.07	0.85
SBT–6	山西组	干酪根	22	0.12	1.83
HLST–6	太原组	干酪根	16	0.12	1.08
SBT–4	太原组	干酪根	13	0.17	1.08
HLST–1	羊虎沟组	干酪根	20	0.10	1.06
SBT–2	羊虎沟组	干酪根	20	0.13	1.84

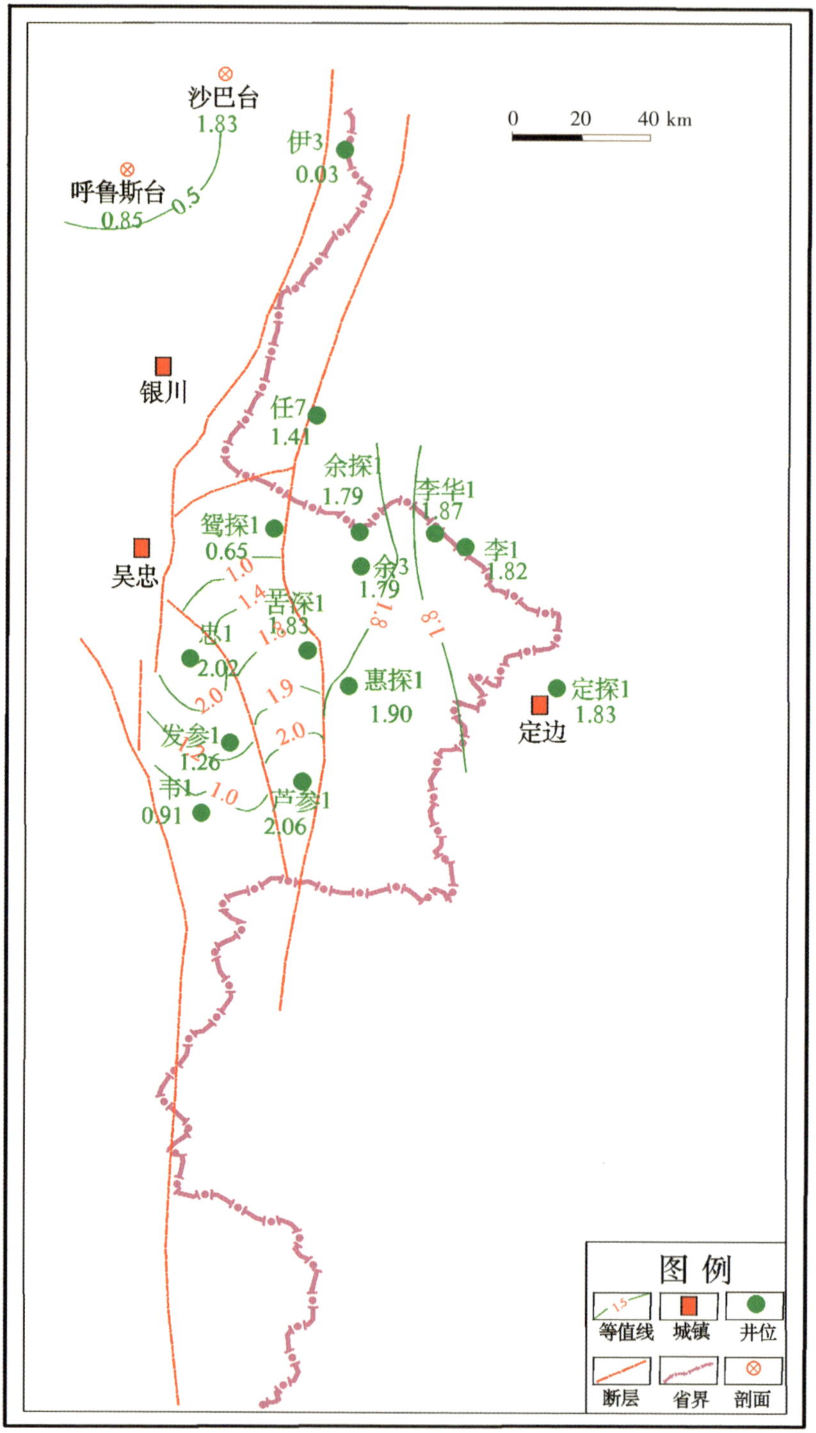

图 4-10 鄂尔多斯盆地西缘山西组泥页岩 RO 等值线图

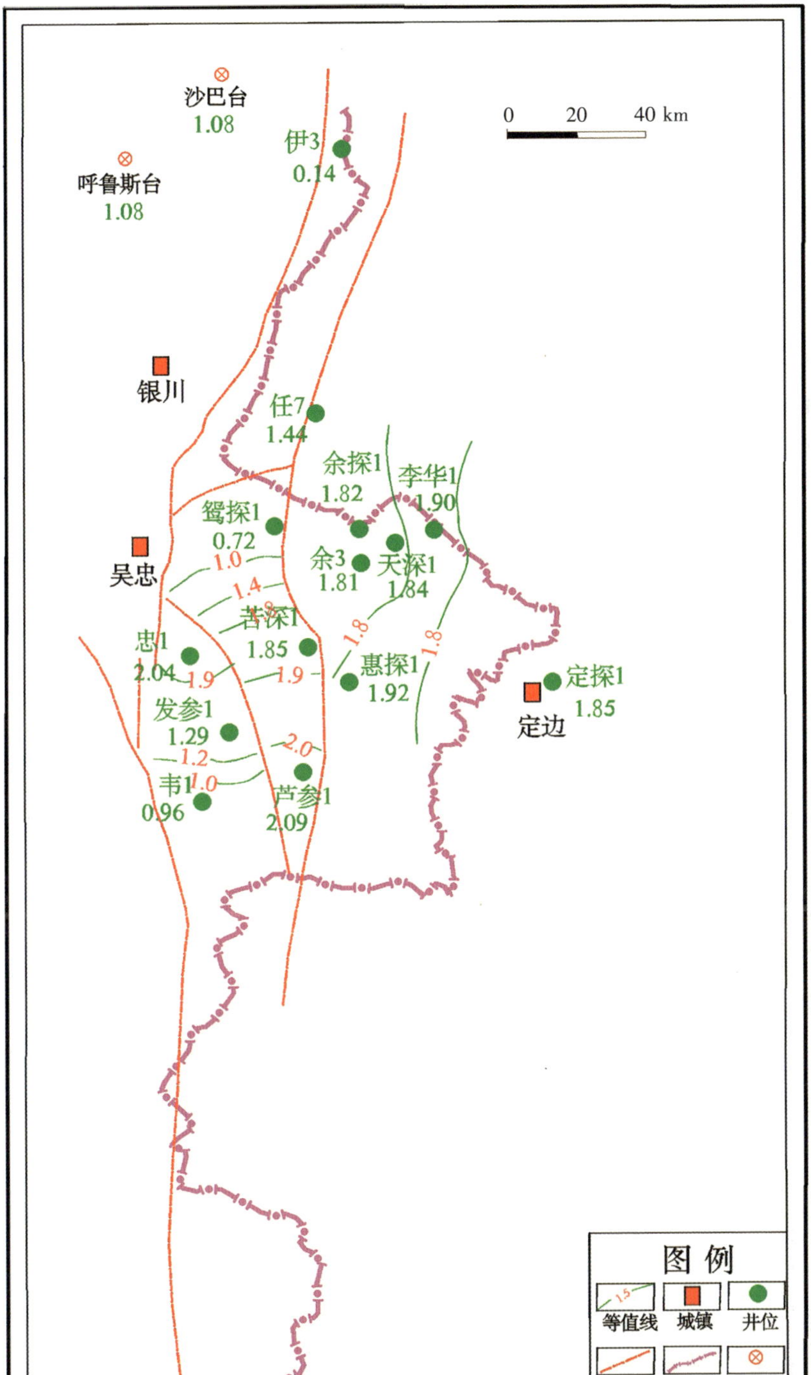

图 4-11　鄂尔多斯盆地西缘太原组泥页岩 RO 等值线图

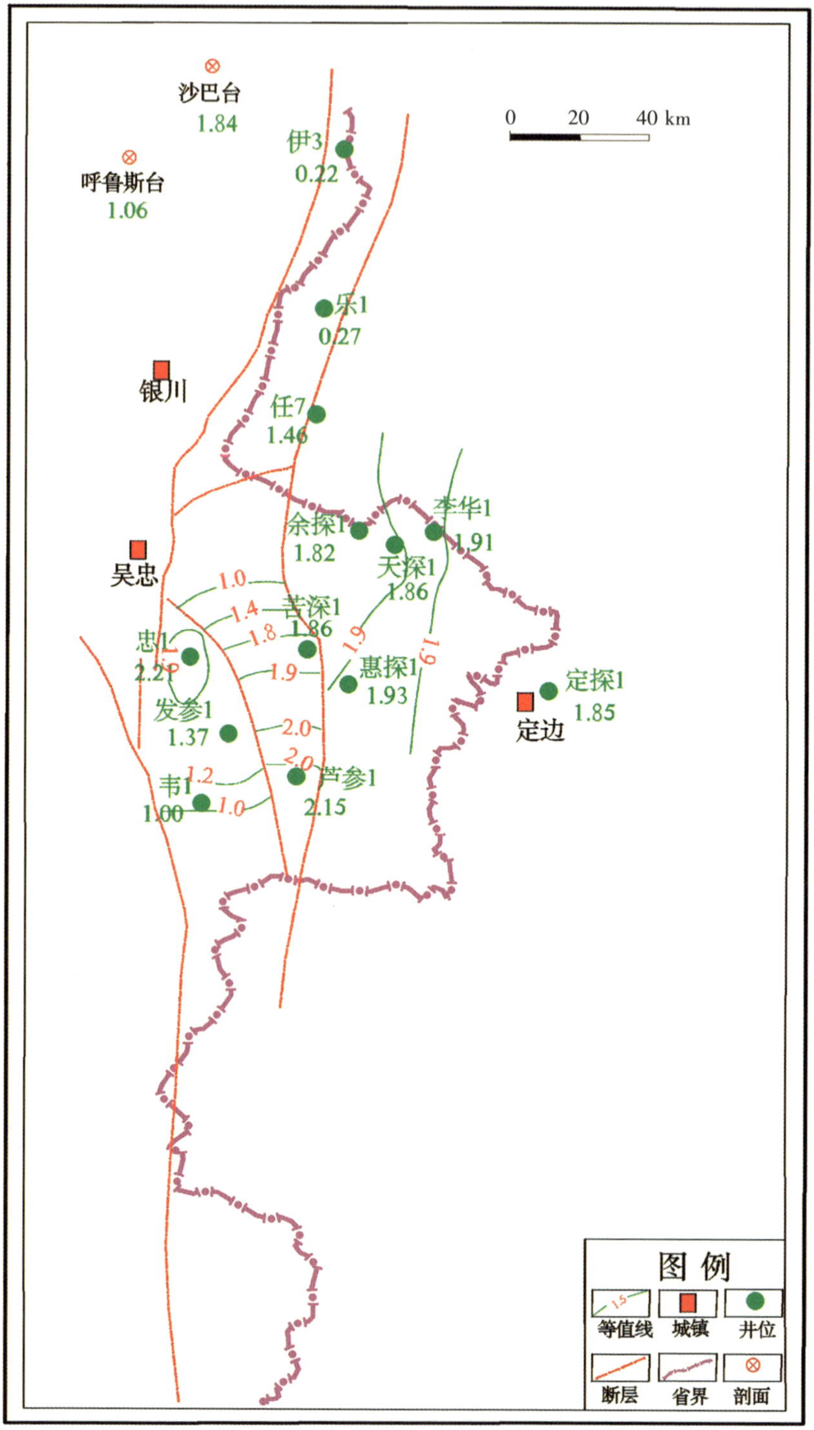

图 4-12 鄂尔多斯盆地西缘羊虎沟组泥页岩 RO 等值线图

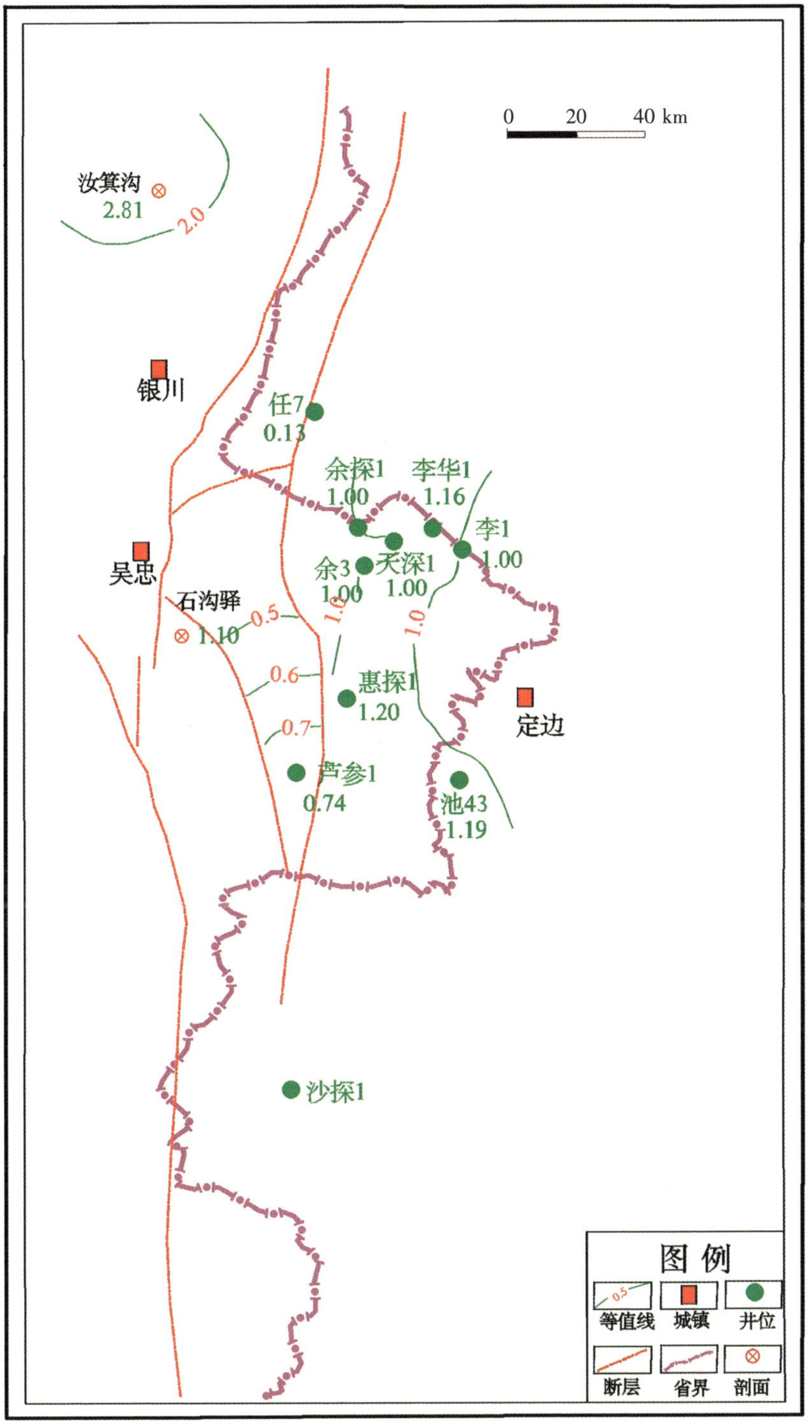

图 4-13　鄂尔多斯盆地西缘延长群泥页岩 RO 等值线图

1.08%，处于烃源岩生烃门限附近，基本达到了页岩气成藏对于有机质成熟度的条件要求。

延安组泥页岩的有机质成熟度较低，4 块样品的 RO 均<1%，最高的一块仅达到 0.8%（图 4-14），未达到烃源岩生烃门限。岩石热解实验得出的结果也类似，5 块样品的 Tmax 参数在 423～432 ℃范围（表 4-4），处于低成熟阶段，这对于页岩气的成藏与富集很不利。

表 4-4 鄂尔多斯盆地西缘延安组泥页岩 Tmax 数据表

样品编号	岩性	层位	Tmax /℃
J902-1	泥页岩	延安组	432
J102-2	泥页岩	延安组	425
J103-3	泥页岩	延安组	431
J102-4	泥页岩	延安组	423
J102-5	泥页岩	延安组	429

四、含油率

为了对鄂尔多斯盆地西缘延安组进行油页岩勘探潜力分析，需要对泥页岩样品进行低温干馏实验以获取样品的含油率。实验在油页岩低温干馏炉内进行，实验中保持环境温度为 18 ℃，相对湿度为 65%。从实验结果（表 4-5）可以得出，4 块样品的焦油产率（含油率）均较低，最高的一块仅达到 2.09%，半焦（干馏所得到的碳、灰分和挥发分的可燃固体产物）的产率高，4 块样品均达到 92%以上。此外，从泥页岩热解参数来看（表 4-6），样品的生油潜量（S_1+S_2）也较低，普遍<1.0%，最高的一块也只能达到 1.67%。由于样品的含油率低、半焦产率高、生油潜量小，达不到油页岩的标准，因此研究区延安组也不具备油页岩勘探与开采的潜力。

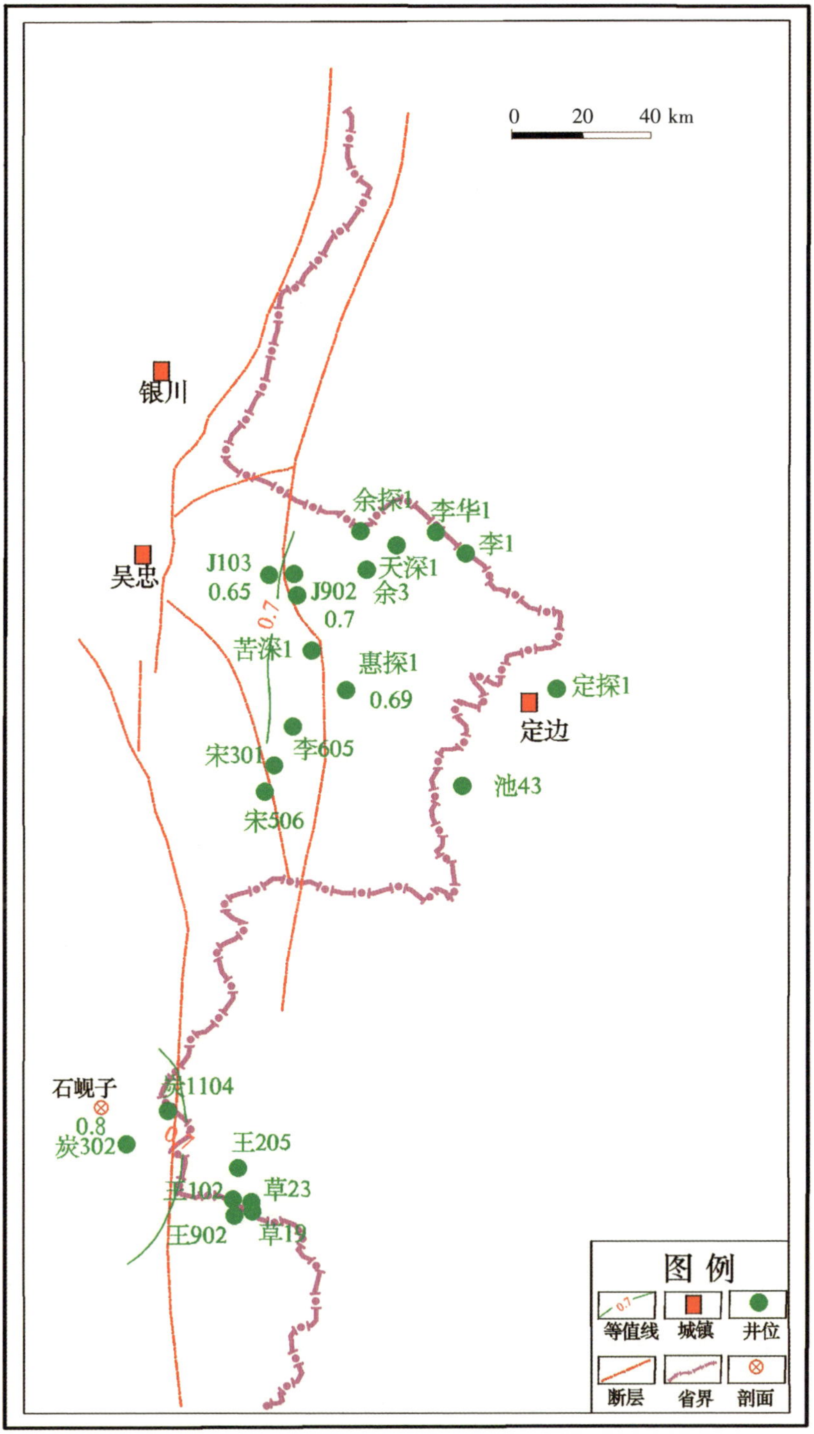

图 4-14　鄂尔多斯盆地西缘延安组泥页岩 RO 等值线图

表 4-5 鄂尔多斯盆地西缘延安组泥页岩低温干馏实验结果数据表

样品编号	低温干馏			
	焦油产率/%	总水分产率/%	半焦产率/%	气体+损失/%
J204-2	1.88	1.42	94.20	2.50
J203-3	1.17	0.95	95.80	2.08
J104-3	1.80	1.44	93.66	3.10
SXZ-1	2.09	1.89	92.80	3.22

表 4-6 鄂尔多斯盆地西缘延安组泥页岩岩石热解数据表

样品编号	游离烃（S_1）/（mg·g^{-1}）	热解烃（S_2）/（mg·g^{-1}）	生油潜量（S_1+S_2）/（mg·g^{-1}）
J902-1	0.13	5.67	5.80
J102-2	0.13	7.52	7.65
J103-3	0.12	3.92	4.04
J102-4	0.22	16.44	16.66
J102-5	0.15	2.39	2.54

五、泥页岩分布、厚度和埋深

众所周知，广泛分布的泥页岩是形成页岩气的重要条件。同时，沉积有效厚度是保证足够的有机质及充足的储集空间的前提条件，泥页岩的厚度越大，其封盖能力越强有利于气体的保存和页岩气成藏。泥页岩储层厚度不仅是计算页岩气地质储量的重要参数，同时也控制着页岩气藏成藏与聚集，根据页岩厚度及展布范围可以判断页岩气藏的边界。泥页岩有效厚度评判标准可因有机碳含量的增大和成熟度的提高而适当降低。

鄂尔多斯盆地西缘山西组 14 口井泥页岩储层总厚度平均约 55.89 m（图 4-15），在芦参 1 井最厚，达到 104.15 m，在伊 3 井最薄，只有 17.52 m，整体上由北向南呈增大趋势。有效厚度（图 4-16）>30 m 的井有 3 口，平均为 26.82 m。顶界埋深变化较大，189~4 405 m（图 4-17），平均埋深2 475.3 m，19 口井中有 5 口井的顶界埋深在 1 000 m 以下。

太原组泥页岩储层厚度较薄，平均约 34.77 m（图 4–18），在忠 1 井最厚，达到 201.32 m，在伊 3 井最薄，只有 5.96 m。有效厚度（图 4–19）平均为16.69 m，超过 30 m 的井仅 1 口。顶界埋深 270~4 556 m 不等（图 4–20），平均埋深 2 873.8 m，16 口井中有 3 口井的顶界埋深在 1 000 m 以下。

羊虎沟组泥页岩储层厚度平均约 32.40 m（图 4–21），在芦参 1 井最厚，达到68.53 m，在定探 1 井最薄，只有 1.56 m。有效厚度（图 4–22）平均为 15.56 m，超过 30 m 的井有 2 口。顶界埋深较深，为 366~4 607.6 m（图 4–23），平均埋深 2 978.4 m，14 口井中有 2 口井的顶界埋深在 1 000 m 以下。

芦参 1 井、忠 1 井和任 1 井 3 口井的连井剖面显示（图 4–24），山西组泥页岩层段主要发育 2 套泥页岩，到任 1 井缺失 1 段；太原组发育 1 套泥页岩层，自北向南具有先增大后减小的趋势；羊虎沟组发育多套泥页岩层，在芦参 1 井和忠 1 井均有不同程度的层段缺失。

延长群泥页岩厚度总体较大。苦深 1 井泥页岩厚度最大，达到 500 m 以上，在余 3、李 1、池 43 3 口井处可达 400 m 以上，鸳探 1 井处厚度最小，只有35.59 m。泥页岩平均厚度约 330 m，自西向东厚度呈加深趋势（图 4–25）。延长群 10 口井平均有效泥页岩厚度为 88.77 m（图 4–26），余 3 井与苦深 1 井的有效厚度较大，>100 m，以这 2 口井为中心，向四周泥页岩有效厚度呈减小趋势。延长群泥页岩顶界埋深总体变化较大，为 10.5~2 559 m，平均埋深 1 544 m，11 口井中，4 口井的泥页岩顶界埋深在 2 000 m 以下，3 口井在 1 000 m 以上，具有自西向东埋深逐渐加深的趋势（图 4–27）。余探 1 井、余 3 井和惠探 1 井 3 口井的连井剖面可以看出（图 4–28），自北向南，延长群发育多套泥页岩层，余探 1 井为 3 套，余 3 井为 4 套，惠探 1 井为 5 套，主要为泥岩夹薄层砂层。

延安组泥页岩储层总体厚度较大，平均 100 m（图 4–29），在余 3 井最厚，>200 m，在王 102 井最薄，只有 27.62 m。总计 15 口井中，8 口井的泥页岩厚度达到 100 m 以上，有效泥页岩厚度平均为 46 m（图 4–30）。延安组

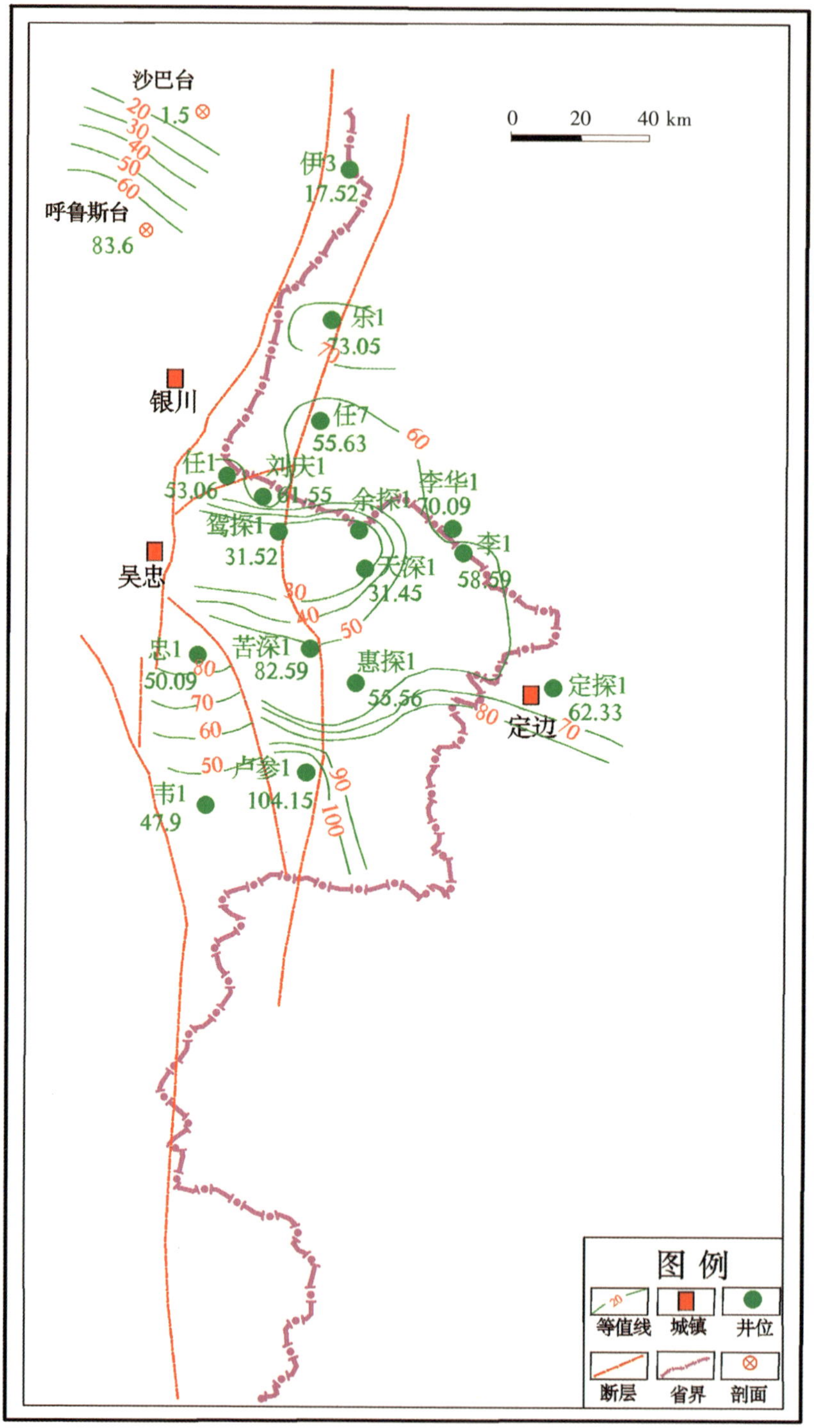

图 4-15 鄂尔多斯盆地西缘山西组泥页岩厚度等值线图

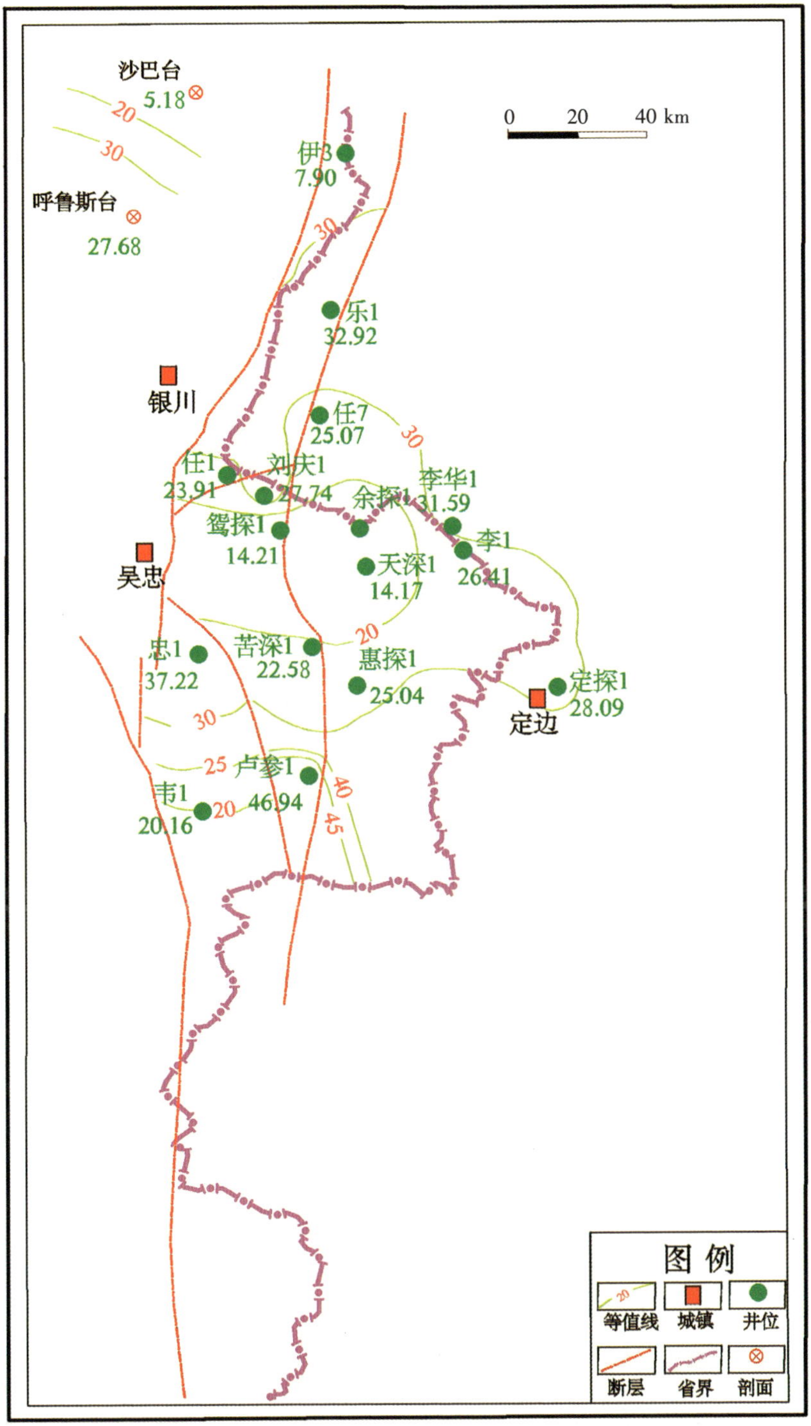

图 4-16　鄂尔多斯盆地西缘山西组泥页岩有效厚度等值线图

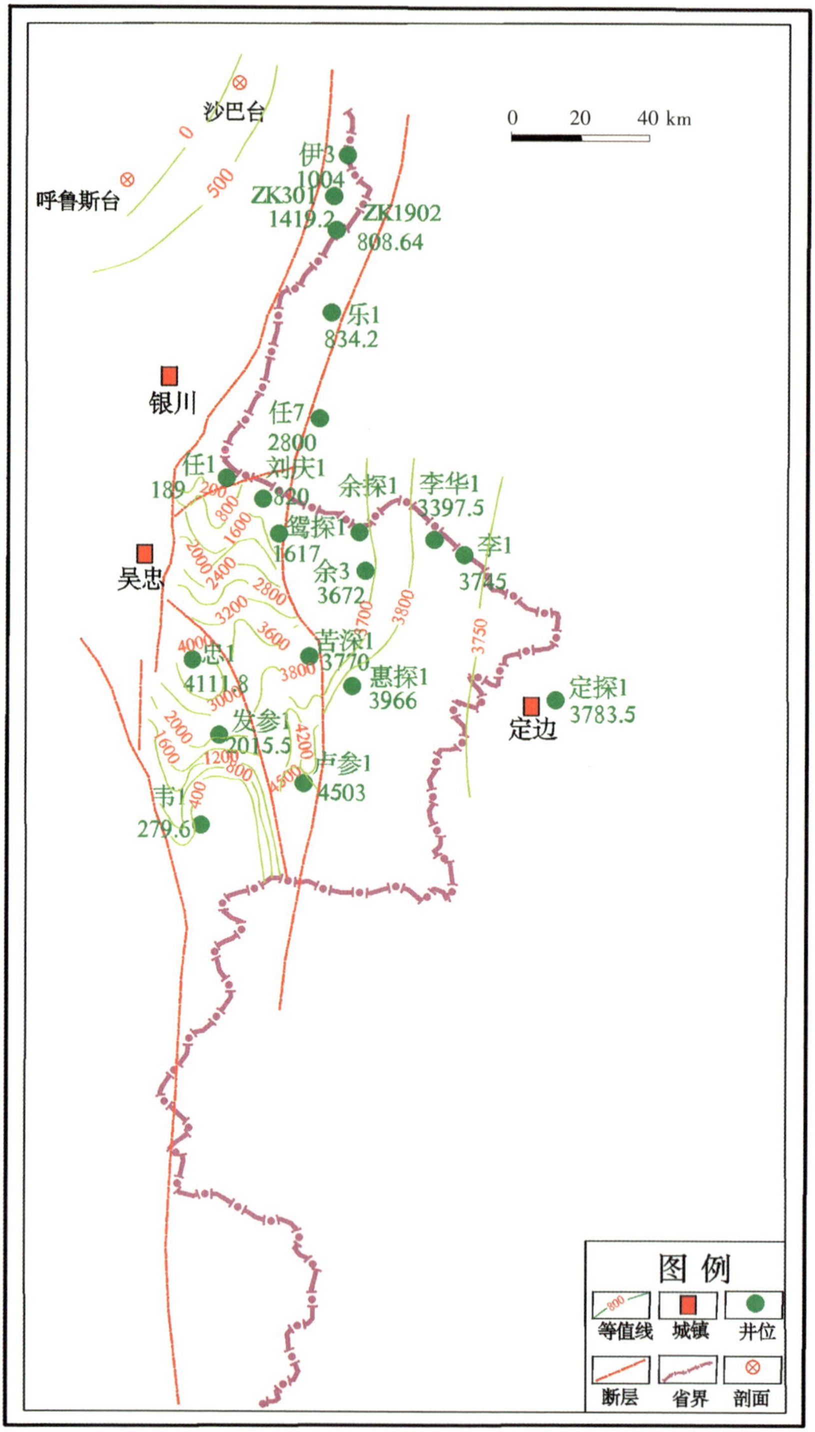

图 4-17 鄂尔多斯盆地西缘山西组泥页岩顶界埋深图

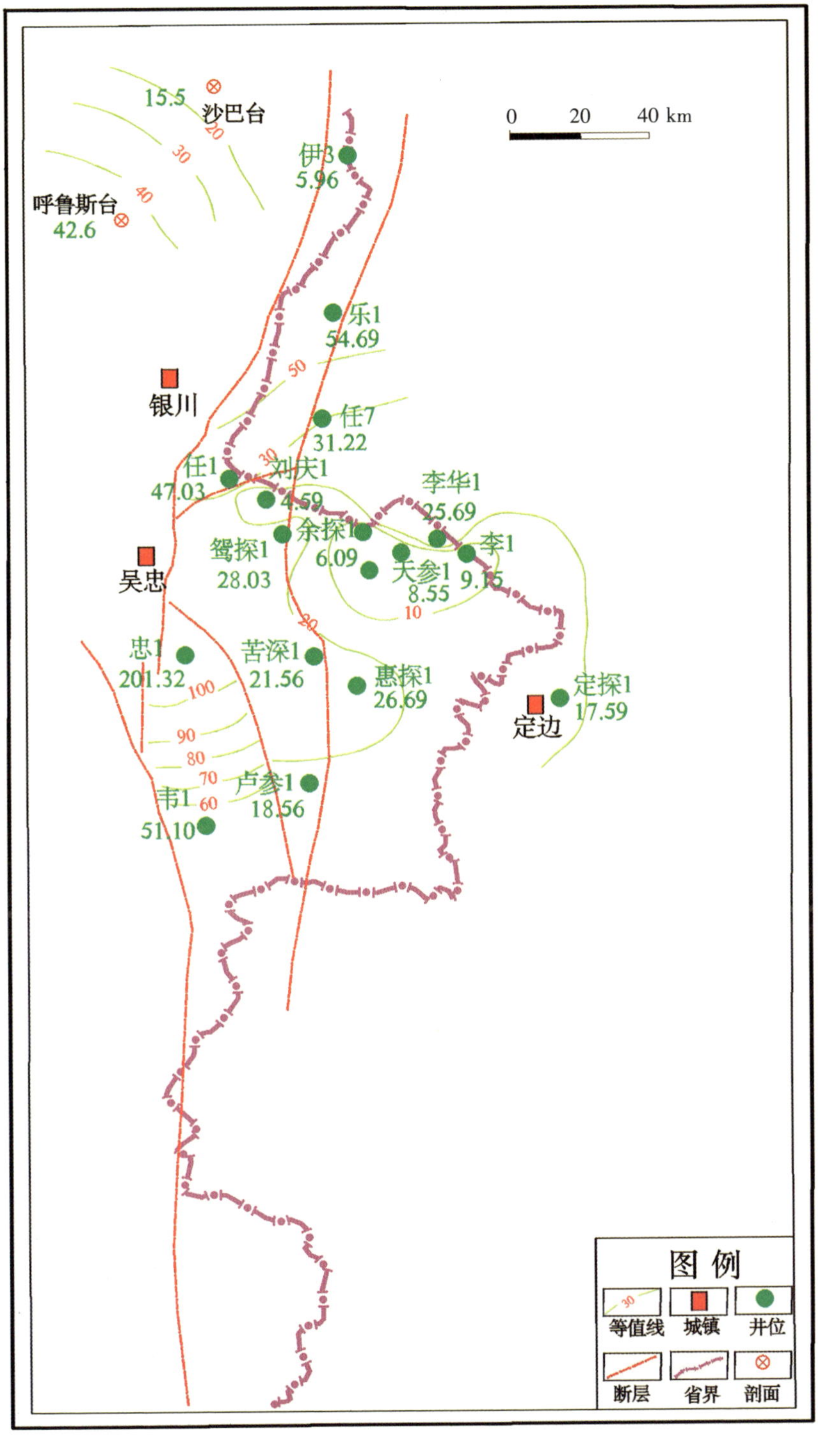

图 4-18 鄂尔多斯盆地西缘太原组泥页岩厚度等值线图

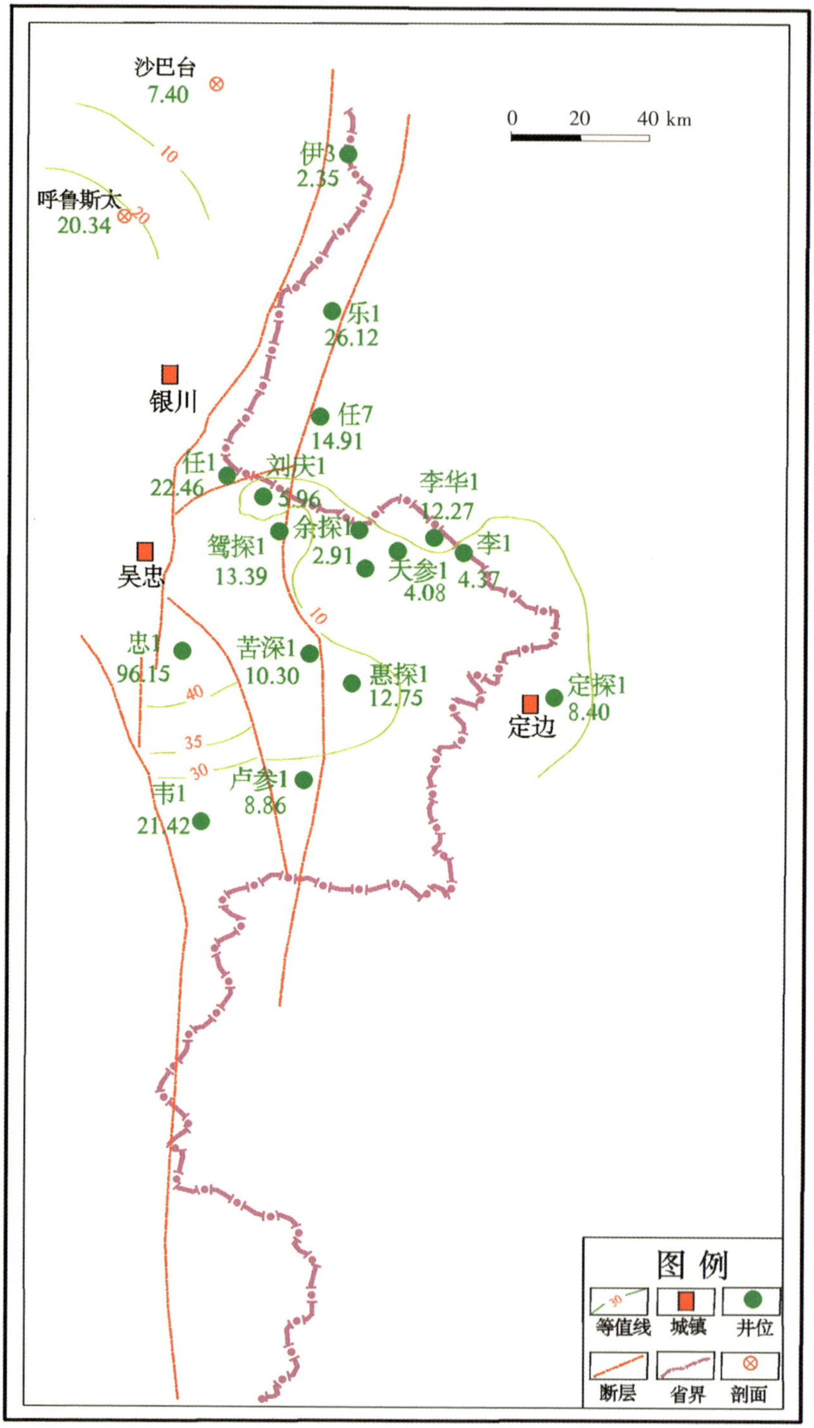

图 4-19 鄂尔多斯盆地西缘太原组泥页岩有效厚度等值线图

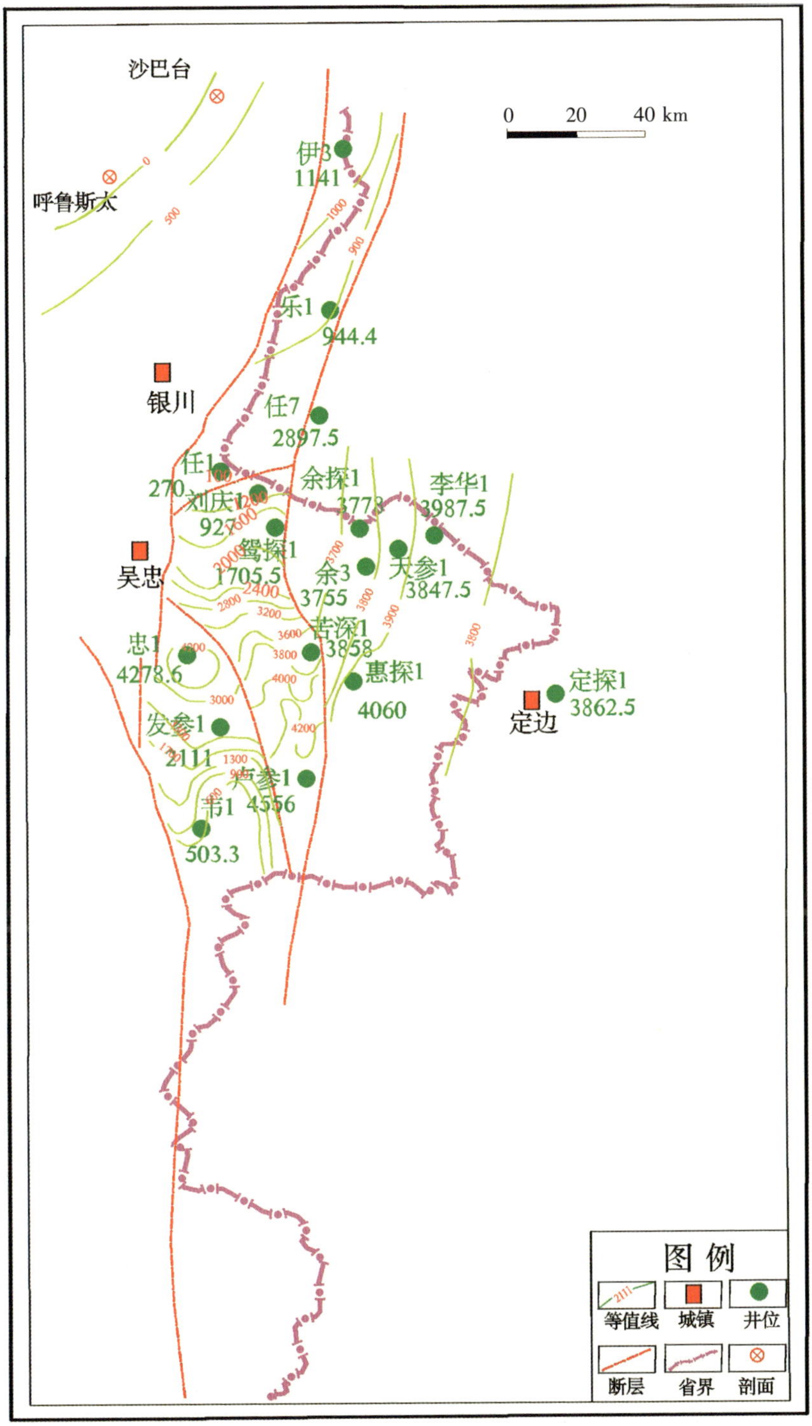

图 4-20　鄂尔多斯盆地西缘太原组泥页岩顶界埋深图

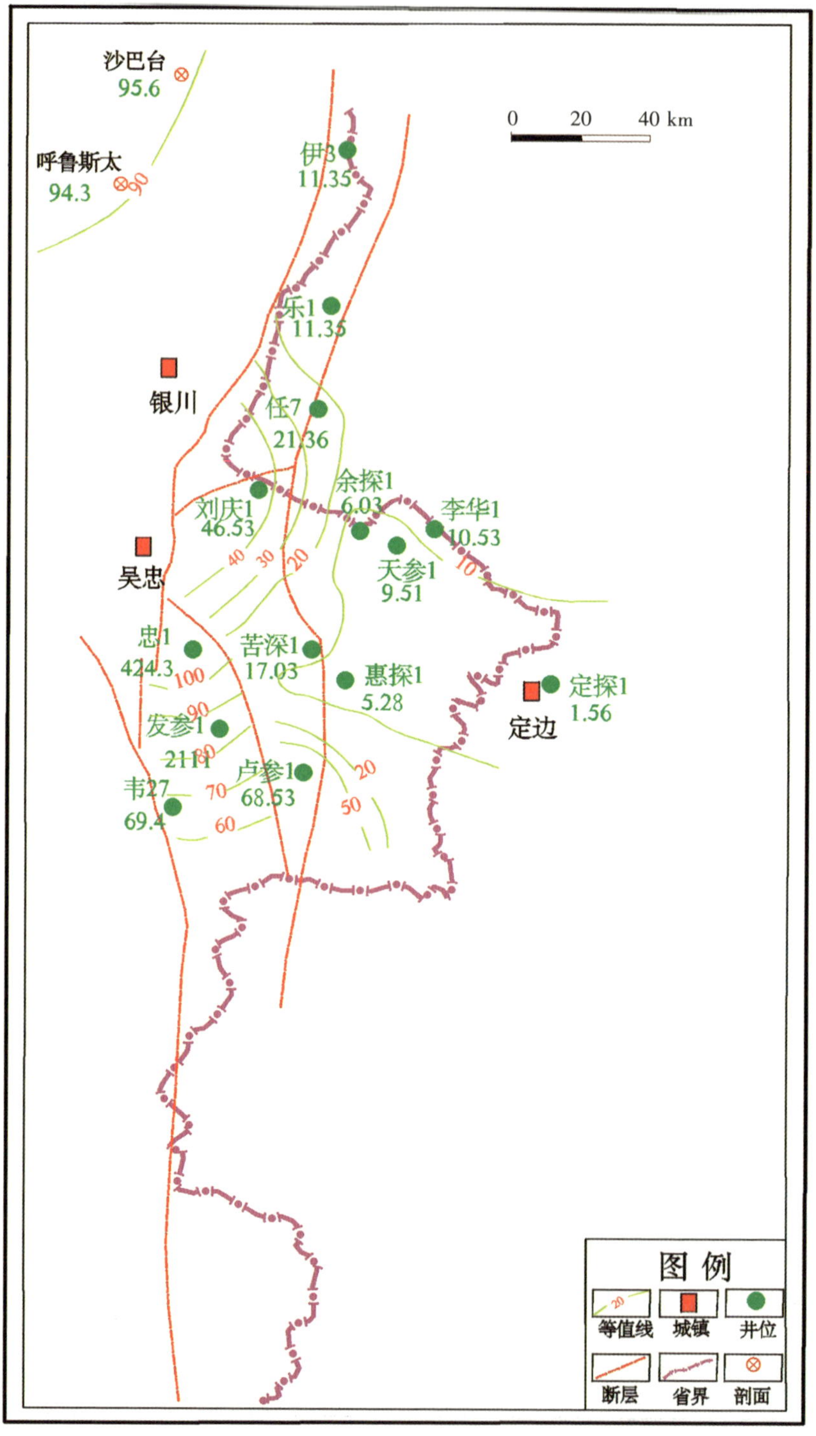

图 4-21 鄂尔多斯盆地西缘羊虎沟组泥页岩厚度等值线图

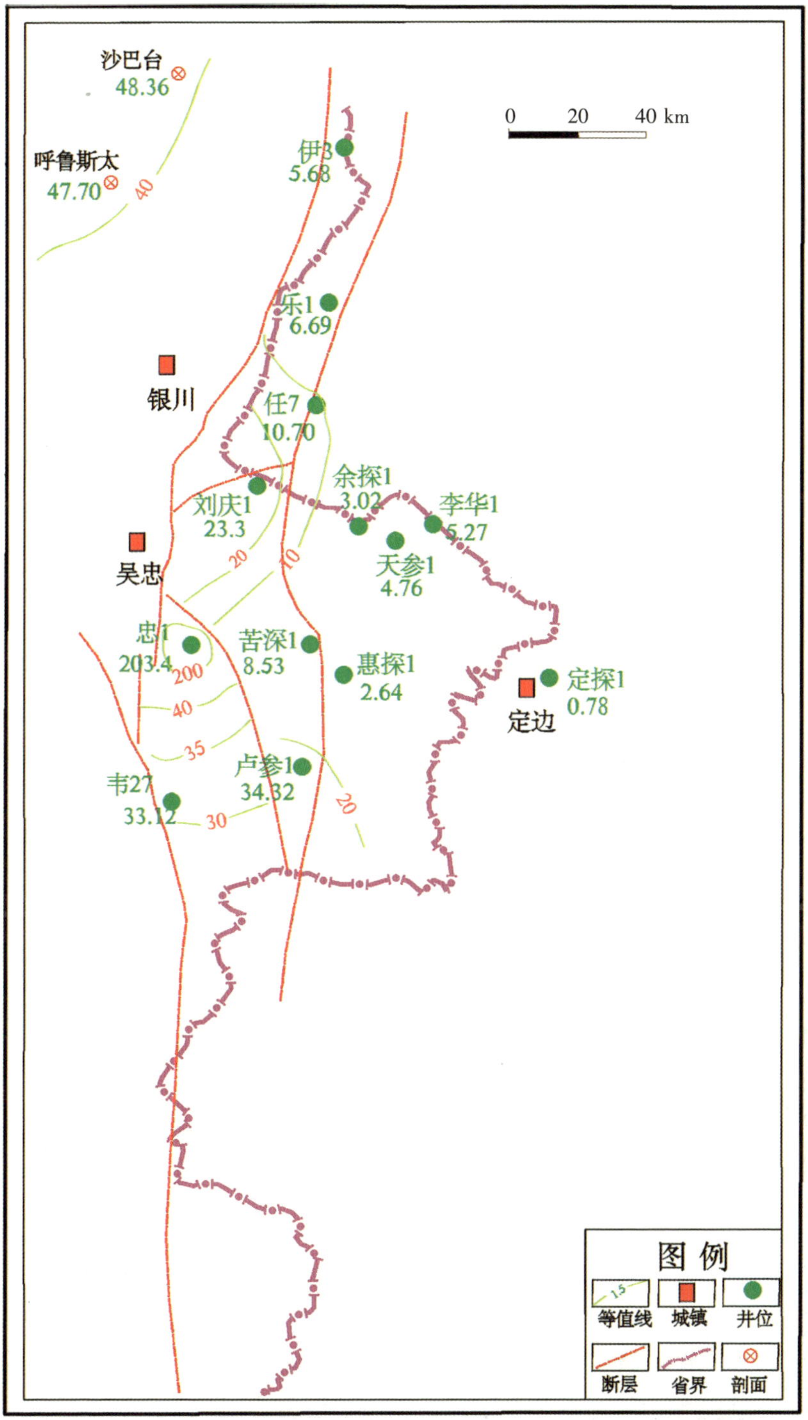

图 4-22　鄂尔多斯盆地西缘羊虎沟组泥页岩有效厚度等值线图

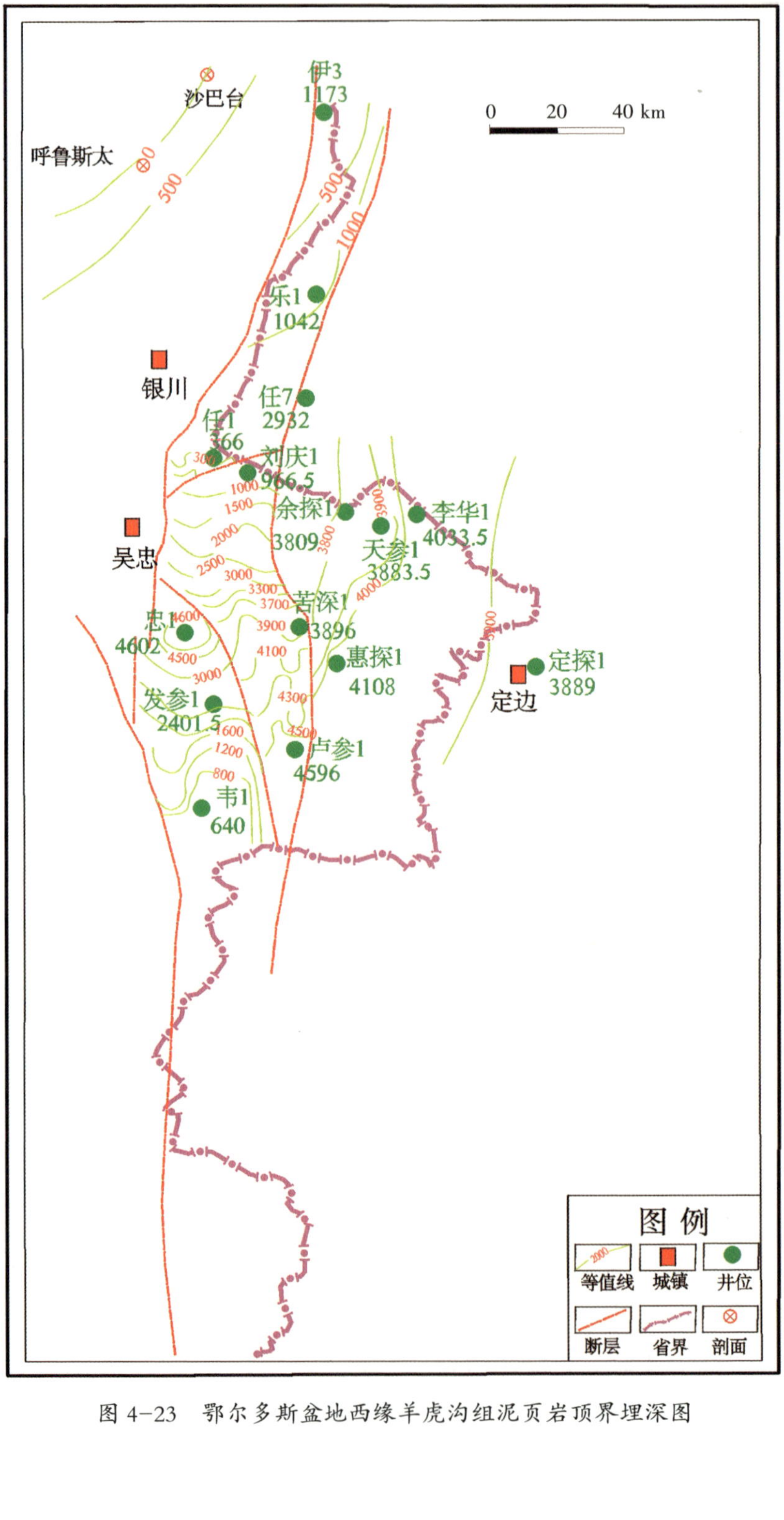

图 4-23 鄂尔多斯盆地西缘羊虎沟组泥页岩顶界埋深图

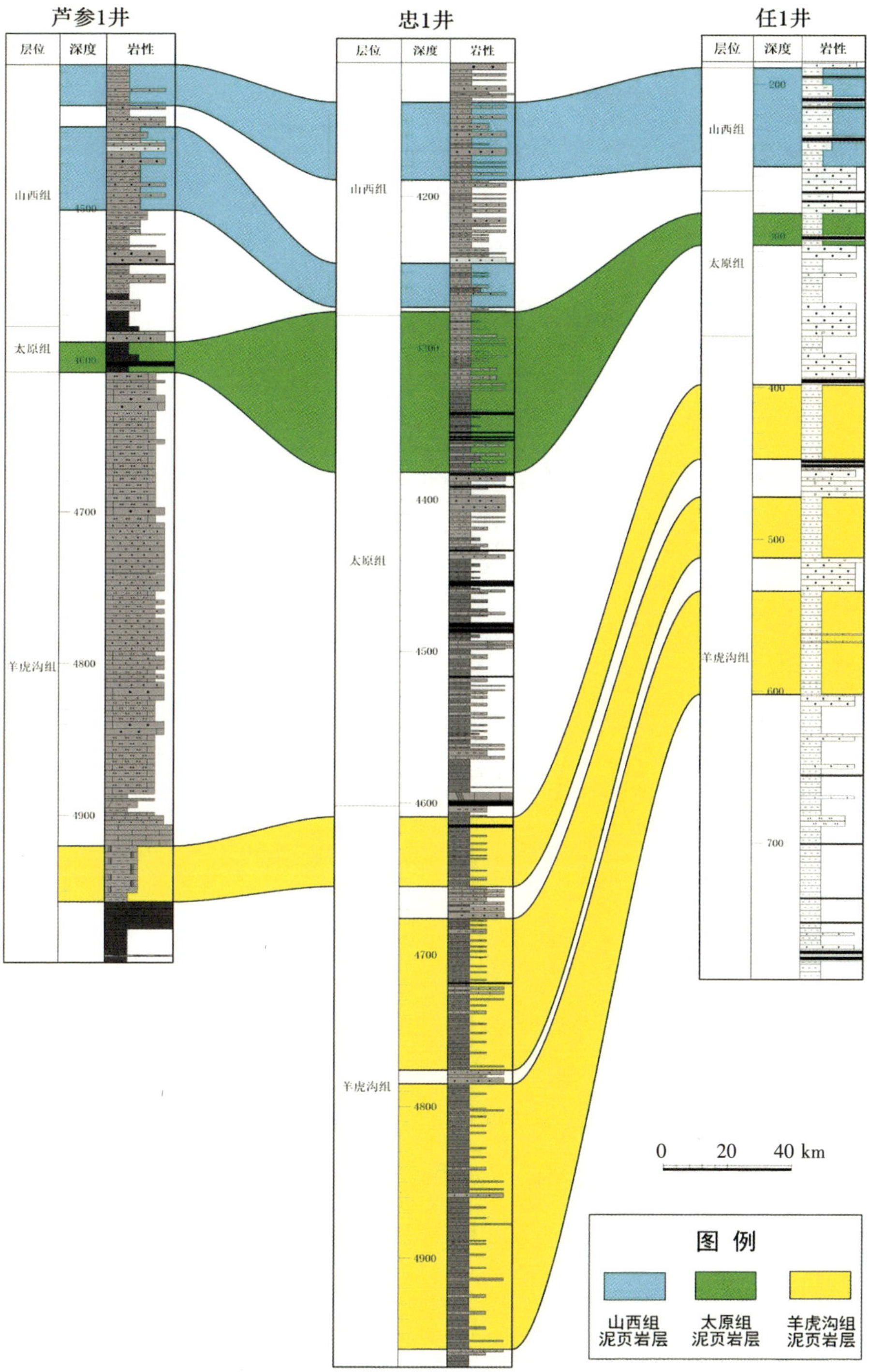

图 4-24　鄂尔多斯盆地西缘上古生界连井剖面图

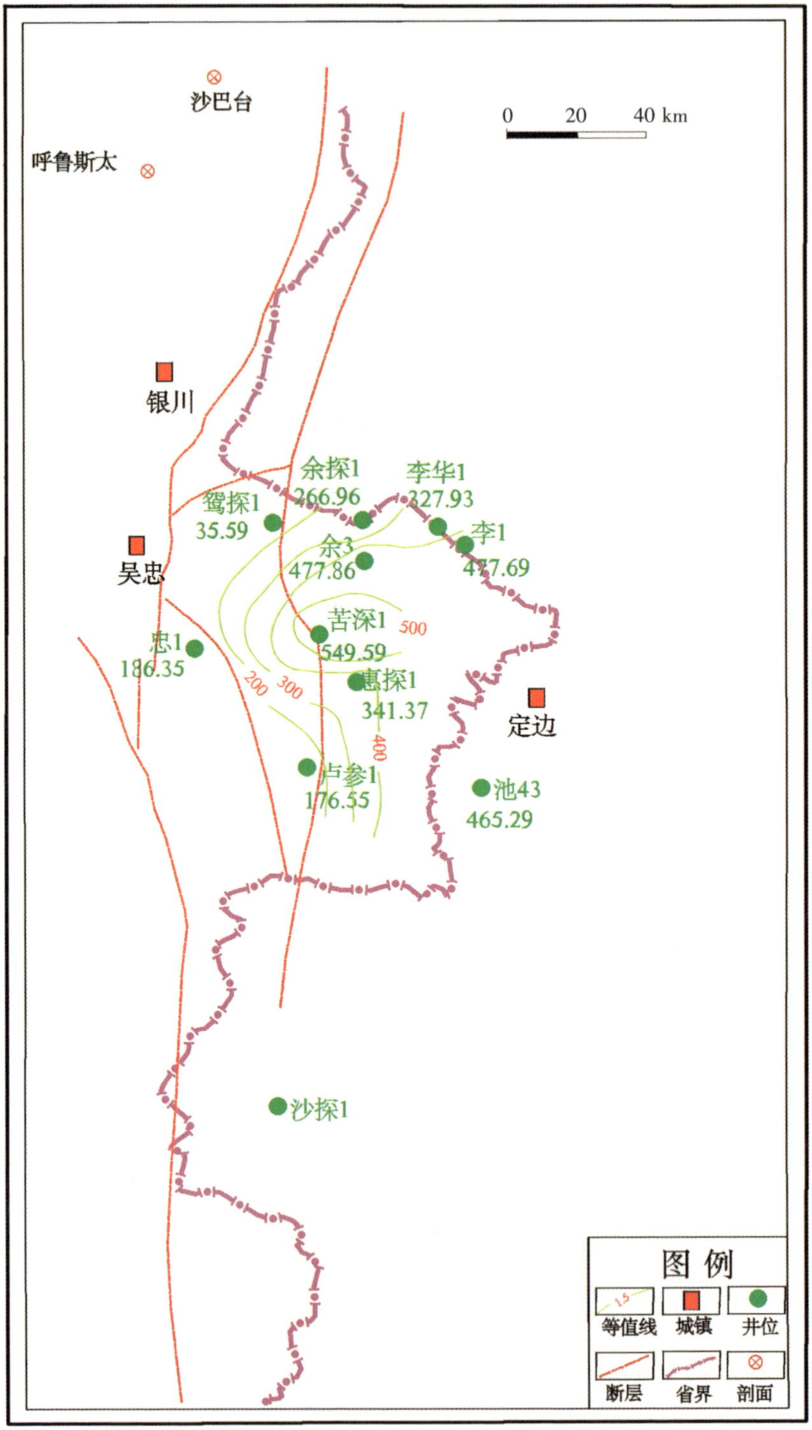

图 4-25 鄂尔多斯盆地西缘延长群泥页岩厚度等值线图

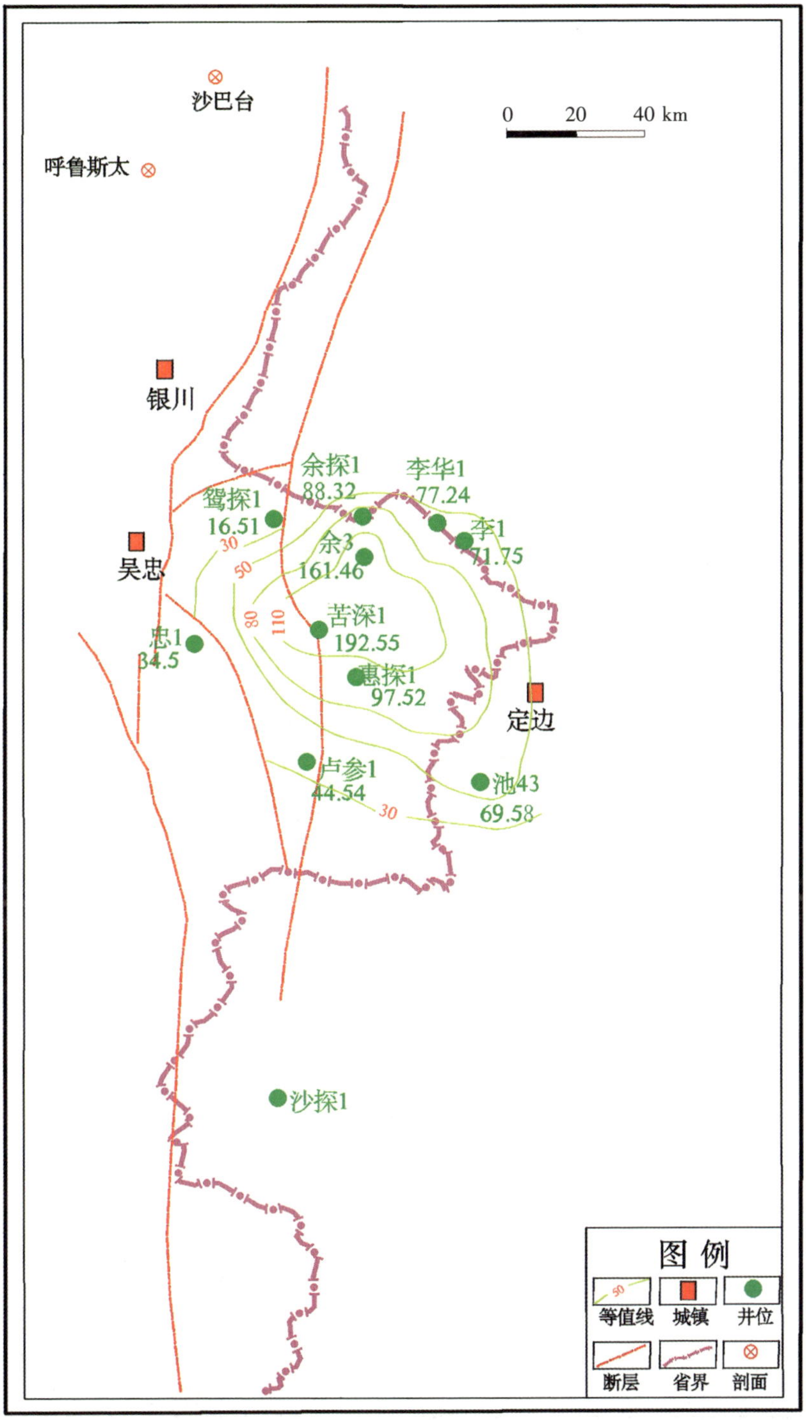

图 4-26 鄂尔多斯盆地西缘延长群泥页岩有效厚度等值线图

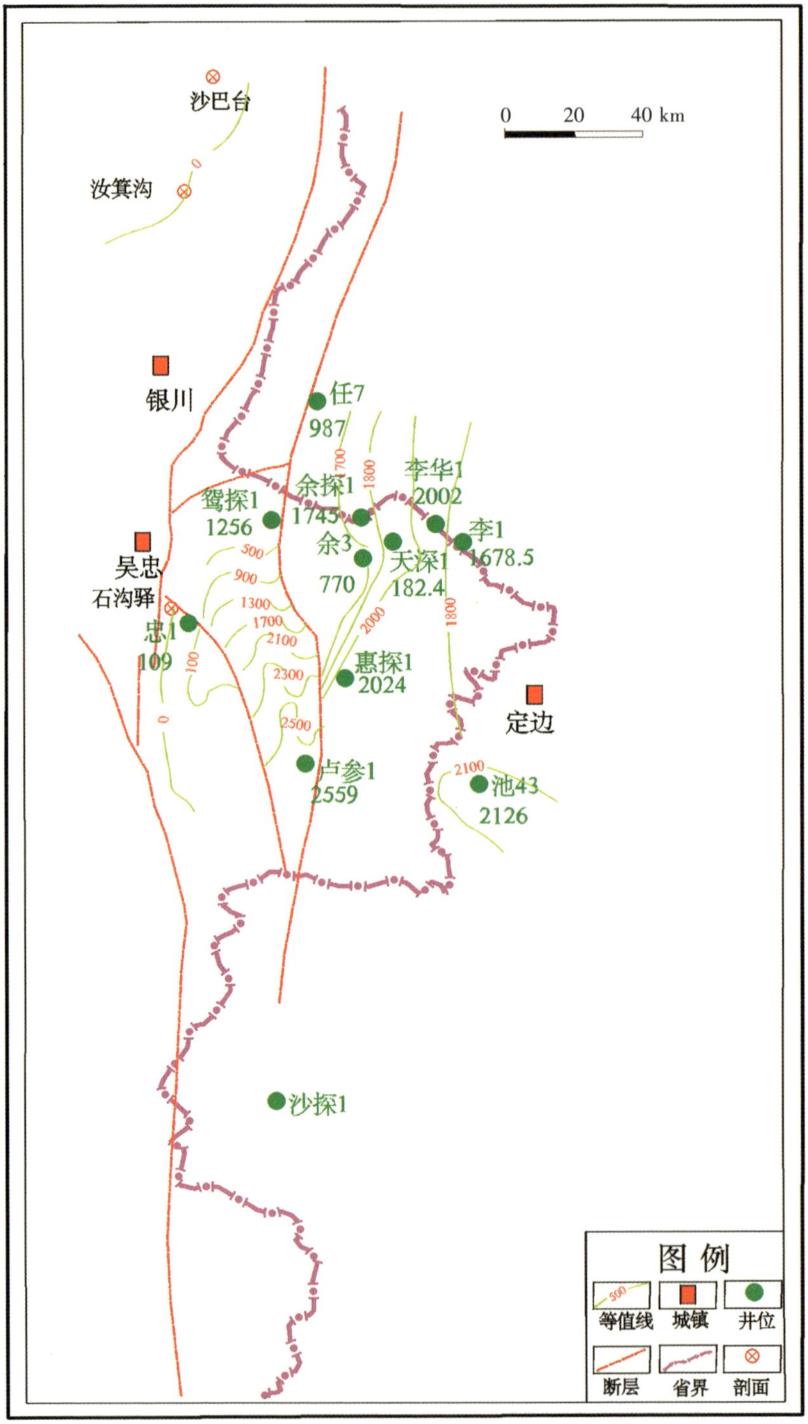

图 4-27　鄂尔多斯盆地西缘延长群泥页岩顶界埋深图

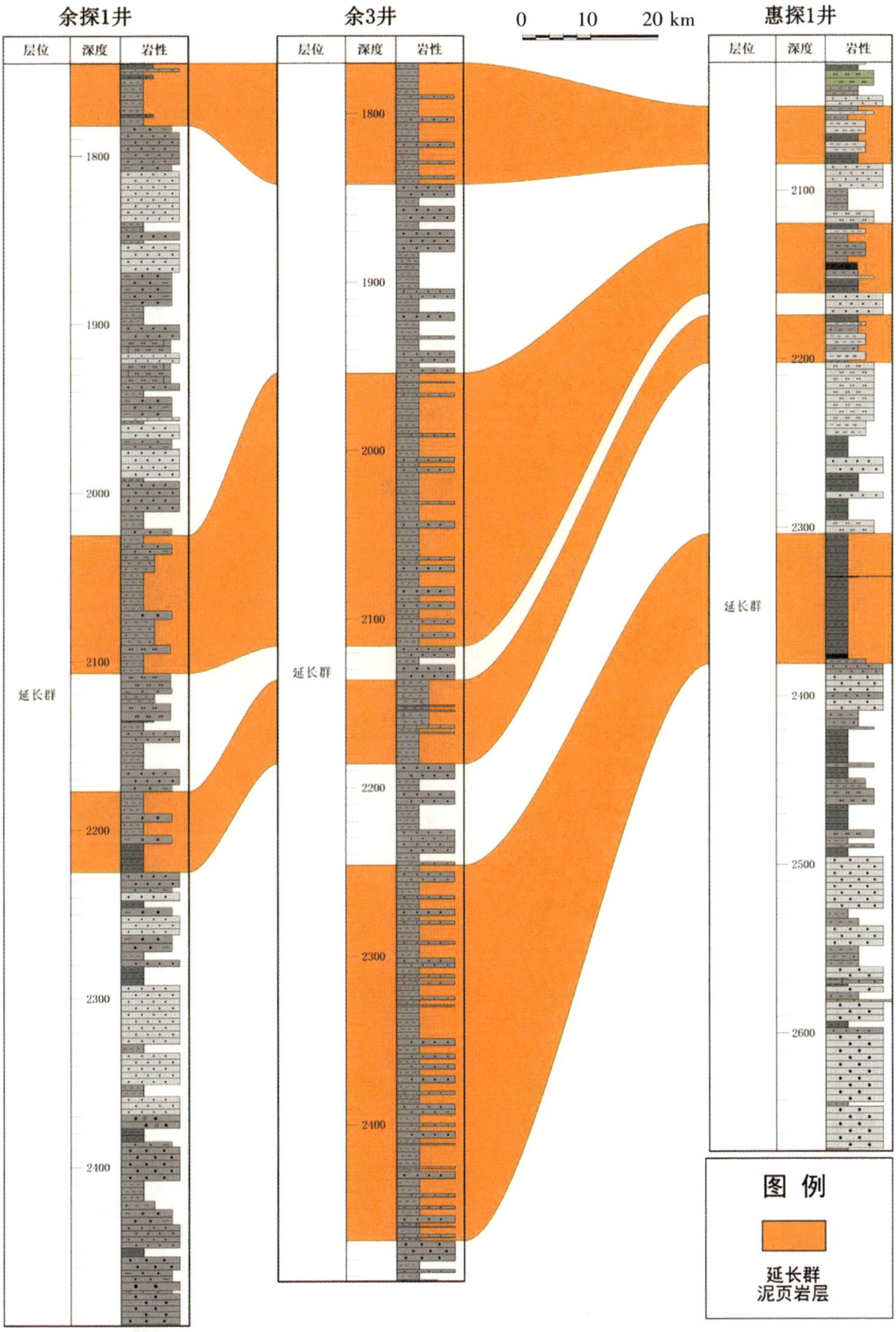

图 4-28　鄂尔多斯盆地西缘延长群连井剖面图

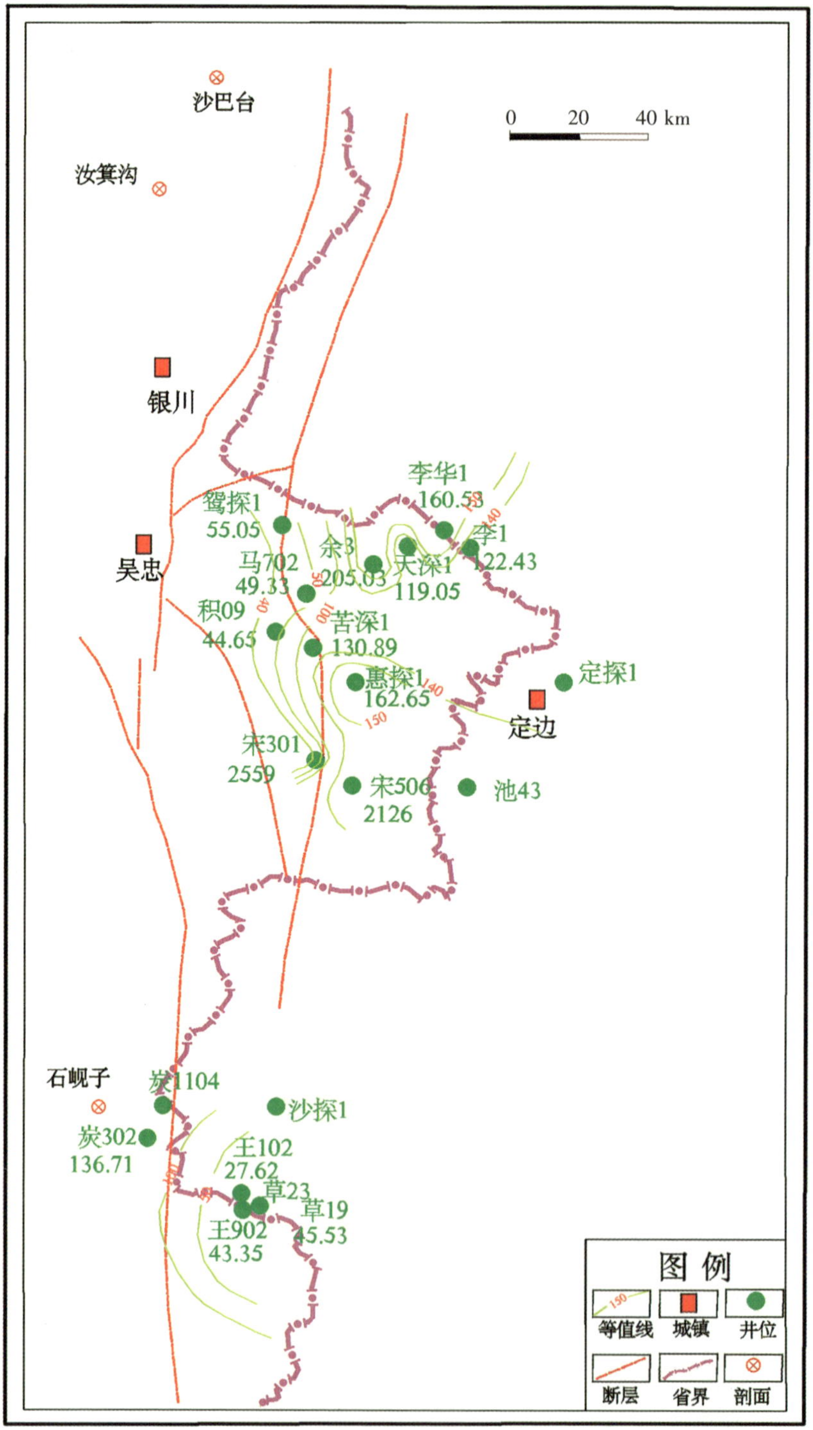

图 4-29 鄂尔多斯盆地西缘延安组泥页岩厚度等值线图

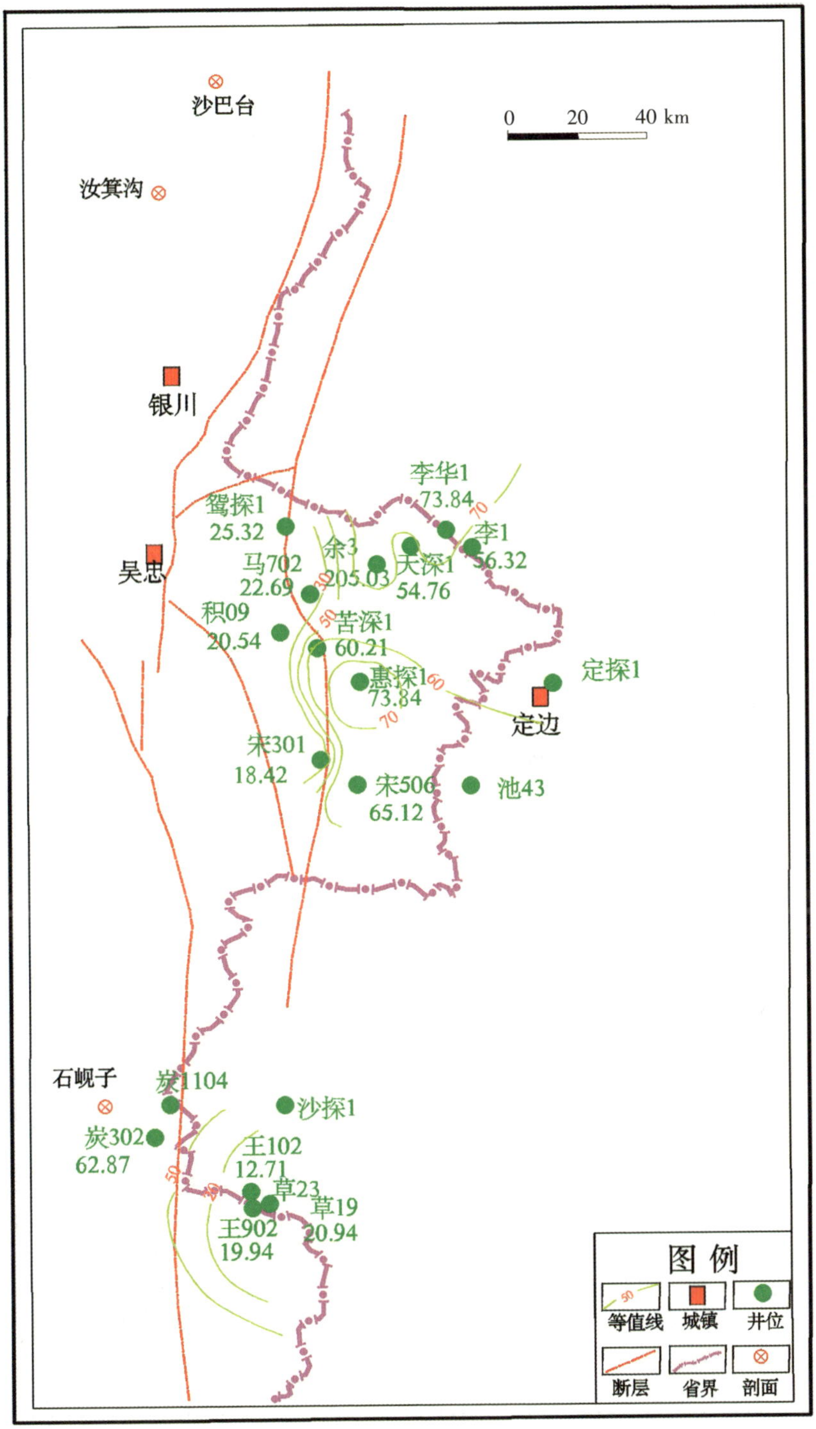

图 4-30　鄂尔多斯盆地西缘延安组泥页岩有效厚度等值线图

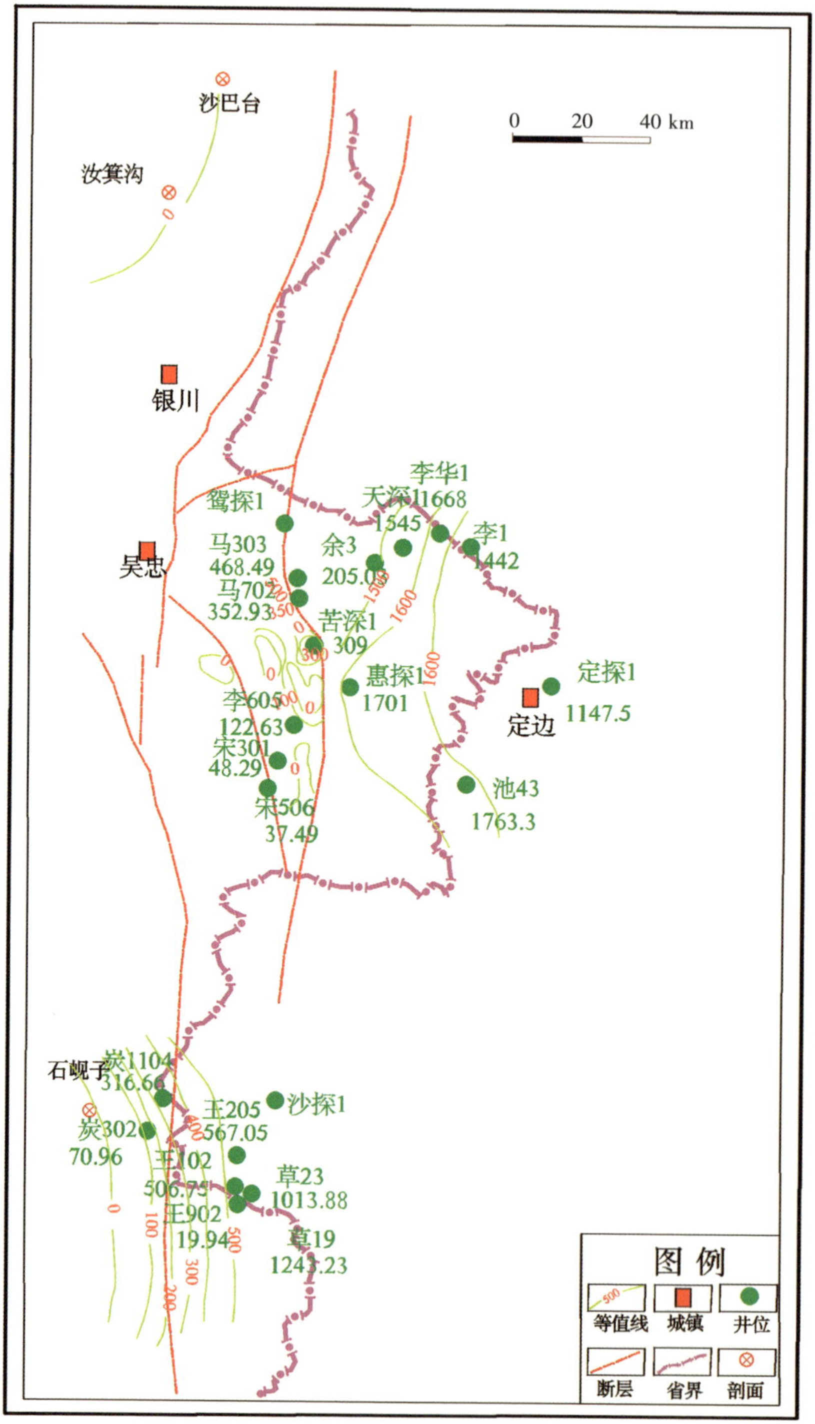

图 4-31 鄂尔多斯盆地西缘延安组泥页岩顶界埋深图

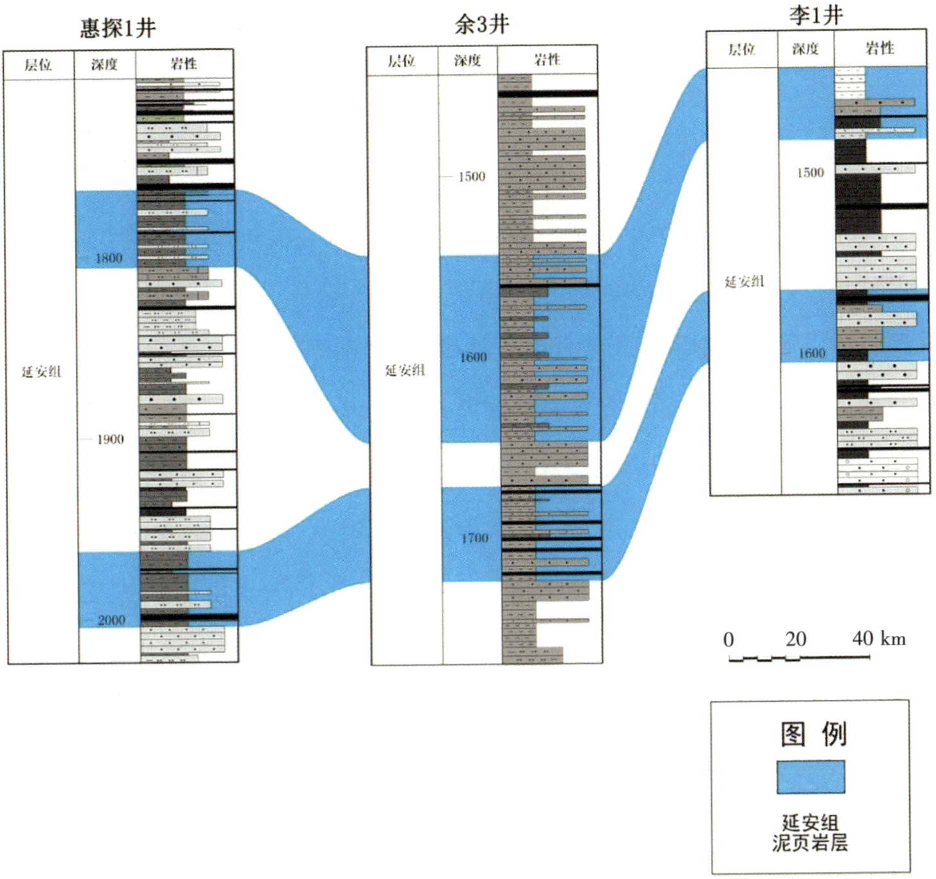

图 4-32　鄂尔多斯盆地西缘延安组连井剖面图

泥页岩顶界埋深变化较大，4.5~1 763.3 m 不等（图 4-31），在 21 口井中，有 9 口井的顶界埋深在 1 000 m 以下，4 口井的埋深在 100 m 以上，平均顶界埋深 778 m。从惠探 1 井、余 3 井和李 1 井 3 口井的连井剖面来看（图4-32），延安组主要发育 2 套泥页岩层，自南向北泥页岩层段有先增厚再减薄的趋势，埋深逐渐变浅。

第二节　六盘山地区泥页岩有机地球化学和分布特征

一、有机质丰度

六盘山盆地马东山组泥页岩 TOC 平均含量为 1.01%，TOC>1.0%的样品约占样品总数的 40%，样品中 TOC 最小值为 0.58%，最大值 1.82%。受沉积环境影响，马东山组泥页岩主要以浅湖-半深湖相为主，在马东山和火石寨剖面、盘参 4 井和盘参 1 井北东方边界断层周缘 3 块区域内泥页岩 TOC 较大（图 4-33）。

乃家河组泥页岩沉积环境仍以湖相为主，10 块泥页岩样品的 TOC 均值 0.81%，如果除去 TOC 较低的 2 个露头样品，则 TOC 均值为 0.99%，TOC 最大值为 1.72%，最小值为 0.47%。以海参 1 井为中心，向四周 TOC 呈减小趋势，TOC>1.0%的区域约占全盆面积的三分之一（图 4-34）。

李洼峡组 5 块泥页岩样品的 TOC 介于 0.83%~3.22%，平均值为1.56%，5 块样品中有 4 块样品的 TOC>1.0%（表 4-7）。

表 4-7　六盘山盆地李洼峡组泥页岩样品 TOC 数据表

样品编号	层位	TOC/%
HSP-9	李洼峡组	0.83
HSP-10	李洼峡组	1.06
HSP-11	李洼峡组	1.09
HSP-12	李洼峡组	1.61
HSP-13	李洼峡组	3.22

二、有机质类型

根据干酪根镜检和类型指数法计算的结果，六盘山地区下白垩统泥页岩有机质类型以Ⅱ1 型和Ⅱ2 型干酪根为主，含极少量Ⅲ型干酪根（图 4-35），

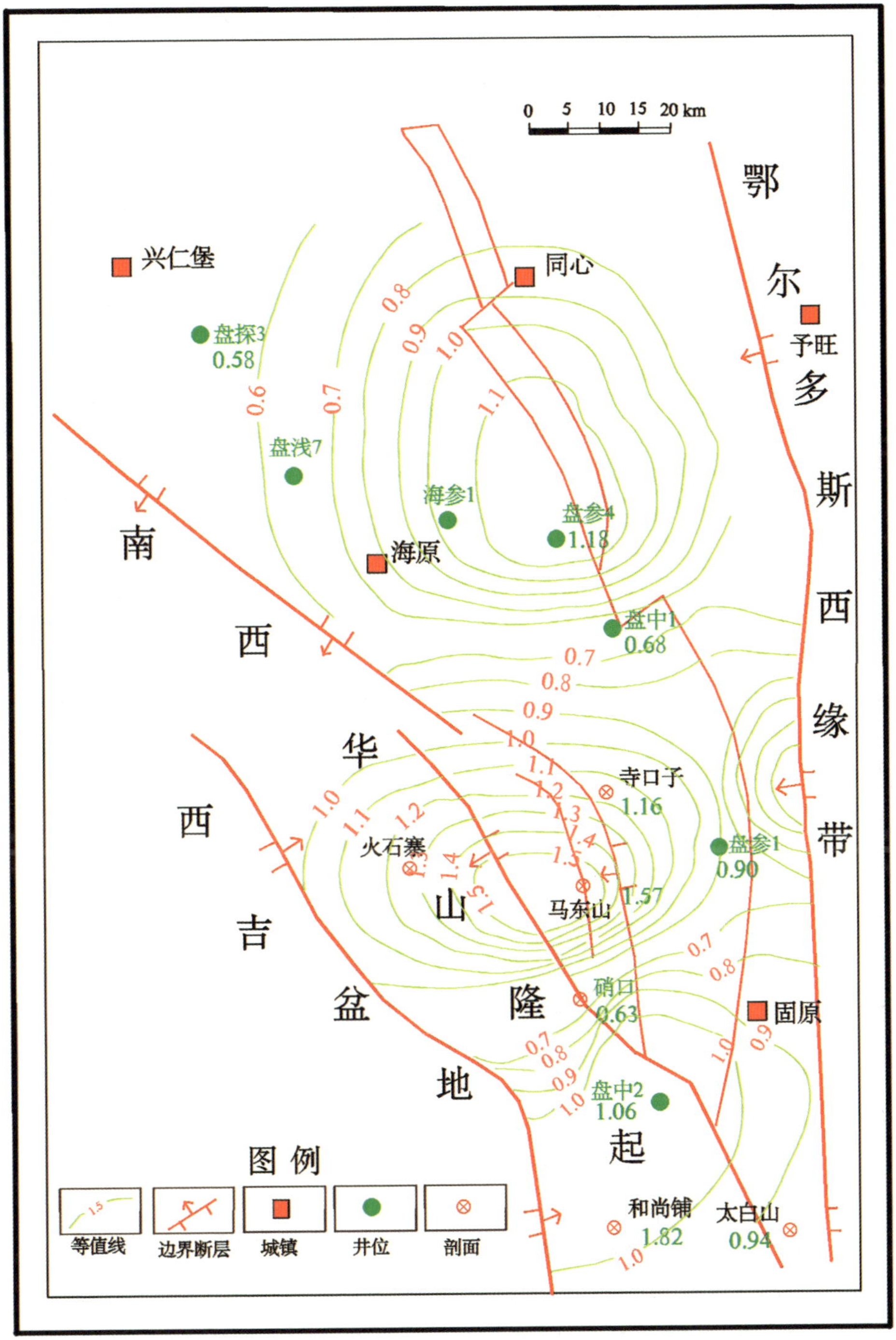

图 4-33　六盘山盆地马东山组泥页岩 TOC 等值线图

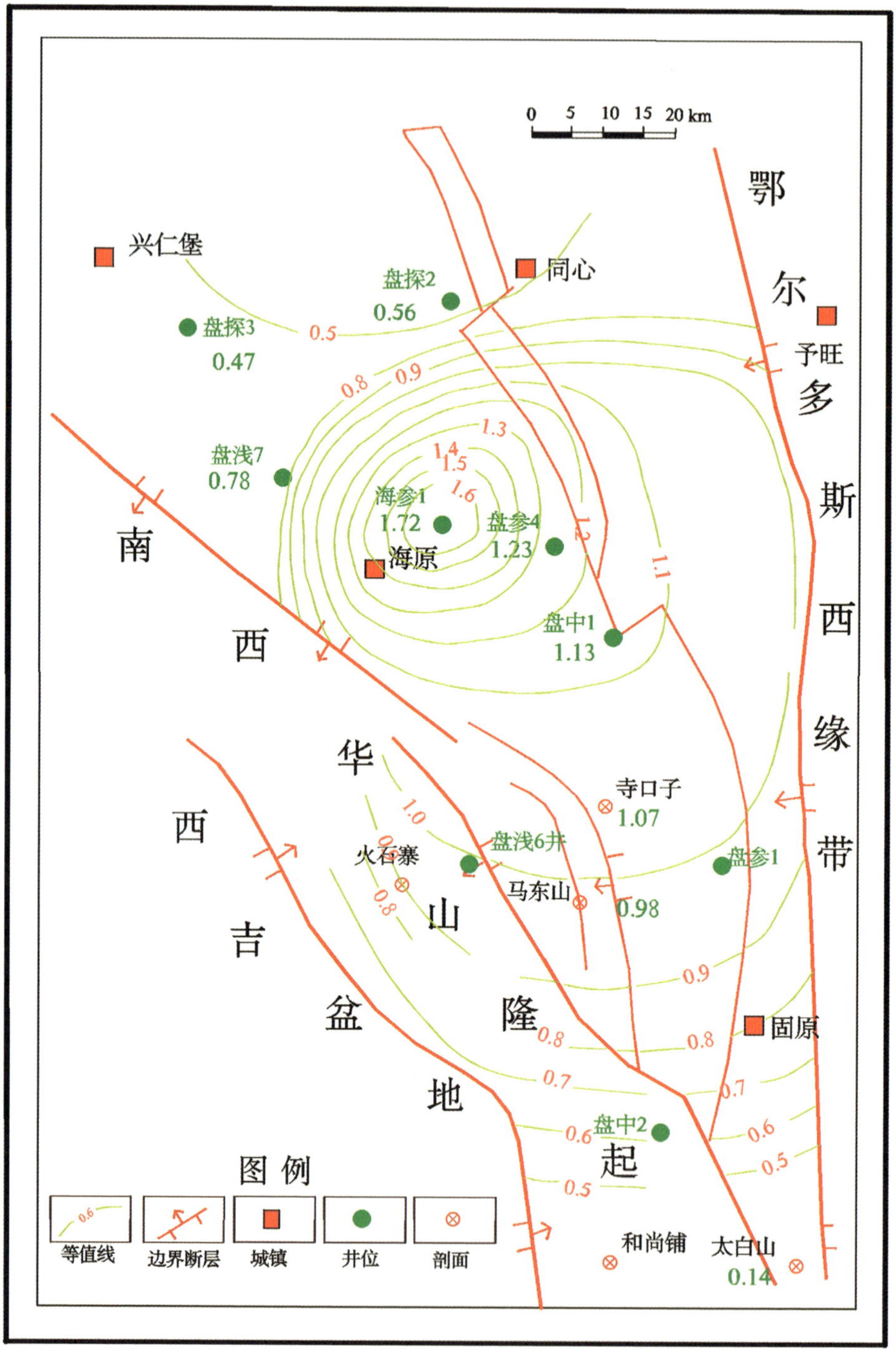

图 4-34 六盘山盆地乃家河组泥页岩 TOC 等值线图

显微组分主要为腐泥组和惰质组，镜质组含量极低，不含壳质组。在干酪根扫描电镜中主要呈粒絮状、粒状、絮状和片状集合体，多为无定形（表4-8）。

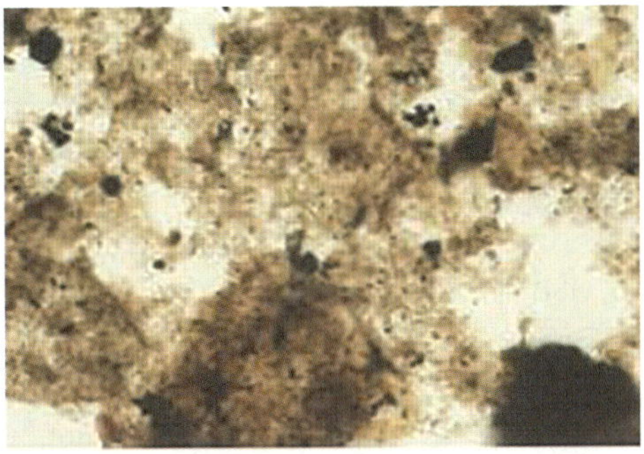

(a) MDS-1号样品（Ⅱ1型）透射光下显微组分　(b) MDS-1号样品（Ⅱ1型）荧光下显微组分

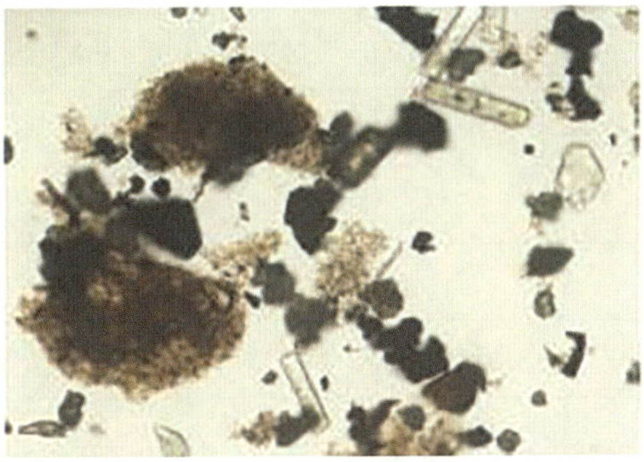

(a) TBS-2号样品（Ⅱ2型）透射光下显微组分　(b) TBS-2号样品（Ⅱ2型）荧光下显微组分

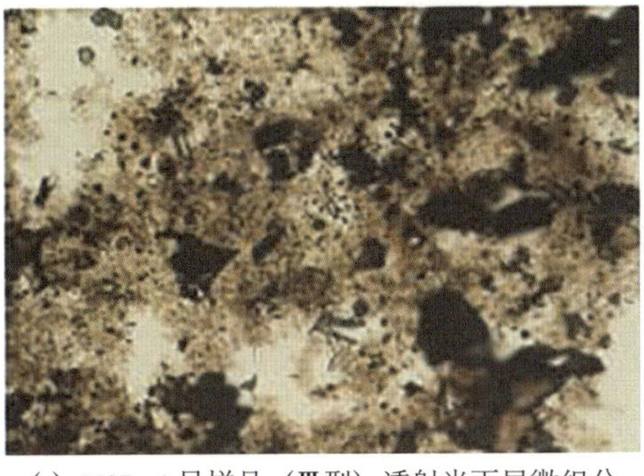

(a) HSP-4号样品（Ⅲ型）透射光下显微组分　(b) HSP-4号样品（Ⅲ型）荧光下显微组分

图4-35　六盘山盆地下白垩统泥页岩干酪根镜检图

表 4-8 六盘山盆地下白垩统泥页岩干酪根组分表

样品编号	显微组分含量				类型指数	类型
	腐泥组/%	壳质组/%	镜质组/%	惰质组/%		
TBS-4	88	—	1	11	76.25	Ⅱ1
TBS-1	65	—	4	31	31.00	Ⅱ2
TBS-2	52	—	12	36	7.00	Ⅱ2
HSP-3	55	—	5	40	11.25	Ⅱ2
HSP-4	47	—	8	45	-4.00	Ⅲ
MDS-1	82	—	3	15	64.75	Ⅱ1
MDS-8	56	—	5	39	13.25	Ⅱ2
HSP-6	72	—	2	26	44.50	Ⅱ1
MDS-6	79	—	3	18	58.75	Ⅱ1
MDS-5	55	—	7	38	11.75	Ⅱ2
MDS-7	64	—	4	32	29.00	Ⅱ2
MDS-9	70	—	3	27	40.75	Ⅱ1
HSP-10	65	—	5	30	31.25	Ⅱ2
HSP-12	63	—	4	33	27.00	Ⅱ2

三、有机质成熟度

六盘山盆地马东山组泥页岩样品 RO 平均为 0.97%，低于泥页岩的生气窗。在海参 1 井和盘参 1 井周缘 RO 较大（图 4-36），可以达到1.0%以上，这 2 块区域分别对应盆地构造单元中的海原凹陷和固原凹陷，在凹陷区域，泥页岩埋深较大，故有机质热演化程度也较高。

乃家河组由于埋深比马东山组浅，所以有机质成熟度相较于马东山组要整体低一些，RO 平均值为 0.74%，RO 较大的区域主要集中在海参 1 井和盘参 1 井周缘（图 4-37），只有在盘参 1 井周缘的小部分区域 RO 能达到 1.0%以上。

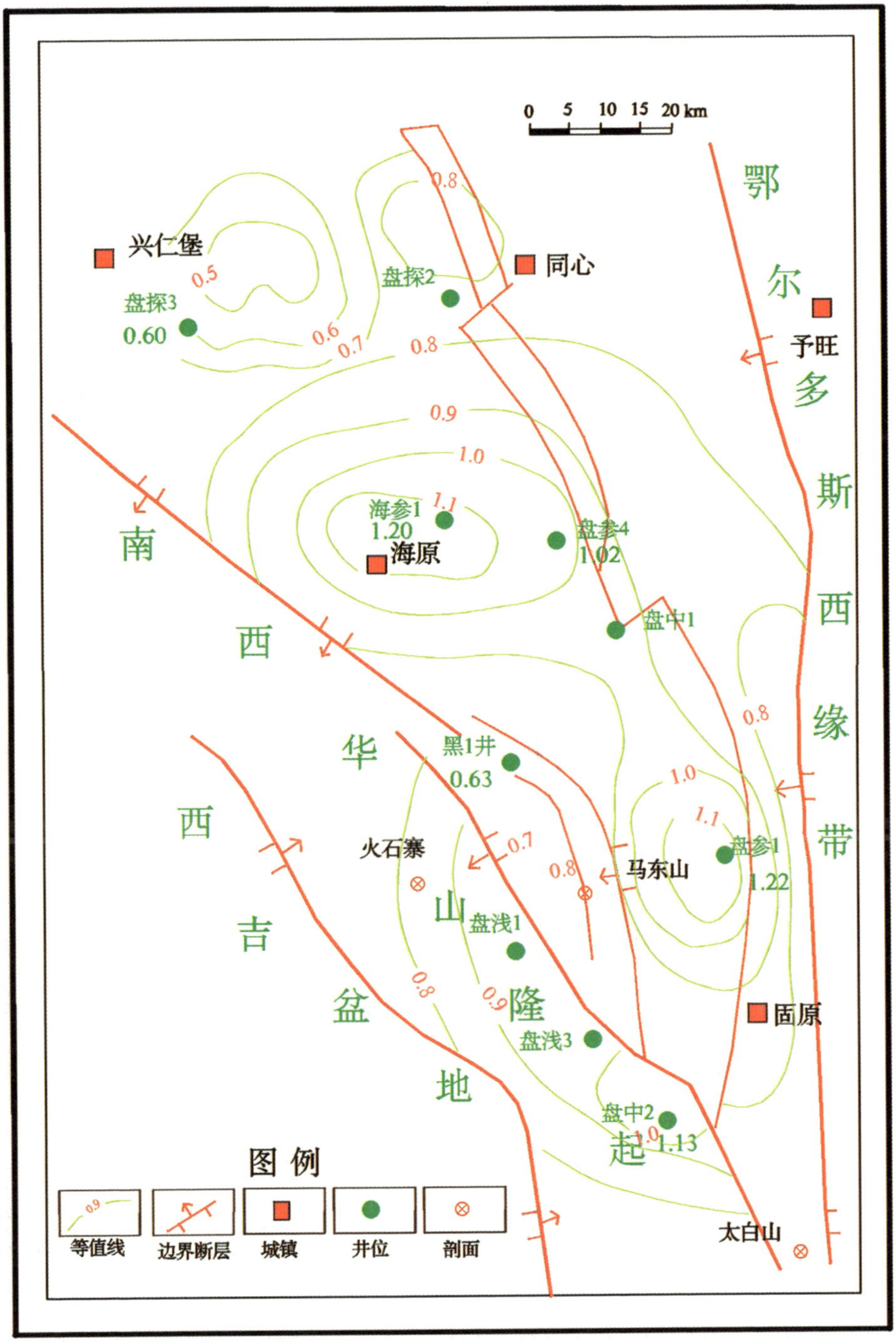

图 4-36　六盘山盆地马东山组泥页岩 RO 等值线图

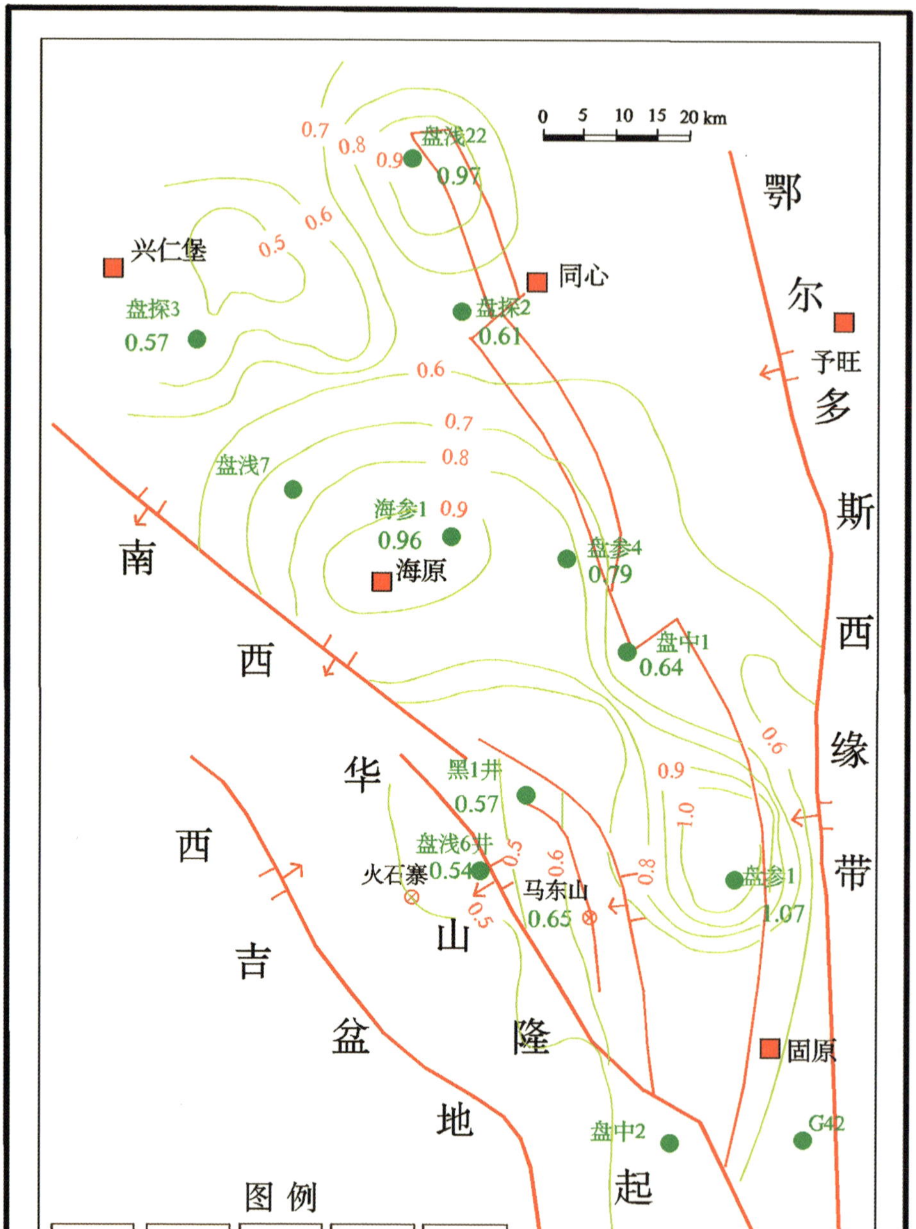

图 4-37　六盘山盆地乃家河组泥页岩 RO 等值线图

李洼峡组 RO 均值 1.03%，岩石热解参数 Tmax 除一块样品异常低外，其余样品 Tmax 处于 430 ℃附近（表 4-9），说明该组泥页岩热成熟度处于生烃门限附近。

表 4-9　六盘山盆地李洼峡组岩石热解 Tmax 数据表

样号	层位	Tmax/℃
HSP-9	李洼峡组	434
HSP-10	李洼峡组	418
HSP-11	李洼峡组	436
HSP-12	李洼峡组	438
HSP-13	李洼峡组	345

四、含油率

对六盘山盆地李洼峡组的泥页岩样品进行了含油率的相关测试，测试结果表明，李洼峡组泥页岩含油率均值 0.69%，生油潜量（S_1+S_2）介于 0.23～1.29 mg/g，远达不到油页岩的标准，因此六盘山盆地李洼峡组不具备油页岩的勘探潜力。

表 4-10　六盘山盆地李洼峡组岩石热解数据表

样号	S_0/(mg·g^{-1})	S_1/(mg·g^{-1})	S_2/(mg·g^{-1})	S_1+S_2/(mg·g^{-1})
HSP-9	0.03	0.12	1.17	1.29
HSP-10	0.02	0.06	0.10	0.16
HSP-11	0.02	0.05	0.11	0.16
HSP-12	0.02	0.10	0.14	0.24
HSP-13	0.03	0.11	0.12	0.23

五、泥页岩分布、厚度和埋深

六盘山盆地下白垩统地层属于陆相沉积，沉积有巨厚泥页岩层，马东山组和乃家河组的泥页岩总厚度较大。马东山组泥页岩总厚均值为 293.3 m，富有机质泥页岩，即有效泥页岩，在全盆内广泛分布且累计厚度总体较大，最大可达 200 m 以上，平均厚度 84.5 m（图 4−38），有效泥页岩较厚的区域主要分布在盘参 4 井与海参 1 井周缘及马东山剖面周缘，这 2 块区域内的泥页岩有效厚度可达 170 m 以上（图 4−39）。乃家河组泥页岩总厚均值为 294.1 m（图 4−40），富有机质有效泥页岩厚度平均 84.7 m，有效厚度较厚的区域集中在海原凹陷东南部和固原凹陷西南部（图 4−41）。

马东山组泥页岩埋深总体变化较大，为 39.5～2 010 m，在海参 1 井和盘参 1 井周缘最深，分别对应构造单元的海原凹陷和固原凹陷（图 4−42）。乃家河组泥页岩埋深为 201～1 674 m，分布特征与马东山组相似，也是在海原凹陷和固原凹陷内埋深较深（图 4−43）。

从盘探 3 井、海参 1 井、盘参 4 井、盘参 1 井和盘中 2 井五口井的连井剖面图（图 4−44）上可以看出，在六盘山盆地的西北缘，马东山组只发育 1 套薄层泥岩，向东到海参 1 井，发展为多套泥岩，每套厚度在 40 m 左右，中间夹层主要为砂岩，继续向东到盘参 4 井，多套泥岩合并为 1 套由泥岩和泥灰岩组成的巨厚泥岩层，向东南到盘参 1 井，此套泥岩层厚度大幅减小，向西南方到盘参 2 井，此套泥页岩厚度又大幅增加。在盆地的北部，乃家河组主要发育一套泥岩，并且由西向东从盘探 3 井到海参 1 井，此套泥岩厚度呈加大趋势，向东到盘参 4 井，此套泥页岩厚度略有减小，继续向东南方到盘参 1 井，此套泥页岩厚度相比于盘参 4 井几乎没有变化。

李洼峡组泥页岩有效厚度相对较薄，收集到的钻孔的有效厚度数据大部分都<30 m（图 4−45），并且泥页岩单层厚度小，对于陆相泥页岩来说，达不到页岩气成藏的标准。

综上所述，通过对鄂尔多斯盆地西缘和六盘山盆地的泥页岩有机地球化学和分布特征进行研究，取得了以下一些认识：

① 鄂尔多斯盆地西缘上古生界、延长群和延安组泥页岩 TOC 整体较大，山西组泥页岩 TOC 为 0.17%～2.27%，平均 1.16%，太原组为 0.65%～2.65%，

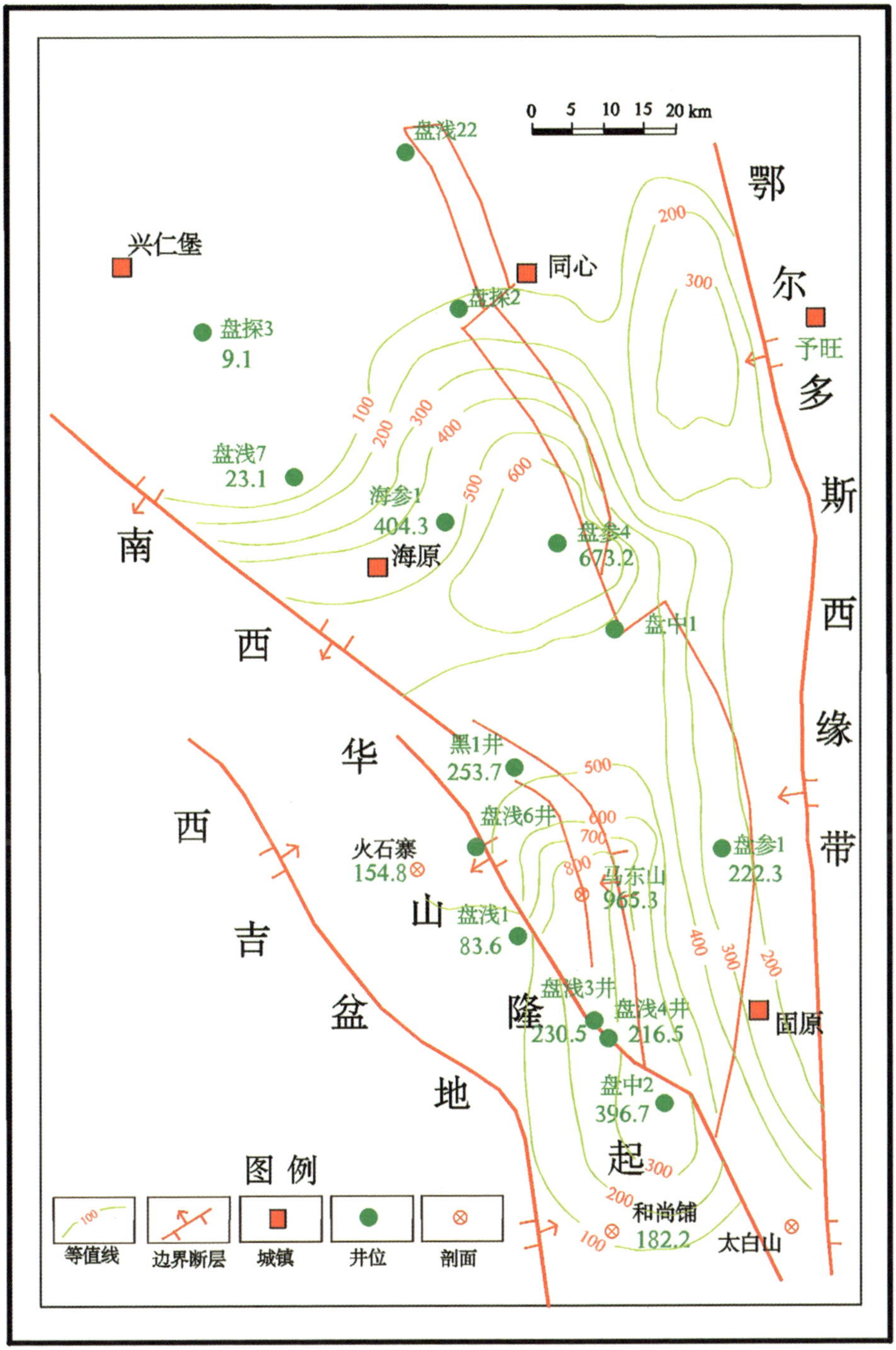

图 4-38　六盘山盆地马东山组泥页岩厚度等值线图

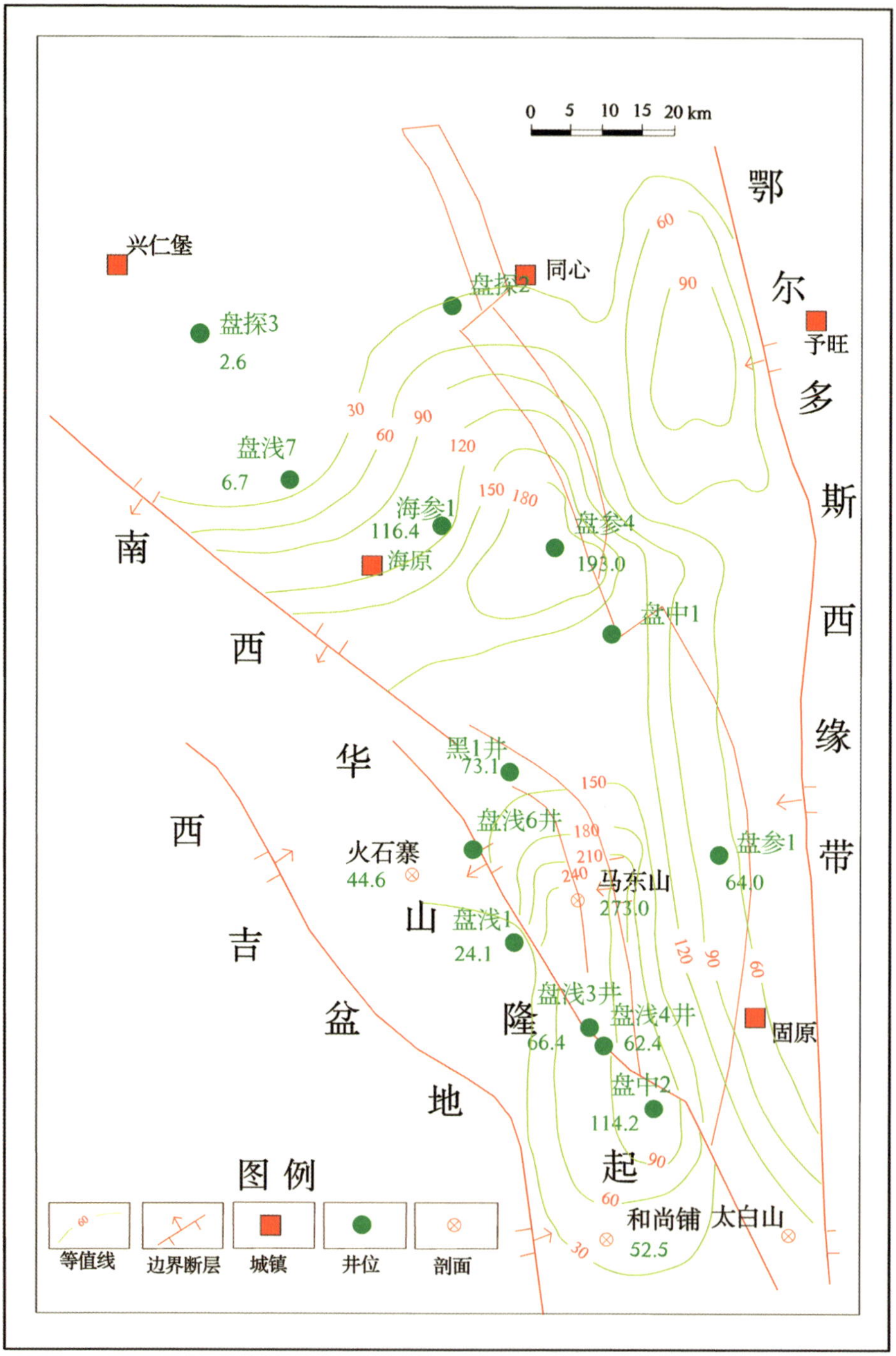

图 4-39 六盘山盆地马东山组泥页岩有效厚度等值线图

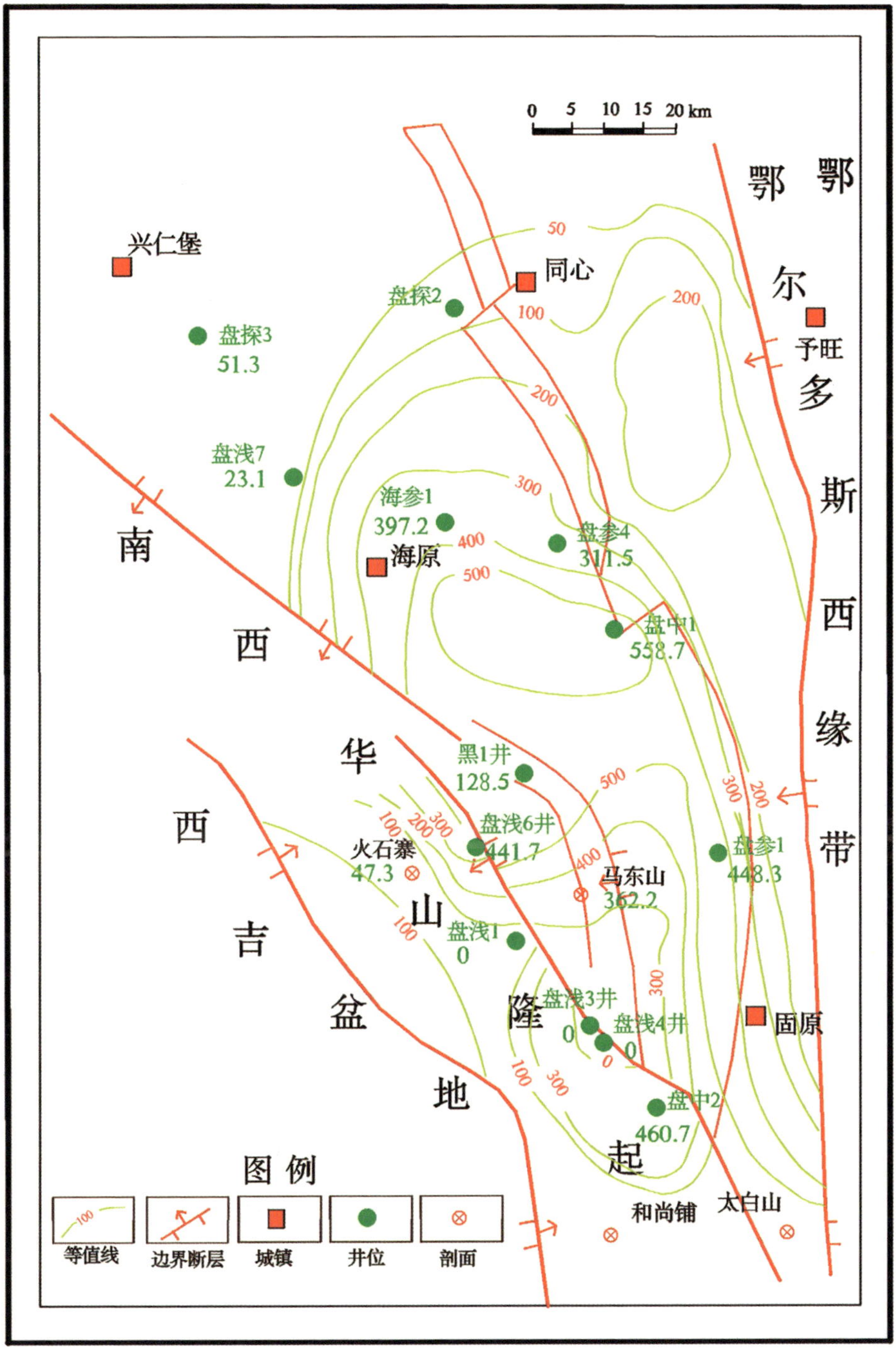

图 4-40　六盘山盆地乃家河组泥页岩厚度等值线图

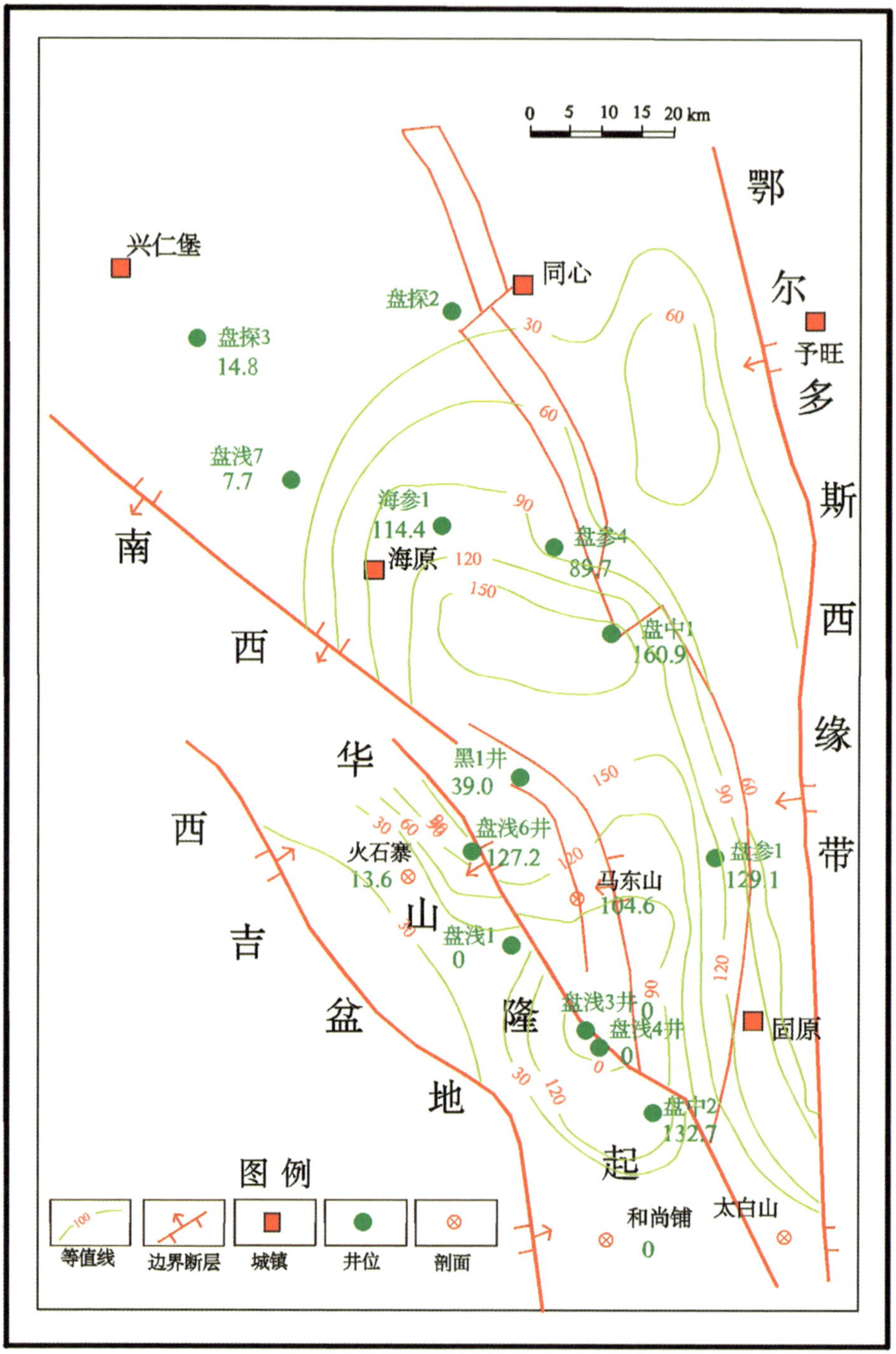

图 4-41　六盘山盆地乃家河组泥页岩有效厚度等值线图

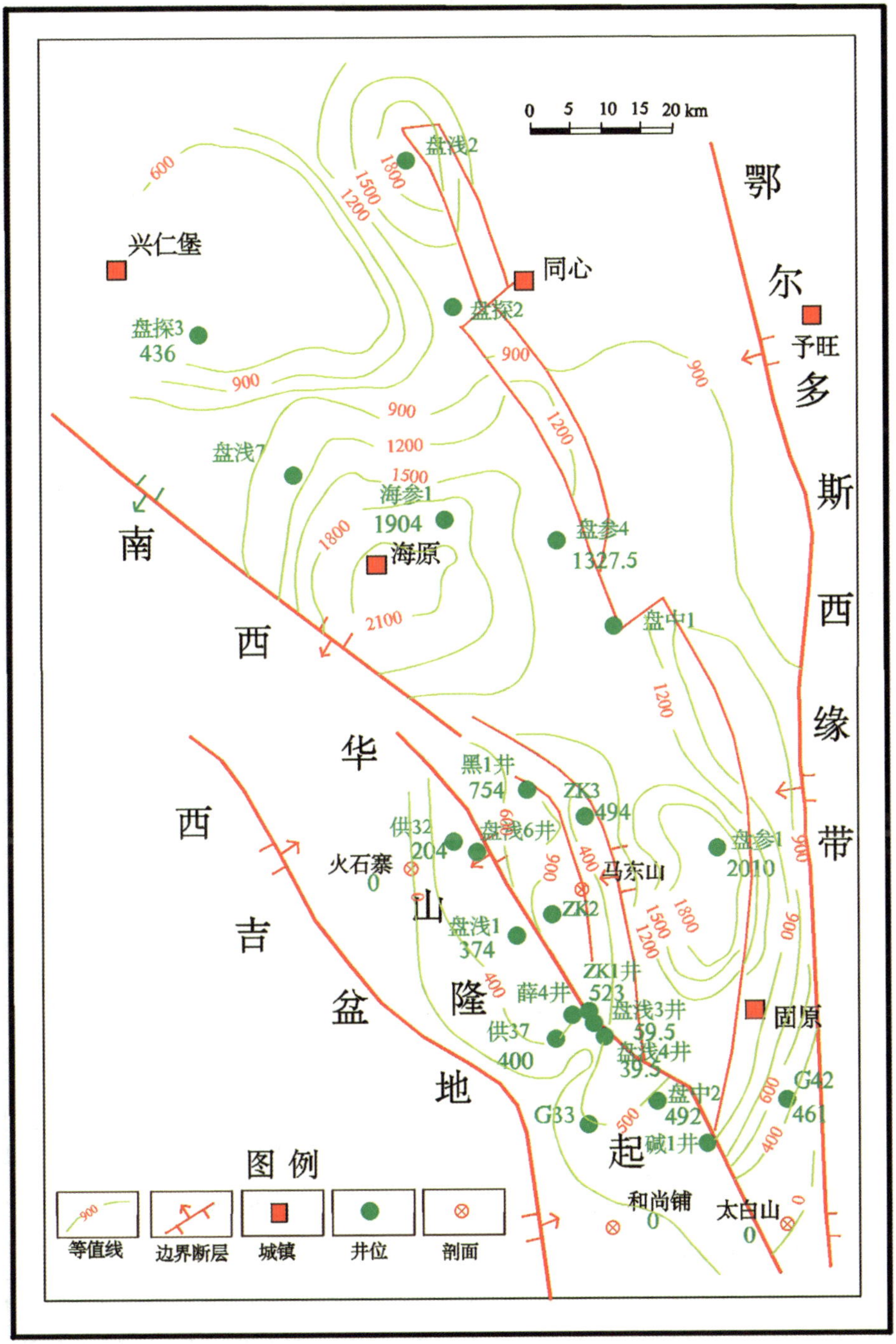

图 4-42 六盘山盆地马东山组泥页岩埋深等值线图

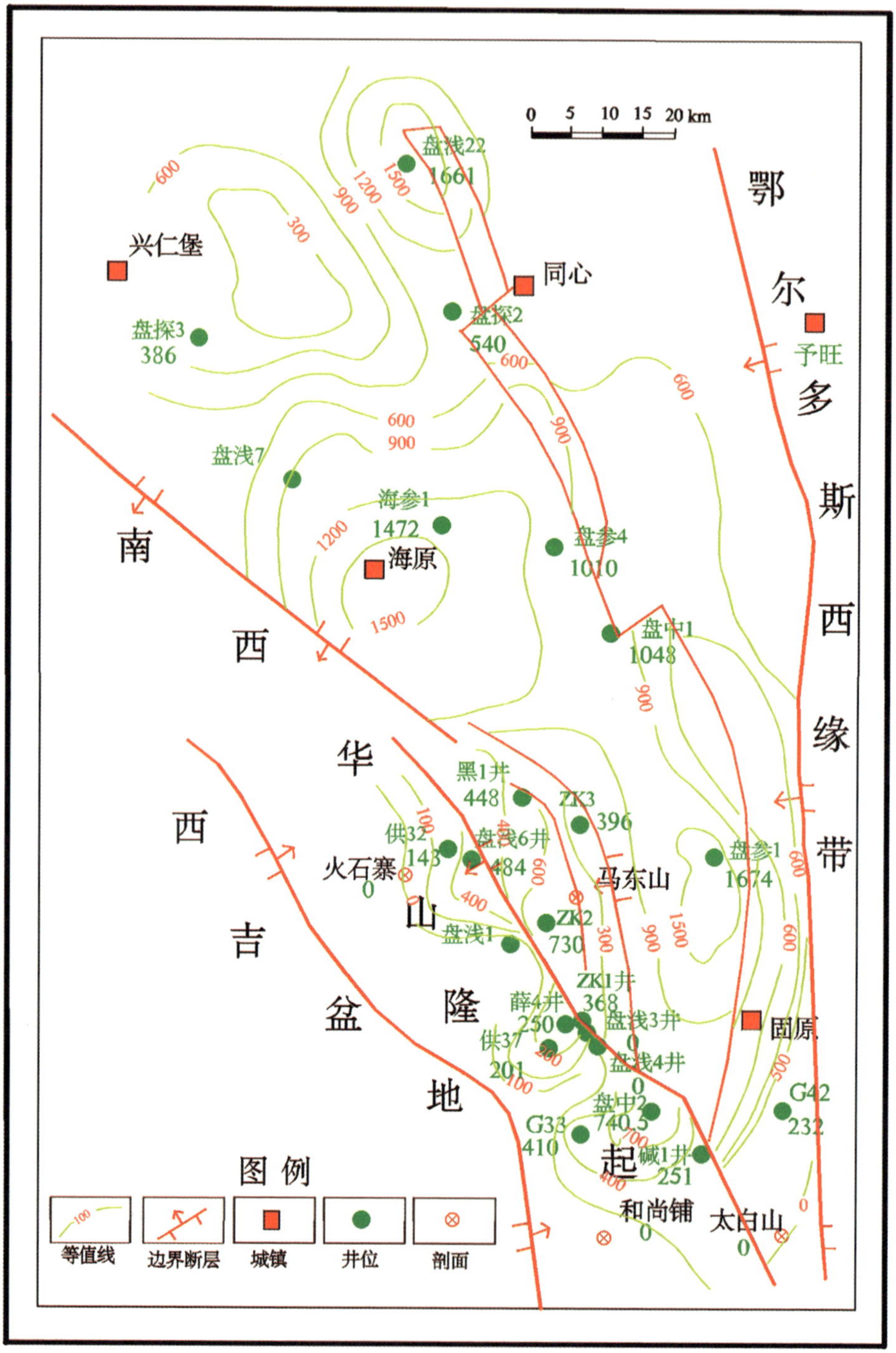

图 4-43 六盘山盆地乃家河组泥页岩埋深等值线图

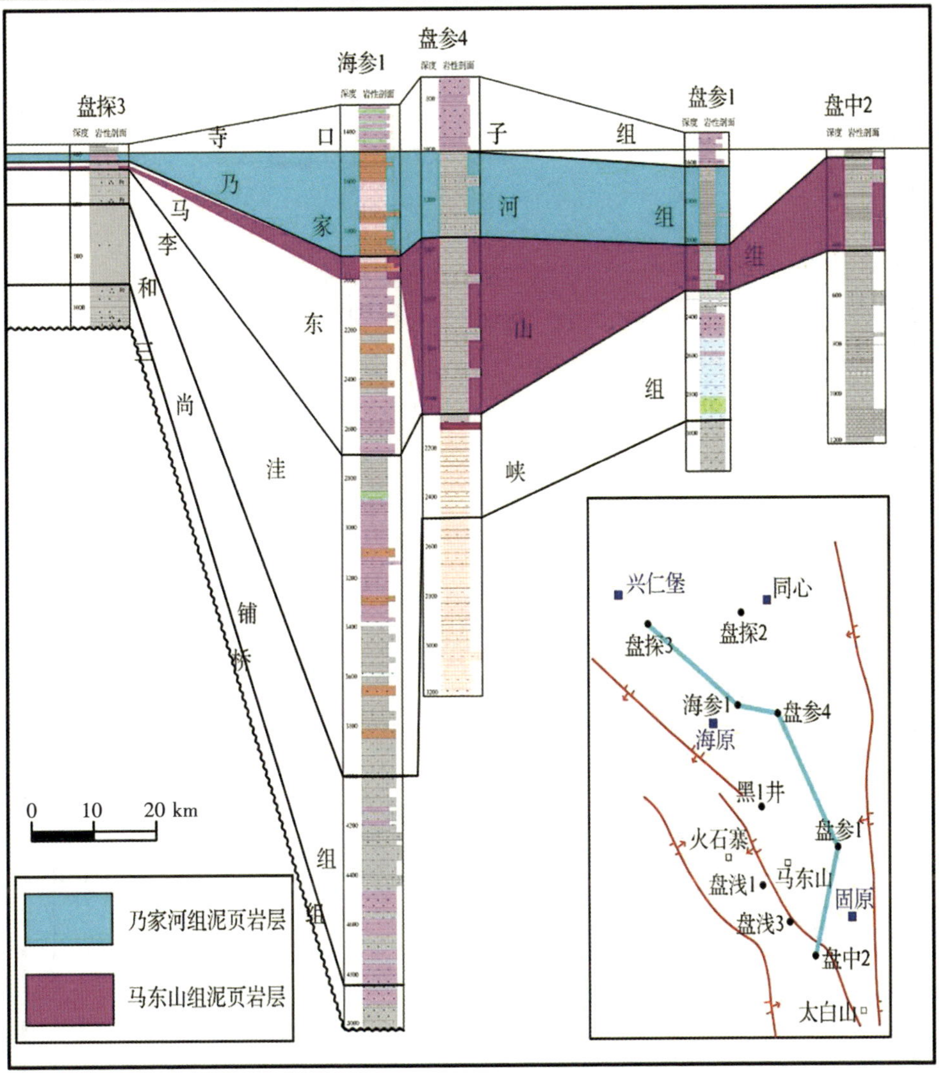

图 4-44　六盘山盆地下白垩统连井剖面图

平均 1.45%，羊虎沟组为 0.70%～8.68%，平均 2.86%，延长群为 0.36%～3.13%，平均 2.06%，延安组为 1.89%～5.91%，平均 4.32%；六盘山盆地下白垩统泥页岩相对于鄂尔多斯盆地西缘，TOC 含量稍低，马东山组为 0.58%～1.82%，平均 1.01%，乃家河组为 0.47%～1.72%，平均 0.81%，李洼峡组为0.83%～3.22%，平均 1.56%。较高的 TOC 是页岩气成藏和富集的物质基础。

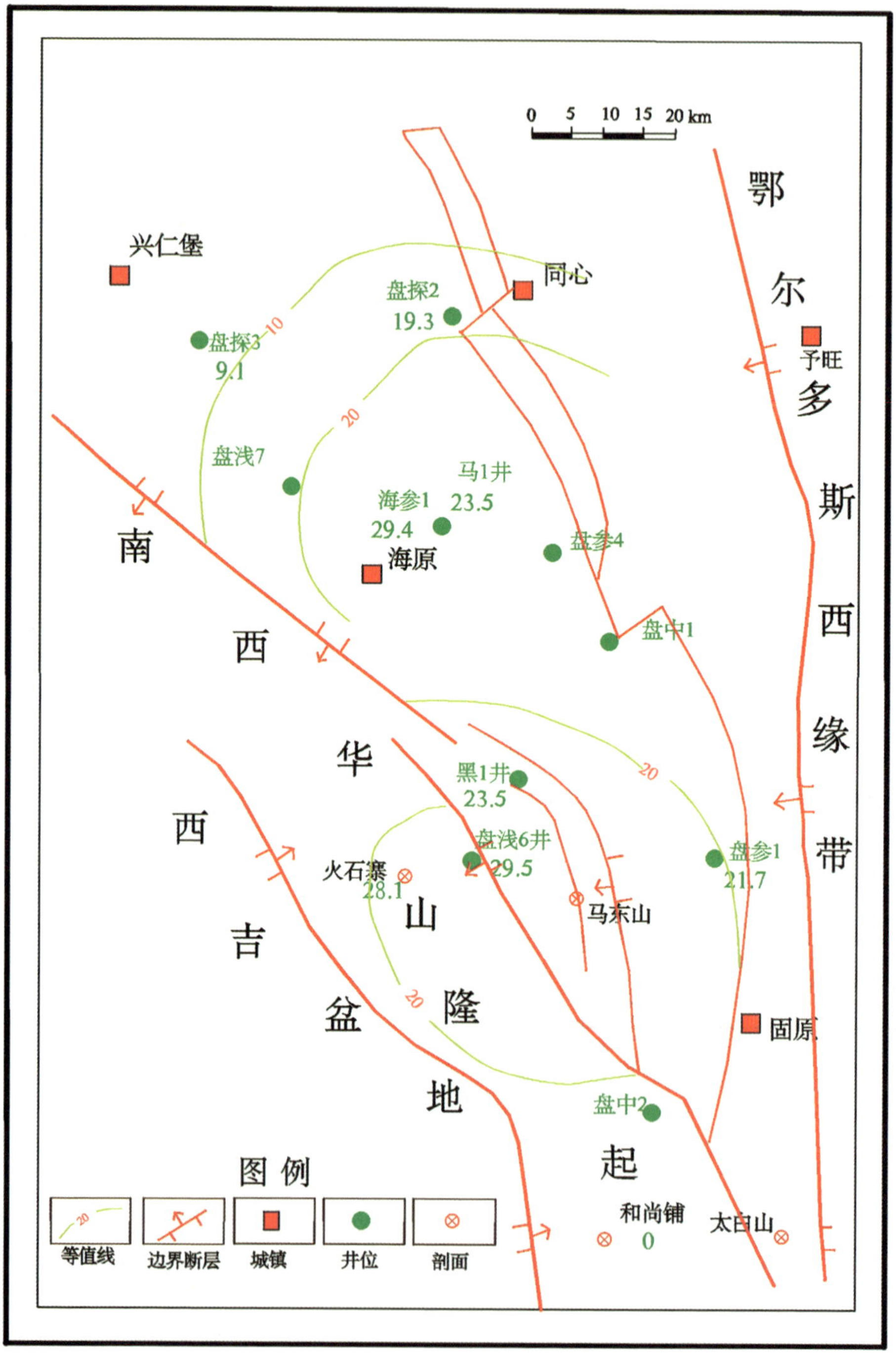

图 4-45　六盘山盆地李洼峡组泥页岩有效厚度等值线图

② 鄂尔多斯盆地西缘上古生界、延长群和延安组泥页岩有机质类型均以Ⅱ2型为主，六盘山盆地下白垩统泥页岩有机质类型以Ⅱ1型和Ⅱ2型为主，含极少量Ⅲ型。鄂尔多斯盆地西缘上古生界山西组RO平均值1.49%，太原组平均值1.49%，羊虎沟组RO平均值1.52%，延长群均值为0.86%，延安组有机质成熟度较低，所取样品的均值只有0.71%，最高的一块也只有0.80%；六盘山盆地马东山组和乃家河组泥页岩RO平均值分别为0.97%和0.74%，略低于生烃门限，但是在局部地区RO可以达到1.0%以上。一般来讲，RO>1.0%的区域的泥页岩具备了产烃有效性。

③ 鄂尔多斯盆地西缘上古生界太原组和羊虎沟组泥页岩属于海陆过渡相沉积，泥页岩层厚较薄，太原组和羊虎沟组3个组的泥页岩有效厚度分别只有16.45 m和21.87 m，而鄂尔多斯盆地西缘山西组、延长群、延安组和六盘山盆地马东山组、乃家河组泥页岩属于陆相沉积，4个组的有效泥页岩厚度分别为26.82 m、88.77 m、46.28 m、84.46 m和84.70 m。在埋深方面，鄂尔多斯盆地西缘和六盘山盆地泥页岩层埋深在大部分区域都介于500～4 000 m，较为适中。

④ 鄂尔多斯盆地西缘延安组和六盘山盆地李洼峡组泥页岩含油率和生油潜量等参数均达不到油页岩的标准，因此该2组不具备油页岩的勘探潜力。

第五章　泥页岩储层和含气性特征

第一节　鄂尔多斯盆地西缘泥页岩储层和含气性特征

一、矿物组分

泥页岩的矿物组分比较复杂，除伊利石、高岭石和蒙脱石等黏土矿物以外，常含有石英、长石、方解石和云母等碎屑矿物和自生矿物，其成分变化对泥页岩吸附甲烷的能力有很大影响。黏土矿物具有较大的比表面积和较高的微孔隙体积，对气体吸附能力较强。此外，岩石矿物含量还控制裂缝的发育。裂缝发育受内因和外因双方面控制。外因主要与生烃过程、地层孔隙压力、各向异性的水平压力、断层与褶皱等构造作用有关，而内因主要决定于页岩矿物学特征。当泥页岩膨胀性黏土矿物含量较少，硅质、碳酸盐岩等矿物较多时，岩石脆性与造缝能力强，裂缝网络容易产生。

X-衍射全岩矿物分析表明，宁东上古生界泥页岩以黏土矿物为主，平均含量为66.0%，石英、长石次之，平均含量为31.3%，其他矿物主要为黄铁矿，含量较少（图5-1），其中山西组黏土矿物含量高，为63%～89%，平均76%；石英、长石含量低，为11%～37%，平均24.0%。太原组黏土矿物含量较高，为58%～65%，平均61.5%；石英、长石含量在3个组中最高，为35%～42%，平均38.5%。羊虎沟组黏土矿物含量为52%～69%，平均60.5%；石英、长石含量为31%～32%，平均值31.5%，此外，还存在一定量的黄铁矿。

由此可见，山西组泥页岩黏土矿物含量最高，太原组次之，羊虎沟组最低，而太原组泥页岩中石英和长石等脆性矿物含量最高，羊虎沟组次之。泥页岩较高的石英长石含量说明其具有较强的脆性，有利于岩层压裂产生裂缝；而黏土矿物含量高，则表明泥页岩的微孔隙较为发育。如图 5-2 及所示，山西组的黏土矿物主要为高岭石（54.5%）、伊/蒙混层（17%）、伊利石（15.5%）。此外可见一

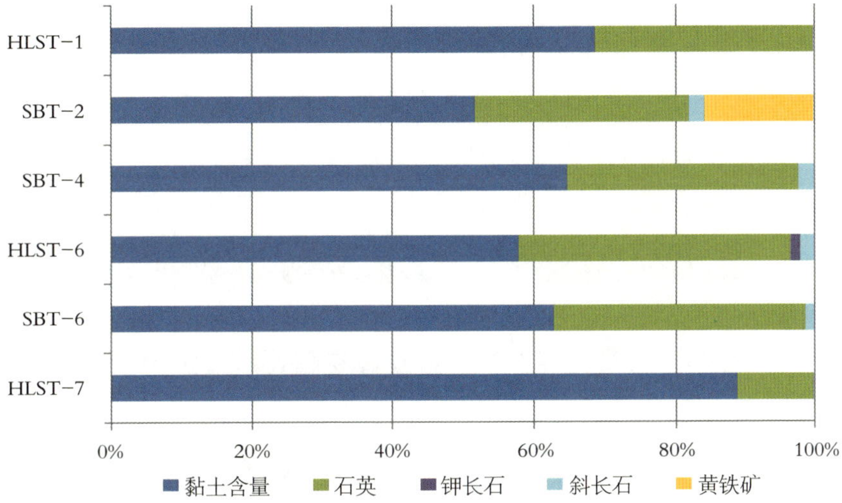

图 5-1 鄂尔多斯盆地西缘上古生界泥页岩矿物组分图

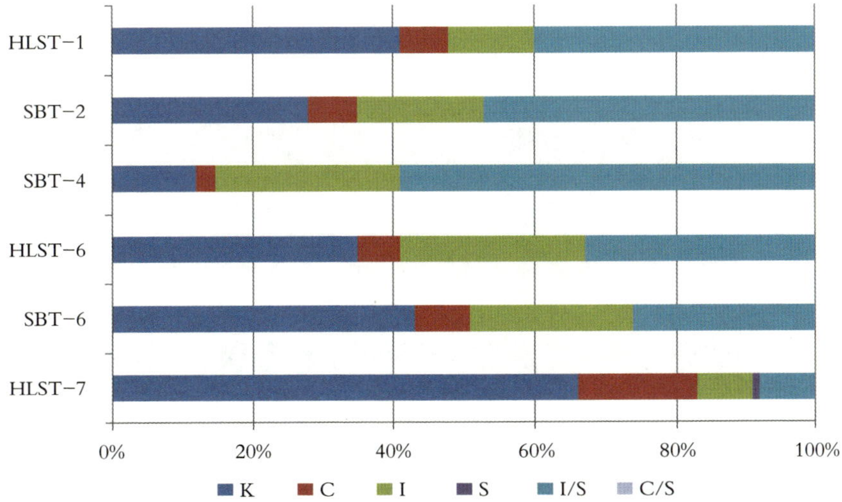

图 5-2 鄂尔多斯盆地西缘上古生界泥页岩黏土矿物组分图

定含量的绿泥石（12.5%）。太原组泥页岩的黏土矿物主要为高岭石（23.5%）、伊/蒙混层（46%）、伊利石（26%），高岭石含量相对山西组减少，伊/蒙混层和伊利石含量相对增加，此外存在少量的绿泥石。羊虎沟组的黏土矿物为高岭石（34.5%）、伊/蒙混层（43.5%）、伊利石（15%）及少量的绿泥石（7%）。

延长群泥页岩矿物组分中石英含量较高，为 40%～50%，长石含量一般<15%，黏土矿物含量为 35%～45%，脆性矿物含量高于黏土矿物（图 5-3）。黏土矿物以伊利石和伊/蒙间层为主，伊利石含量为 15%～40%，伊/蒙间层含量为 35%～45%，间层比为 10%，绿泥石含量次之，含量约为 17%，含一定量的高岭石和蒙皂石，平均含量均约为 8%（图 5-4）。

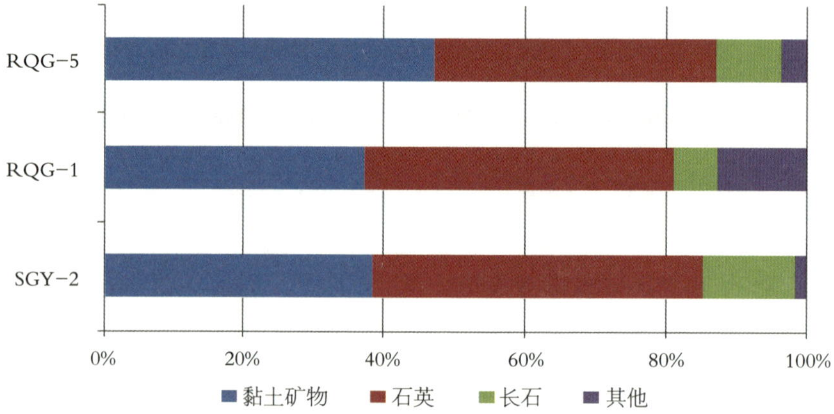

图 5-3　鄂尔多斯盆地西缘延长群泥页岩矿物组分图

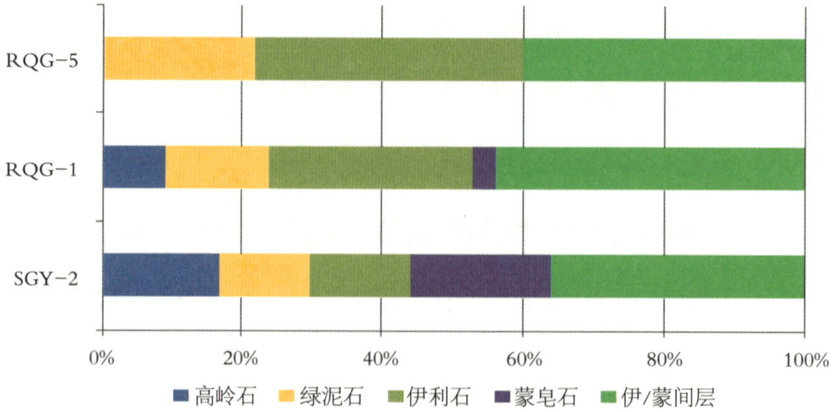

图 5-4　鄂尔多斯盆地西缘延长群泥页岩黏土矿物组分图

鄂尔多斯盆地西缘延安组泥页岩中黏土矿物含量较高，为 40%～65%，石英、长石含量为 40%～55%，其中长石含量一般<15%，脆性矿物平均含量为 45.8%，略低于黏土矿物（图 5-5）。黏土矿物以高岭石和伊/蒙间层为主，高岭石含量为 30%～40%，伊/蒙间层含量为 20%～40%，绿泥石含量次之，含量约为 20%，含一定量的伊利石，含量约为 10%（图 5-6）。

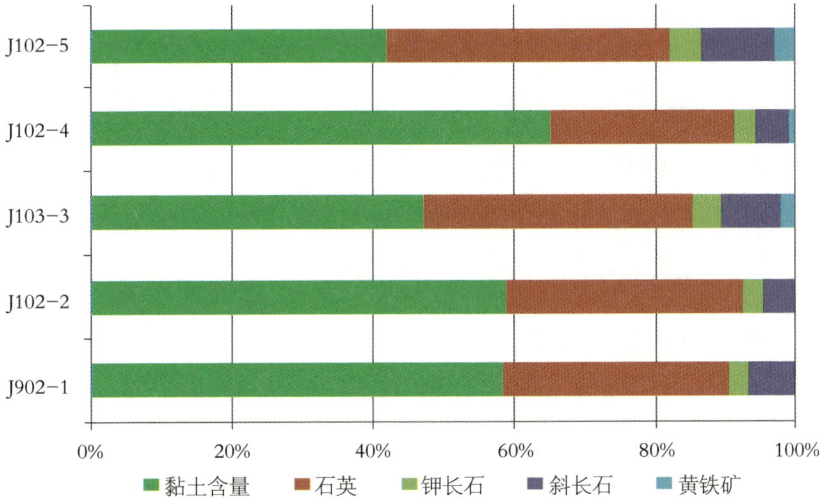

图 5-5 鄂尔多斯盆地西缘延安组泥页岩矿物组分图

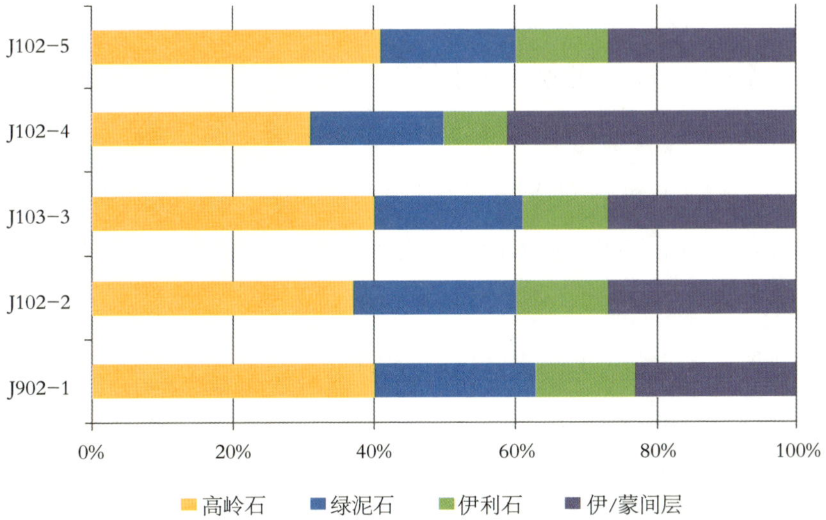

图 5-6 鄂尔多斯盆地西缘延安组泥页岩黏土矿物组分图

二、孔隙特征

为了对鄂尔多斯盆地西缘泥页岩孔隙结构进行更为详细的综合性研究，共开展以下 3 个系列的研究。

系列Ⅰ为扫描电镜分析，分为普通样品扫描电镜观测和经氩离子抛光后的样品扫描电镜观测 2 部分，前者主要用来观察样品的微米级孔隙的大小与分布情况，而后者则可以观察到样品纳米级有机质孔隙的相关信息。普通扫描电镜样品制备方法简单，只需将页岩切割成大小合适的尺寸，将其黏接在高分辨率电镜的样品座上即可直接进行观察。氩离子抛光-扫描电镜需要对预磨好的样品表面进行处理，使用氩离子抛光法除去样品表面凹凸不平的部分及附着物，得到一个非常平的平面，然后利用高分辨率扫描电镜观察其孔隙结构。本系列实验中所用仪器为日产 JE°L IB-09010 氩离子抛光仪和 Quanta200F 型扫描电子显微镜。

系列Ⅱ为核磁共振横向弛豫时间（T_2）谱分析测试。实验前将样品放在 70℃的干燥箱内干燥 24 h，然后抽真空 8 h，最后放入蒸馏水中饱和 8 h，完成样品预处理。使用仪器为 RecC°re-04 型低磁场核磁共振岩样分析仪。核磁共振实验中设置等待时间 TW 为 5 000 ms，回波间隔时间 TE 为 0.6 ms，回波个数 NE 为 1 024，扫描次数 SCAN 为 128。整个测试过程需要对样品进行 2 次核磁共振实验，第一次为 100%水饱和的低磁场核磁共振实验；第二次为将样品进行离心后，在残余水状态下的低磁场核磁共振实验，在离心过程中，离心压力使用 400 psi，对应的喉道半径为 50 nm。每个页岩样品可获得在 100%饱和水状态下和在残余水状态下的 2 个 T_2 谱，以用于页岩的孔隙结构的相关研究。

系列Ⅲ为 X 射线 CT 扫描分析。所用扫描仪为美国 BIR 公司生产的 AC-TIS-225FFiCT/DR/RTR 微焦点 X 射线 CT 扫描仪。在实验过程中，使用工业管产生 X 射线作为锥形光束，整个扫描过程样品共旋转 360°，每旋转一定角度完成一次成像，每块泥页岩样品总共拍下 512 张透视图。

1. 扫描电镜

泥页岩作为非常规储集层，具有多种孔隙空间类型，形态多样。从扫描电镜(图 5-7）及氩离子抛光-扫描电镜的结果（图 5-8）来看，鄂尔多斯盆地西缘上古生界泥页岩的储集空间分为不同形态的矿物微孔隙微裂缝及有机质孔隙。

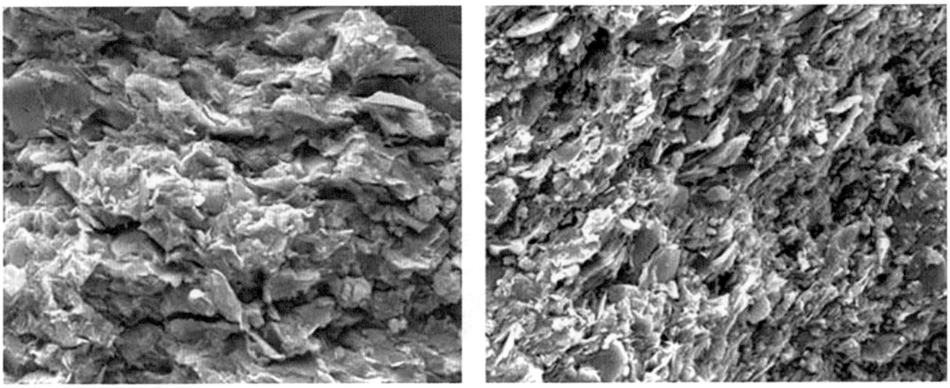

(a) 微裂缝（HLST-1，×2 000）　　(b) 晶间孔（HLST-6，×1 500）

图 5-7　鄂尔多斯盆地西缘上古生界泥页岩扫描电镜分析图

鄂尔多斯盆地西缘延长群泥页岩结构较为致密，发育不同程度的微米-纳米级微孔隙、微裂缝（图 5-9)，微孔缝宽多<1 μm，少量在 1~2 μm，长多为几至几十微米，微孔隙多为石膏泥晶间微孔，呈圆形、椭圆形及不规则形状等。有机质微孔隙不发育，偶见有机质微裂缝，有机质边缘裂缝发育，宽度为纳米级，偶见黄铁矿，常见黏土矿物晶间微孔（图 5-10)。

使用 ImageJ 软件对扫描电镜的图像进行孔隙的识别和二值化处理（图 5-12)，可以自动统计出样品的面孔率，从而探讨储层含气性。根据纳米级孔隙面孔率及孔径处理结果（表 5-1)，对于鄂尔多斯盆地西缘上古生界储层，太原组纳米级孔隙发育最好，其次为山西组、羊虎沟组。

同时也对延长群的 3 块泥页岩样品进行了面孔率统计（图 5-13)，3 块样品微米级孔隙面孔率分别为 15.3%、19.7%和 14.3%，均值为 14.8%（表 5-2)。

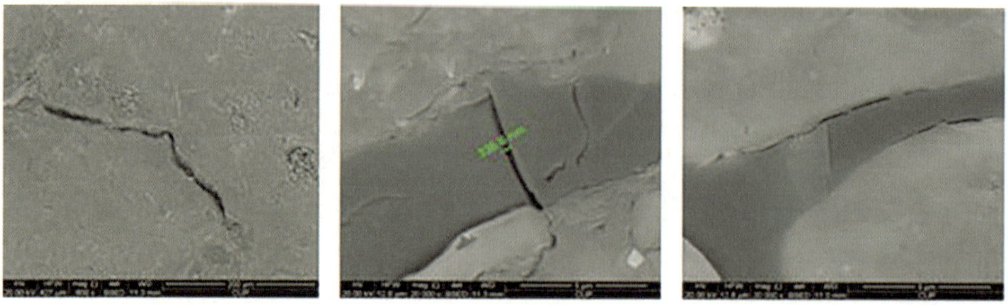

(a) 矿物微裂缝
(HLST-1，×600)

(b) 有机质内微裂缝
(HLST-1，×20 000)

(c) 有机质与无机矿物间微裂缝
(SBT-2，×20 000)

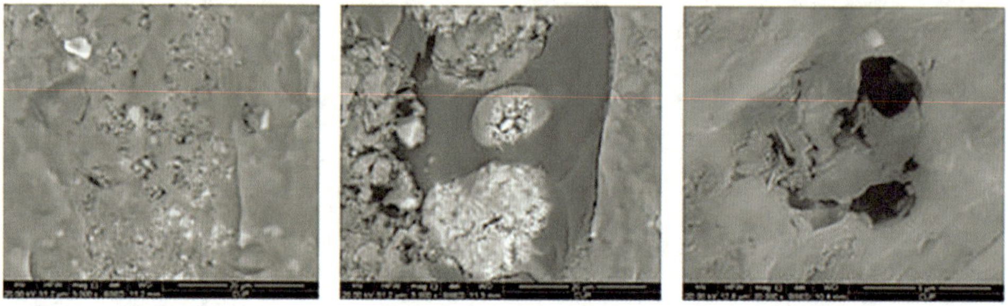

(d) 粒间孔
(HLST-6，×5 000)

(e) 晶间孔
(HLST-1，×5 000)

(f) 溶孔
(SBT-4，×20 000)

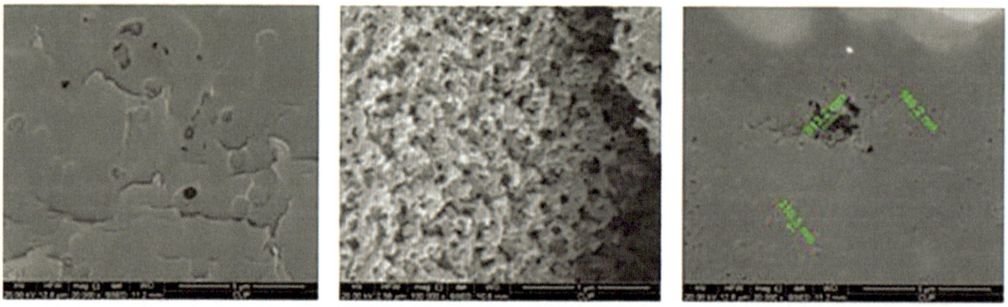

(g) 圆形及椭圆形有机质孔
(HLST-6，×20 000)

(h) 蜂窝状有机质孔
(SBT-2，×5 000)

(i) 不规则多边形有机质孔
(HLST-6，×20 000)

图 5-8 鄂尔多斯盆地西缘上古生界泥页岩氩离子抛光-扫描电镜分析图

由于 2 块样品的纳米级有机质微孔隙发育程度不高，故未对纳米级孔隙的面孔率进行统计和求取。

2. 核磁共振

核磁共振是指原子核和磁场之间的相互作用。核磁共振方法的基本原理是岩石孔裂隙水中 ^{1}H 核的横向弛豫时间与孔隙半径成正比，即孔隙半径越

表 5-1 鄂尔多斯盆地西缘上古生界泥页岩面孔率统计表

样品号	层位	孔隙个数	最大孔径/m	最小孔径/nm	面孔率/%
HLST-7	山西组	347	3 300	30	0.30
SBT-6	山西组	2 364	3 260	13	4.28
HLST-6	太原组	3 303	3 860	30	1.78
SBT-4	太原组	3 214	6 390	30	3.65
HLST-1	羊虎沟组	4 755	3 460	57	3.52
SBT-2	羊虎沟组	948	2 490	34	0.50

表 5-2 鄂尔多斯盆地西缘延长群泥页岩面孔率统计表

<table>
<tr><th>样品</th><th>编号</th><th>面孔率/%</th><th>平均面孔率/%</th></tr>
<tr><td rowspan="3">RQG-1</td><td>1-1</td><td>10.9</td><td rowspan="3">15.3</td></tr>
<tr><td>1-2</td><td>20.0</td></tr>
<tr><td>1-3</td><td>15.1</td></tr>
<tr><td rowspan="3">RQG-5</td><td>2-1</td><td>18.0</td><td rowspan="3">19.7</td></tr>
<tr><td>2-2</td><td>19.1</td></tr>
<tr><td>2-3</td><td>22.0</td></tr>
<tr><td rowspan="3">SGY-2</td><td>3-1</td><td>14.8</td><td rowspan="3">14.3</td></tr>
<tr><td>3-2</td><td>17.6</td></tr>
<tr><td>3-3</td><td>10.5</td></tr>
</table>

大，弛豫时间越长，孔隙半径越小，弛豫时间越短。在低场核磁共振实验中，通过采用较低的磁场强度对储层流体中 ^1H 的核磁信号进行检测，获取孔隙中流体的横向弛豫时间（T_2）谱，以分析储集岩的物性和渗流特征。页岩的 T_2 谱可以分为 3 种类型：单峰 T_2 谱，含有孤立右峰的双峰 T_2 谱以及左、右峰连续分布的双峰态 T_2 谱，其中以含有孤立右峰的双峰 T_2 谱为主。

从核磁共振结果（图 5-13）可以看出，鄂尔多斯盆地西缘上古生界泥页岩样品 T_2 谱均为单峰分布，峰值分布在 0.1～10 ms，说明该地区储层以微小

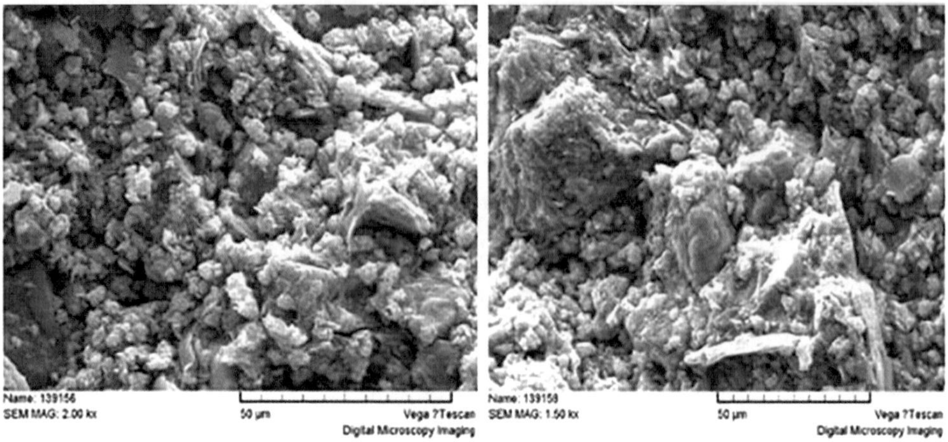

（SGY−2，×2 000）　　（SGY−2，×1 500）

(a) 微孔隙

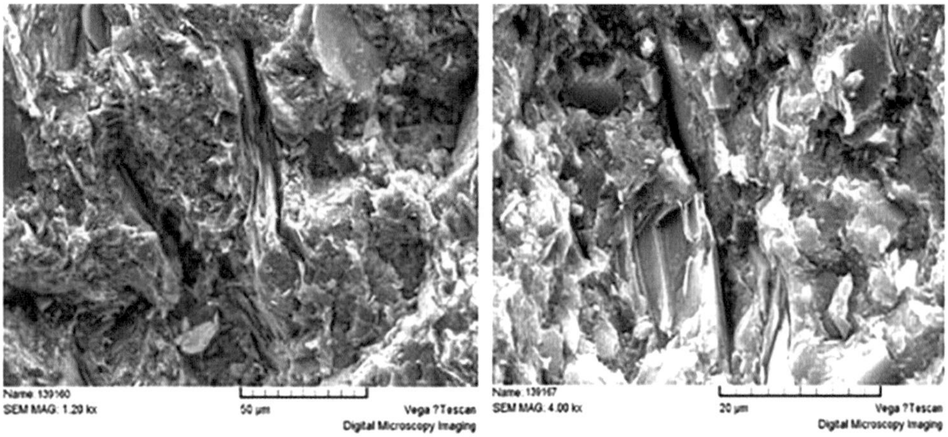

（RQG−1，×1 200）　　（RQG−5，×4 000）

(b) 微裂缝

图 5−9　鄂尔多斯盆地西缘延长群泥页岩扫描电镜分析图

孔隙发育为主。且该段泥页岩孔隙度较低，分析测试结果中孔隙度<4%的样品占 83.33%。从孔隙度对比图、表（图 5−14、表 5−3）中可以看到，3 组地层的孔隙度相差不大，常规孔隙度分布在 3.19%～3.68%，平均值为 3.43%；核磁孔隙度分布在 3.49%～4.14%，平均值为 3.78%。其中山西组孔隙度略高，平均为 4.01%，其次为太原组，孔隙度平均值为 3.71%，最低的为羊虎沟组，平

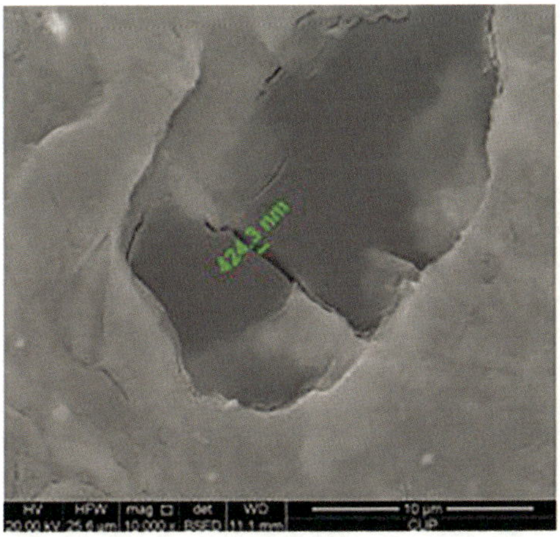

(a) 有机质微裂缝（SGY−2，×10 000）

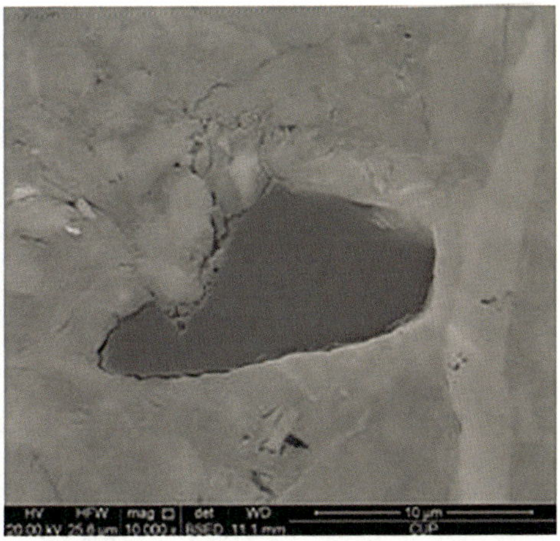

(b) 有机质边缘裂缝（SGY−2，×10 000）

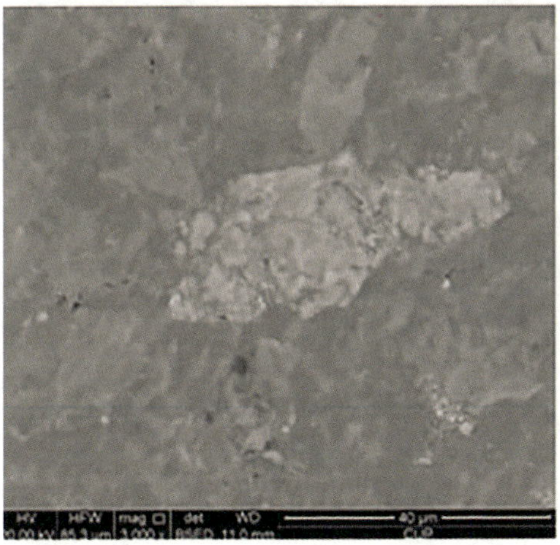

(c) 黄铁矿（RQG−5，×3 000）

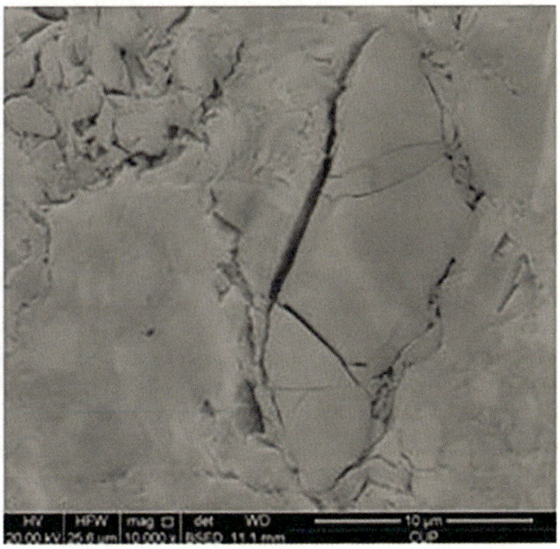

(d) 黏土矿物晶间微孔（SGY−2，×10 000）

图 5−10　鄂尔多斯盆地西缘延长群泥页岩氩离子抛光−扫描电镜分析图

均值为 3.62%。对比核磁孔隙度和实测孔隙度，大多数样品核磁孔隙度大于气测孔隙度。这是因为核磁共振测量只对流体信号有响应，不受岩石骨架影响，能够更为精细地反映孔隙结构特征。

对延长群 SGY−2、RQG−1、RQG−5 3 块露头泥页岩样品进行了核磁共振分析，分析结果（图 5−15）表明 3 块泥页岩样品的 T_2 弛豫时间均为非对称分布，其中 RQG−1 号样品离心之前具有 2 个峰，第一个峰分布在0.1～10 ms，

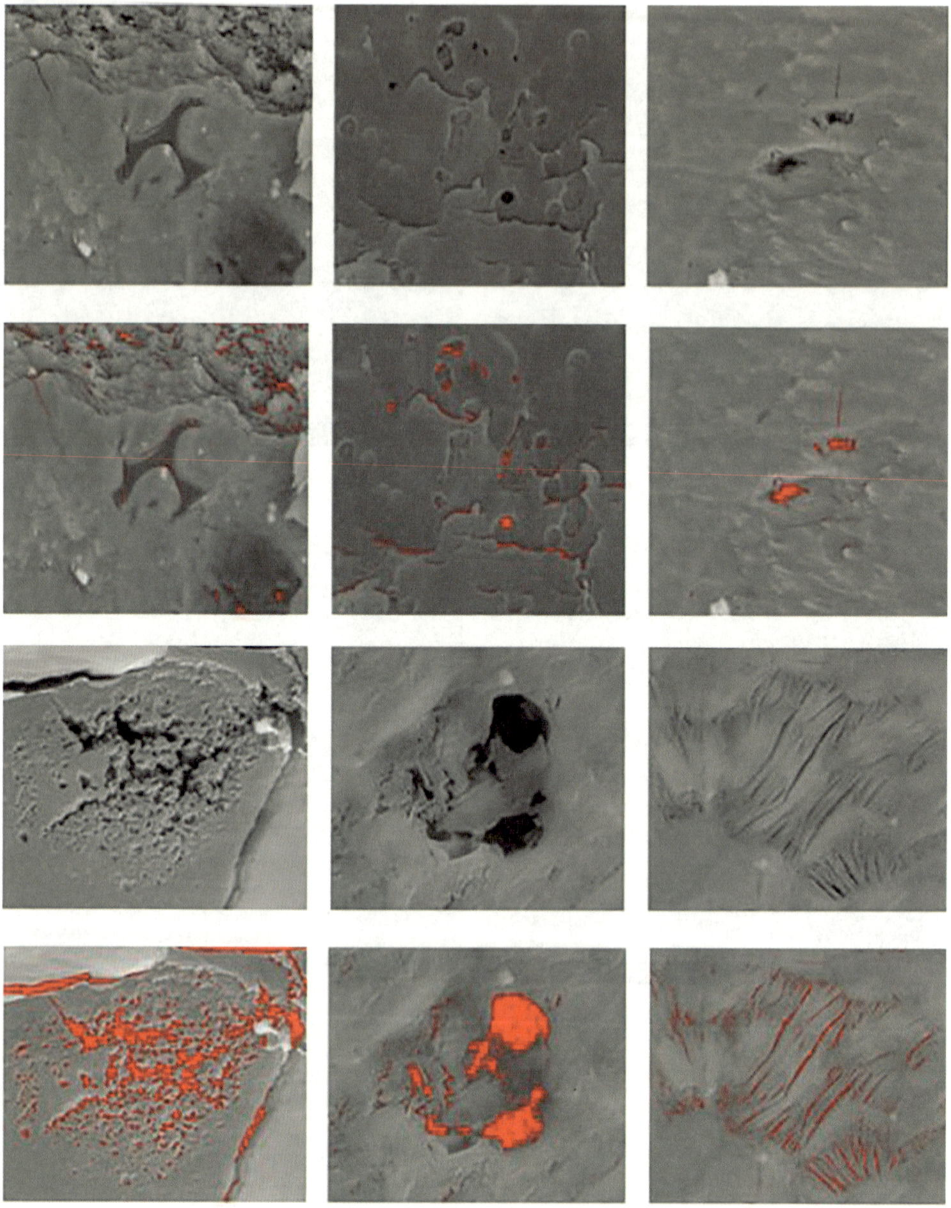

图 5-11　鄂尔多斯盆地西缘上古生界泥页岩样品氩离子抛光图像二值化处理

第二个峰分布在 10～100 ms，离心后右峰消失，左峰幅度略有减小并略微向左偏移；SGY-2 和 RQG-5 两块样品离心前只具有一个峰，分布在0.1～10 ms，离心后幅度略有减小，分布基本不变。样品的 T_2 谱峰靠前，说明其孔隙以小

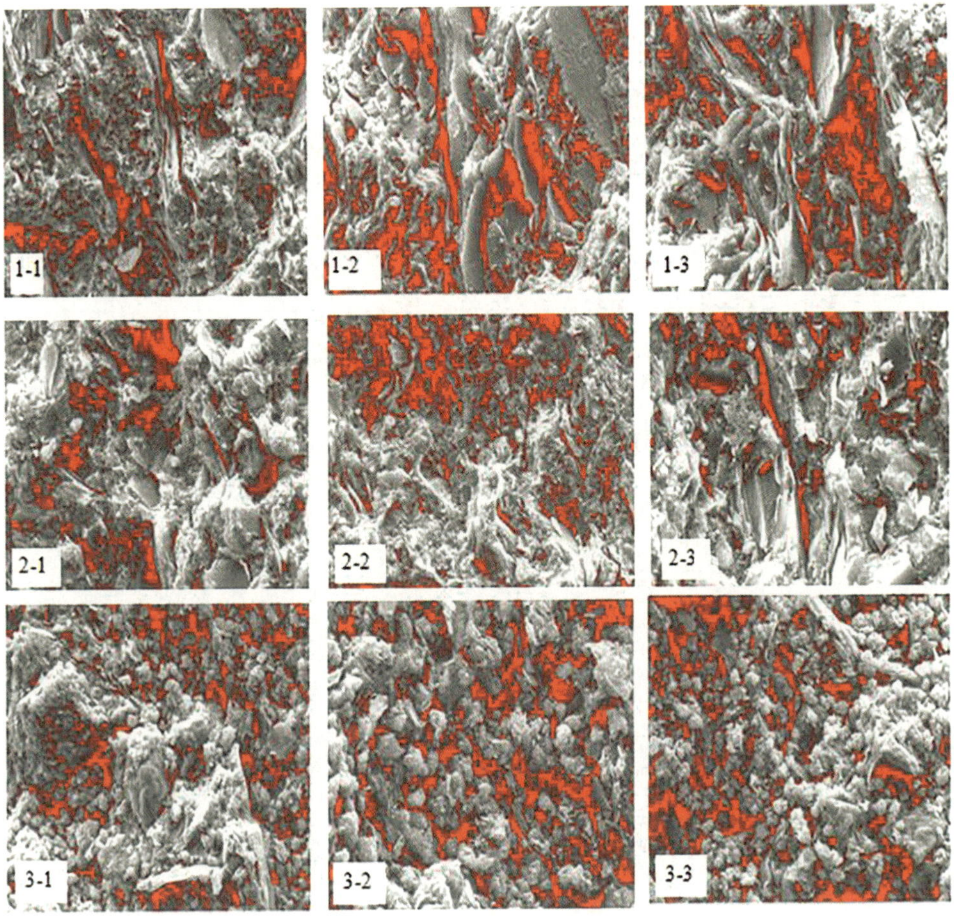

图 5-12　鄂尔多斯盆地西缘上古生界泥页岩样品扫描电镜图像二值化处理

孔为主。3 块样品的孔隙度均>3%，最大的一块达到4.17%（表 5-5）。

饱和水泥页岩岩样的 T_2 谱反映所有可探测的孔裂隙信息，而离心过后岩样的 T_2 谱则仅反映部分微小孔隙的信息，2 条谱之间的空隙代表具备一定连通性的孔隙，这部分流体可以被分离出去，可通过 2 条谱之间的差异估算岩样的可动流体饱和度。测试结果表明，鄂尔多斯盆地西缘上古生界泥页岩储层束缚水饱和度很高，可动流体比例极低。这是由于泥页岩储层微孔及纳米孔隙发育，同时含有大量黏土矿物，使得流体难以流动。3 组地层中，山西组束缚水饱和度相对较低，平均值为 95.8%；其次为羊虎沟组，平均值为

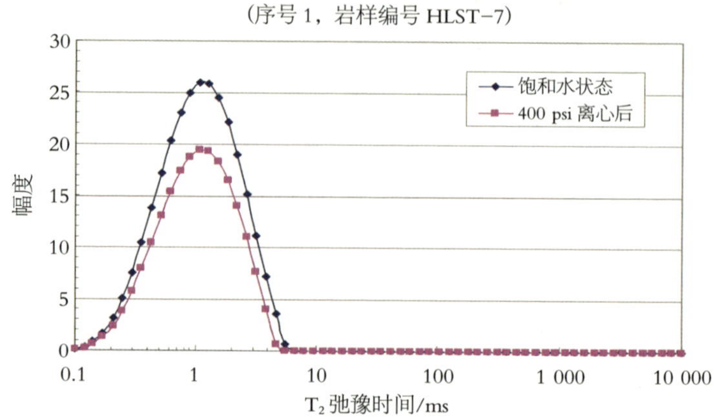

(a) 山西组样品 (HLST-7) 核磁共振 T_2 弛豫时间分布图

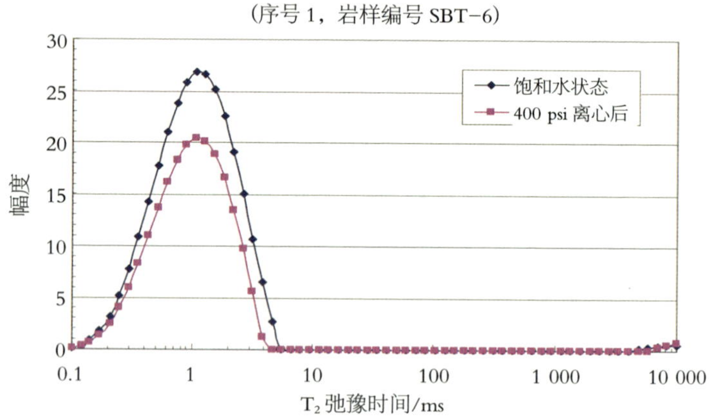

(b) 山西组样品 (SBT-6) 核磁共振 T_2 弛豫时间分布图

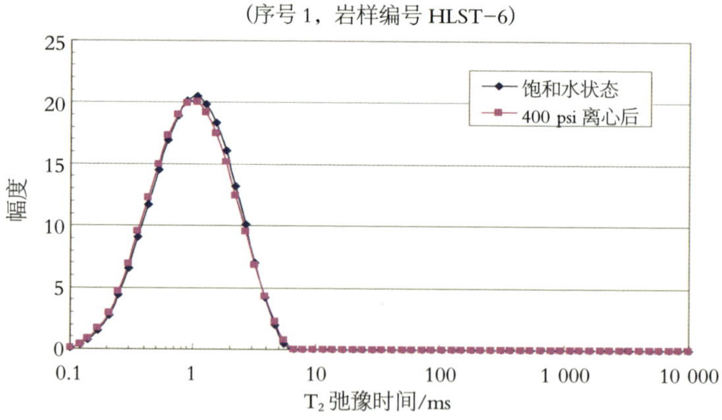

(c) 太原组样品 (HLST-6) 核磁共振 T_2 弛豫时间分布图

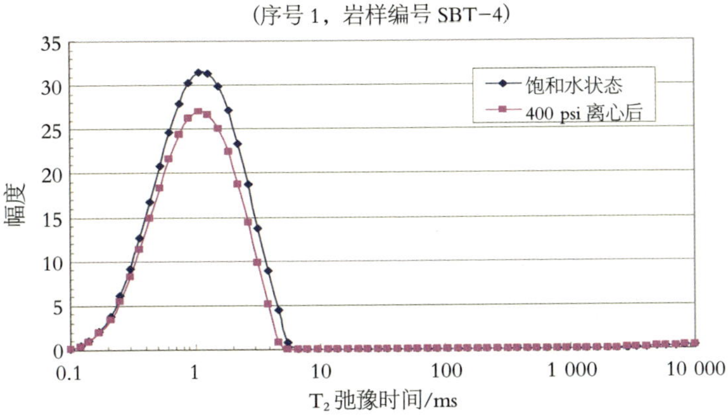

(d) 太原组样品（SBT-4）核磁共振 T_2 弛豫时间分布图

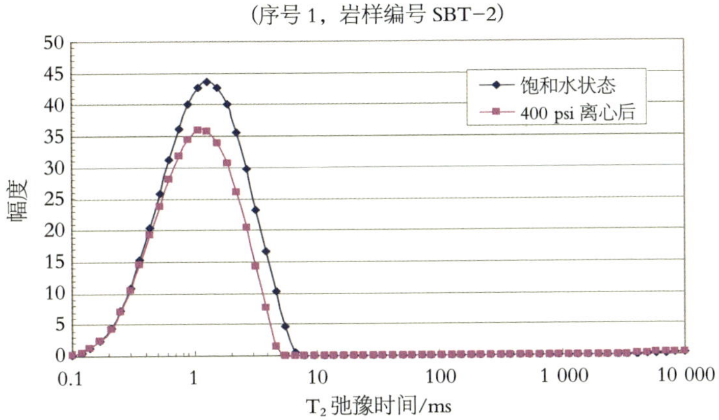

(e) 羊虎沟组样品（SBT-2）核磁共振 T_2 弛豫时间分布图

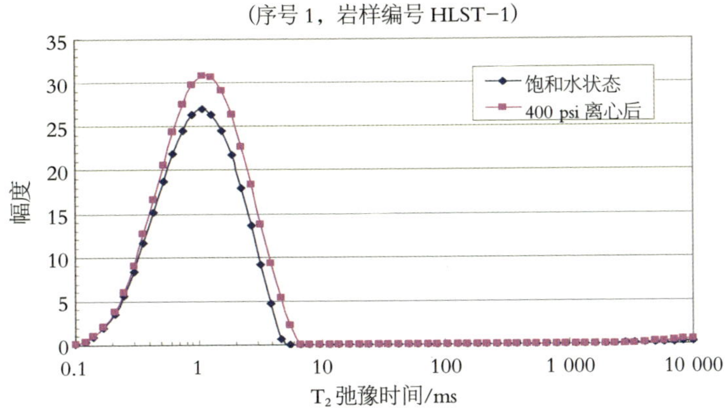

(f) 羊虎沟组样品（HSLT-1）核磁共振 T_2 弛豫时间分布图

图 5-13　鄂尔多斯盆地西缘上古生界泥页岩样品核磁共振 T_2 弛豫时间分布图

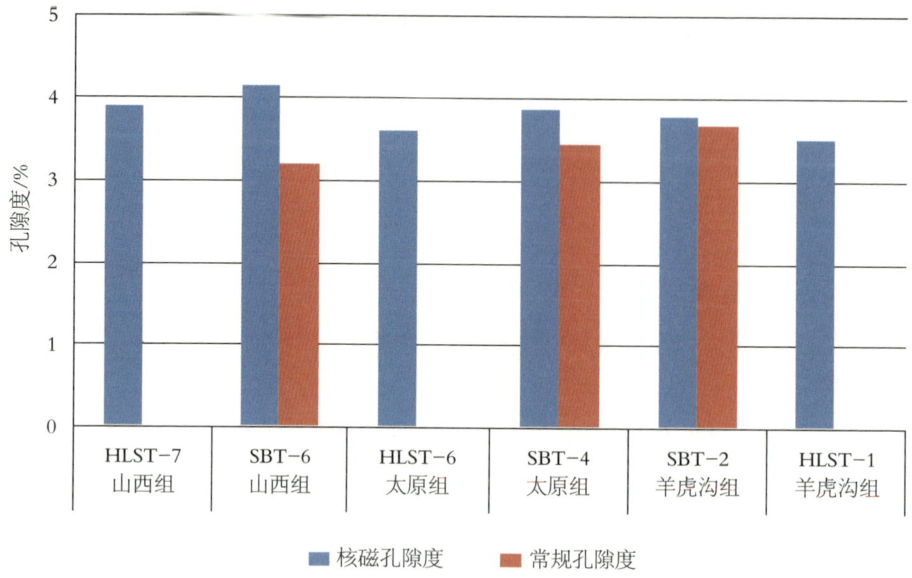

图 5−14　鄂尔多斯盆地西缘上古生界泥页岩样品孔隙度对比图

表 5−3　鄂尔多斯盆地西缘上古生界泥页岩样品孔隙度对比

样号	层位	核磁孔隙度/%	常规孔隙度/%	脉冲渗透率/mD
HLST−7	山西组	3.87	—	—
SBT−6	山西组	4.14	3.19	0.000 342
HLST−6	太原组	3.57	—	—
SBT−4	太原组	3.86	3.42	0.000 426
SBT−2	羊虎沟组	3.75	3.68	0.000 567
HLST−1	羊虎沟组	3.49	—	—

96.39%；太原组最高，平均值为 98.4%（表 5−4）。延长群泥页岩样品的可动流体饱和度在 3.5%以上，最大达 5.75%（表 5−5）。

通过测量岩样 100%饱和水的 T_2 谱图和 400 psi 离心后的 T_2 谱图，可以得到岩样的有效孔隙度。将饱和水累计孔隙率标定为总孔隙度，将离心脱水后的束缚水累计孔隙率标定为残余孔隙度，二者差值为有效孔隙度（图 5−16）。此外，T_2 谱中存在一个分界值，用于区分可动水和不可动水的 T_2 谱，这个分

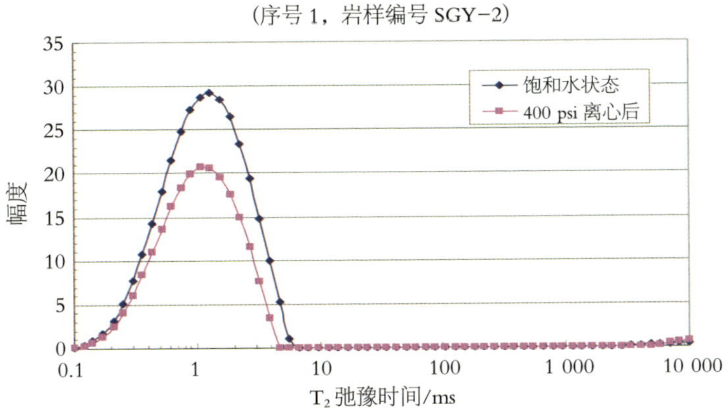

(a) SGY−2 号岩样核磁共振 T_2 弛豫时间分布图

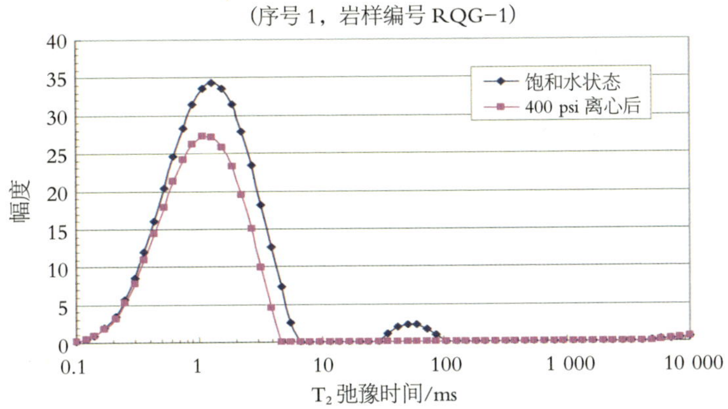

(b) RQG−1 号岩样核磁共振 T_2 弛豫时间分布图

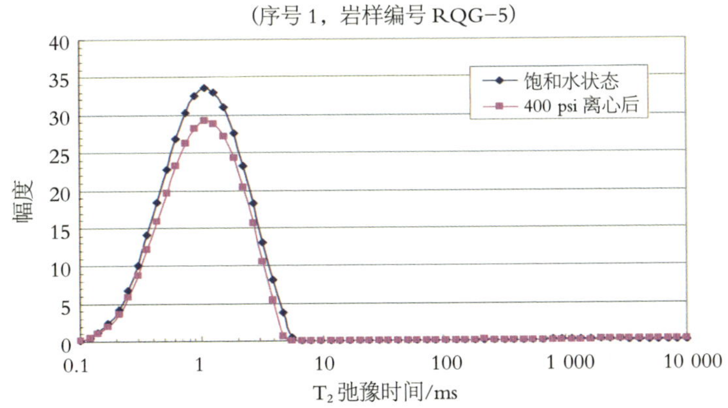

(c) RQG−5 号岩样核磁共振 T_2 弛豫时间分布图

图 5−15　鄂尔多斯盆地西缘延长群泥页岩样品核磁共振 T_2 弛豫时间分布图

表 5-4 鄂尔多斯盆地西缘上古生界泥页岩样品核磁共振结果数据表

样品编号	层位	可动水饱和度/%	束缚水饱和度/%
HLST-7	山西组	2.79	97.21
SBT-6	山西组	5.61	94.39
HLST-6	太原组	0	100
SBT-4	太原组	3.16	96.84
HLST-1	羊虎沟组	4.46	95.54
SBT-2	羊虎沟组	2.76	97.24

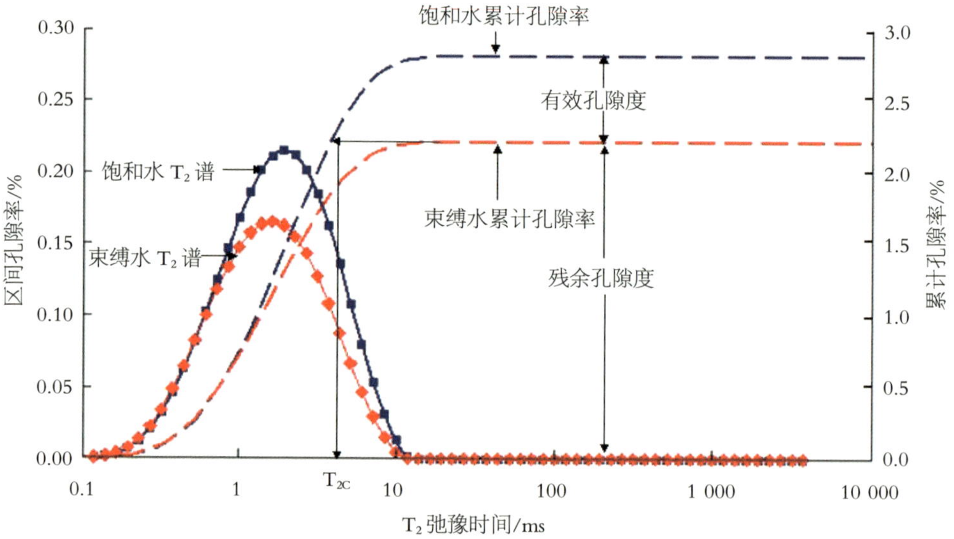

图 5-16 有效孔隙度、残余孔隙度和 T_{2C} 值求取方法

表 5-5 鄂尔多斯盆地西缘延长群泥页岩样品核磁共振结果数据表

样品编号	孔隙度/%	有效孔隙度/%	可动水饱和度/%	束缚水饱和度/%
SGY-2	3.87	1.27	3.76	96.24
RQG-1	4.17	1.10	4.59	95.41
RQG-5	3.04	0.45	5.75	94.25

界值称为可动流体 T_2 截止时间（T_{2C}）。该值的求取方法是，在束缚水累计孔隙率最大值处作 X 轴的平行线与饱和水累计孔隙率曲线相交，对应的 T_2 弛豫

时间即为 T_{2C}。在 T_{2C} 右侧的 T_2 谱代表可动水，左侧代表束缚水，可动水 T_2 谱的下包面积与 T_2 谱总面积的比值即为可动流体饱和度。经计算，SGY-2、RQG-1、RQG-5 3 块样品的有效孔隙度分别为 1.27%、1.10%和 0.45%（表5-5）。

3. CT 扫描

CT 扫描主要应用了 X 射线穿透物质的过程中，强度呈指数关系衰减的原理。CT 技术所测定的是线性衰减系数 μ，μ 越大表明该点的密度越大，μ 的分布情况就代表了物质密度的分布；通常将衰减系数转换成 CT 数，定义 CT 数为物体相对于水的衰减系数。

延长群 2 块泥页岩 CT 扫描灰度图像（图 5-17、图 5-18）可见，图中黑色点表示物质密度较低，白色点表示物质密度较高，由黑到白表示物质密度由低到高的变化。泥页岩矿物颗粒的密度最大，表现在图像中为白色或灰白色；而泥页岩微孔隙、微裂缝的密度最小，表现在图像中为黑色或深灰色；其余灰色的部分为岩石中的基质。从图中可以看出，RQG-1 号样品发育一定量的微孔隙和微裂缝，含有较多的矿物；而 SGY-2 号样品中的孔隙则不明显，矿物含量也非常少。图 5-19 和图 5-20 为 2 块样品的高密度物质和孔隙发育状况三维模型，图中亮点分别表示高密度物质和孔隙。从图中可以发现，RQG-1 号样中高密度物质，即矿物发育较多，SGY-2 号样则很少发育，RQG-1 号样中孔隙所占的体积要多于 SGY-2 号样。

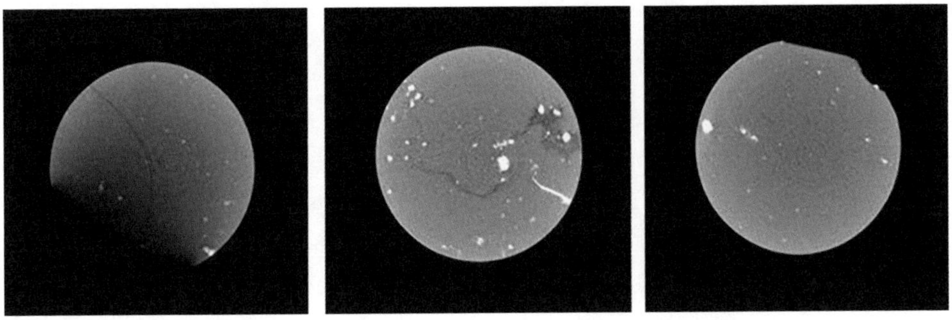

图 5-17　RQG-1 号样品 X-CT 扫描灰度图像

图 5-18 SGY-2 号样品 X-CT 扫描灰度图像

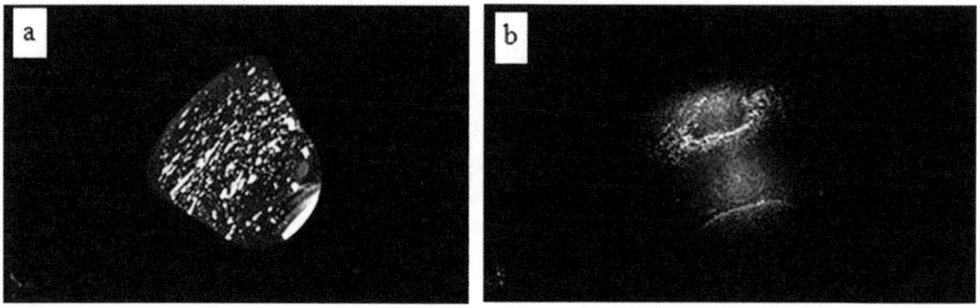

图 5-19 RQG-1 号样品高密度物质和孔隙发育状况三维模型

（a：高密度物质；b：孔隙）

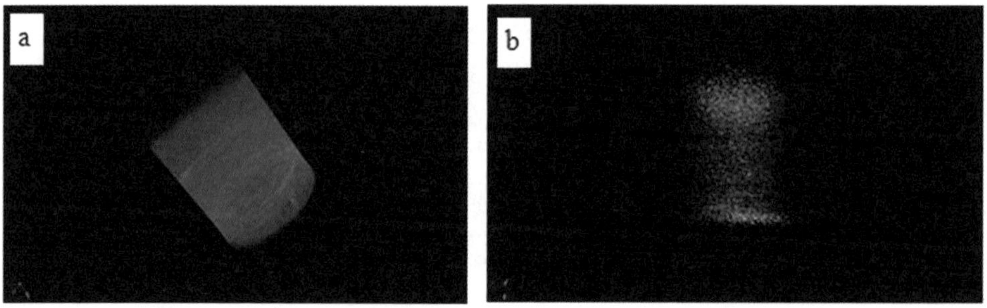

图 5-20 SGY-2 号样品高密度物质和孔隙发育状况三维模型

（a：高密度物质；b：孔隙）

将泥页岩看成是由基质、空隙（未被充填的孔隙和裂缝/微裂缝）和无机矿物所构成的三元介质。三元介质在密度和有效原子数大小方面存在较大差异，导致 CT 数截然不同，因此可通过 CT 数的大小来定量识别它们。借助 Mimics 软件可以对 CT 图像进行定量化分析，以 RQG-1 号样品盒SGY-2 号样品为例，岩性致密。通过 CT 数定量识别泥页岩内部组构：空隙(<1 400 HU)、基质（1 400～1 750 HU）、矿物（>1 750 HU）。从 RQG-1 号样品的CT 数识别曲线（图 5-21）可以看出，当剖面线经过孔隙或微裂缝时，CT 数明显降低，呈现大小不等的波谷，CT 数降至 1 400 HU 以下，孔隙或微裂缝的空隙性越高，其波谷越低；而当剖面线经过矿物充填带时，该区域内 CT 数明显上升，CT 数可升至 2 800 HU 以上，矿物颗粒越大，波峰越明显；当剖面线经过页岩基质（包括各种显微组分）时，CT 曲线平稳前行，没有太大的幅度变化。相比于 RQG-1 号样品，SGY-2 号样品的 CT 数变化幅度则较小(图5-22)，样品中存在的一些微小矿物和微孔隙导致样品的 CT 数曲线呈现小幅度的上升和下降。

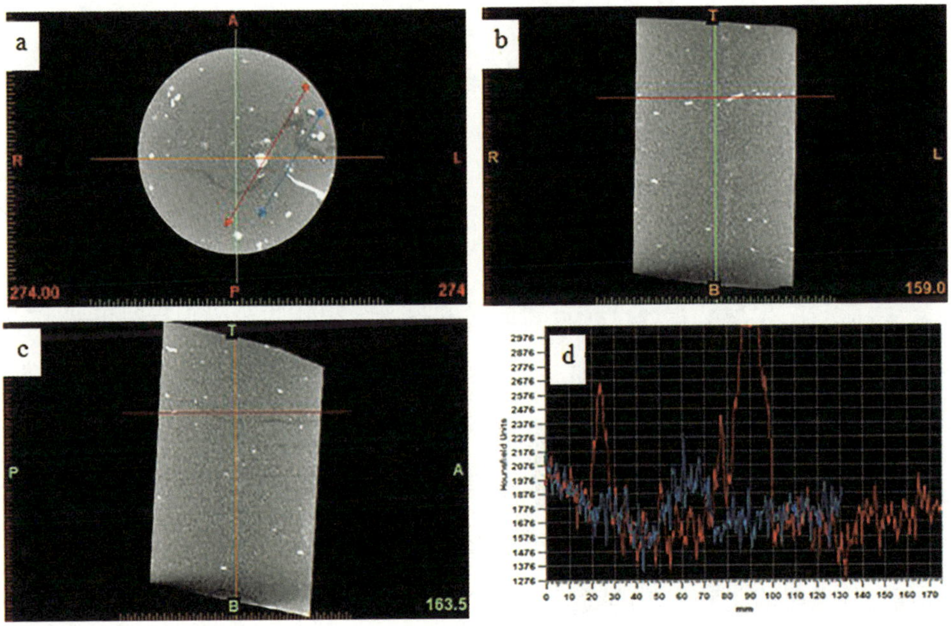

图 5-21　RQG-1 号样三维视图及 CT 数识别

（a：俯视图；b：主视图；c：左视图；d：剖面线 CT 数分布）

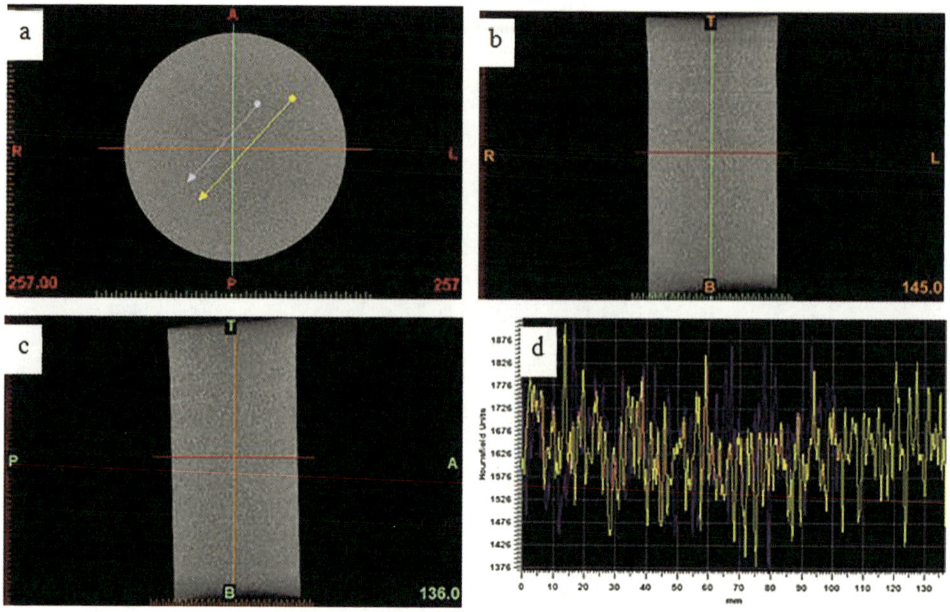

图 5-22 SGY-2 号样三维视图及 CT 数识别

（a：俯视图；b：主视图；c：左视图；d：剖面线 CT 数分布）

三、含气性特征

1. 吸附气含量

等温吸附模拟法是通过泥页岩样品的等温吸附实验来模拟样品的吸附过程，从而获得泥页岩的含气量。等温吸附实验基本流程是，首先将泥页岩岩样粉碎后加热以排除其所吸附的天然气，然后将岩样放在密封容器内，在温度恒定的甲烷环境下不断对其加大压力，测量其所吸附的天然气量，将结果与Langmuir 方程式拟合后就形成等温吸附曲线。实验证明，实测吸附气含量和通过等温吸附实验得出的吸附气含量具有很好的相关性。由等温吸附实验来对泥页岩吸附气含量进行估算通常使用公式（2）：

$$V_a=V_L\times P/(P+P_L) \tag{2}$$

式中，V_a 为地层压力下计算的吸附气含量，m³/t；V_L 为兰格缪尔体积，m³/t；P_L 为兰格缪尔压力，MPa；P 为地层压力，MPa。

通过不同样品模拟接近上古生界地层温度（80℃）时的等温吸附实验，得到不同样品的等温吸附曲线（图 5-23）及其 Langmuir 方程（表 5-6）。等温吸附实验结果表明，宁东上古生界地层泥页岩具有较好的吸附气性能。在试验温度 80℃，压力 10 MPa 下，页岩的吸附气量在 1.21～2.06 m^3/t ，平均 1.74 m^3/t。

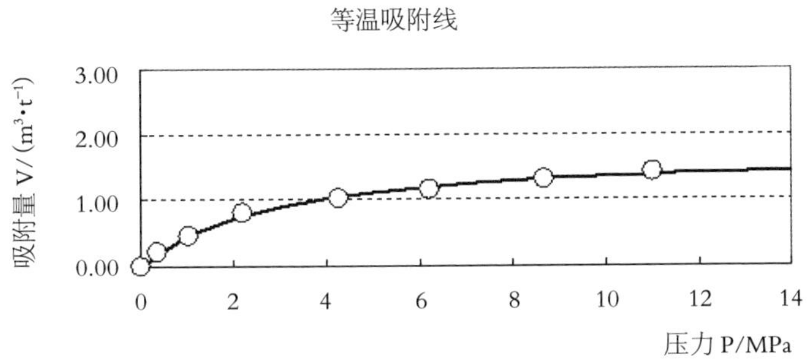

（a）HLST-7

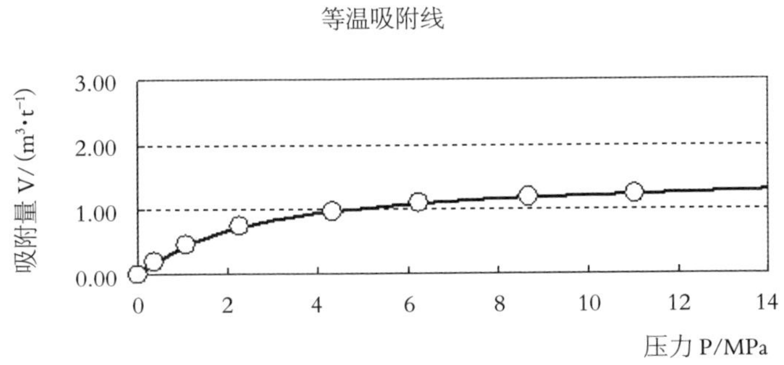

（b）SBT-6

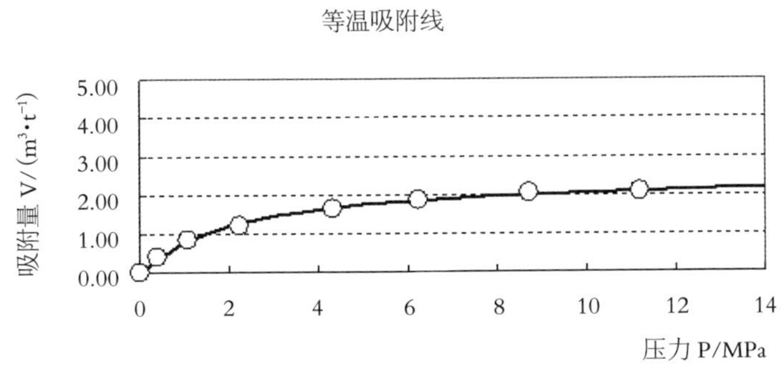

（c）HLST-6

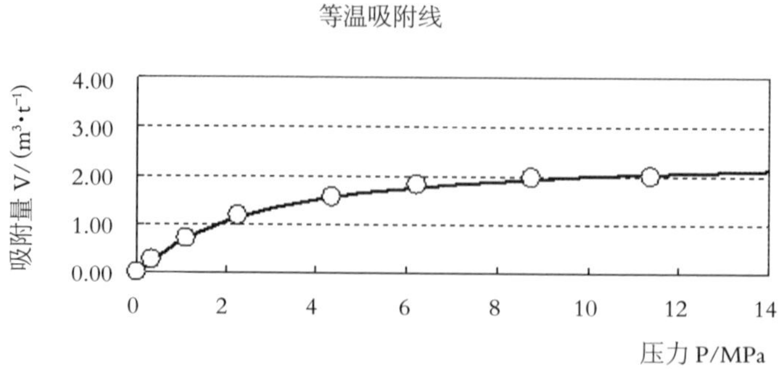

（d）SBT-4

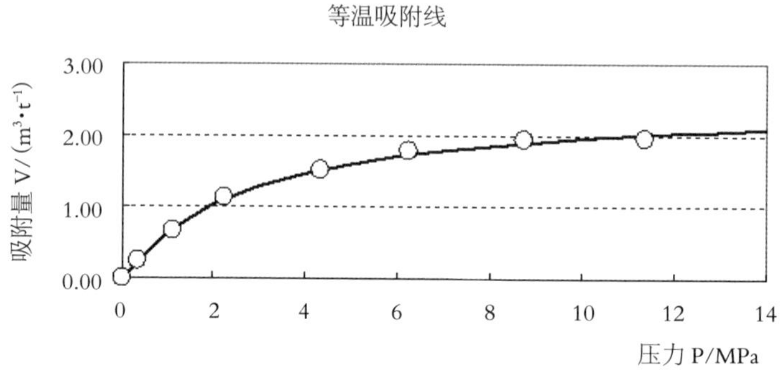

（e）HLST-1

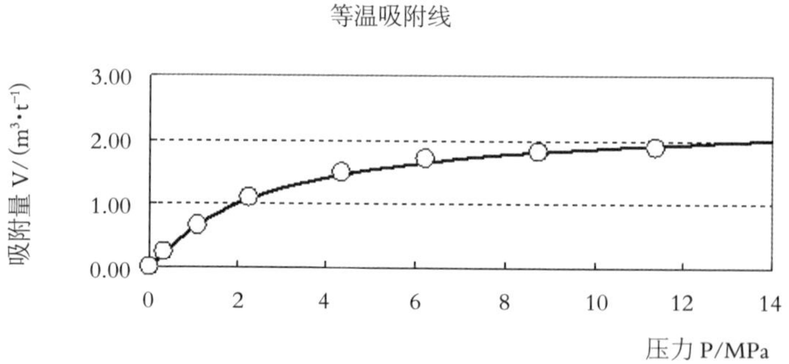

（f）SBT-2

图 5-23　鄂尔多斯盆地西缘上古生界泥页岩样品等温吸附曲线

2. 总含气量

据前人研究，现场解吸总含气量与泥页岩 TOC 有较好的相关性。对上古生界和延长群部分井位的 TOC 与含气量数据进行回归分析，得到上古生

表 5-6 鄂尔多斯盆地西缘上古生界泥页岩样品吸附气含量

样品编号	层位	V_L/($m^3·t^{-1}$)	P_L/MPa	Langmuir 方程	吸附气含量/($m^3·t^{-1}$)
HLST-7	山西组	1.74	2.78	V=1.74×P/(2.78+P)	1.36
SBT-6	山西组	1.51	2.44	V=1.51×P/(2.44+P)	1.21
HLST-6	太原组	2.50	2.15	V=2.50×P/(2.15+P)	2.06
SBT-4	太原组	2.52	2.76	V=2.52×P/(2.76+P)	1.97
HLST-1	羊虎沟组	2.52	2.90	V=2.52×P/(2.90+P)	1.95
SBT-2	羊虎沟组	2.38	2.76	V=2.38×P/(2.76+P)	1.87

界含气量 q 与 TOC 的回归公式为q=0.392 8×TOC+0.126 5（图 5-24），延长群含气量 q 与 TOC 的回归公式为q=0.659 2×TOC+0.831 6（图 5-25，表5-7）。

通过上面得到的关系式，结合鄂尔多斯盆地西缘上古生界和延长群的 TOC 数据，就可以计算得到含气量的分布情况。结果表明，鄂尔多斯盆地西缘上古生界泥页岩中，山西组总含气量最低，分布在 0.19～1.02 m³/t，均值为 0.58 m³/t；太原组总含气量稍高，分布在 0.38～1.17 m³/t，均值为 0.79 m³/t；

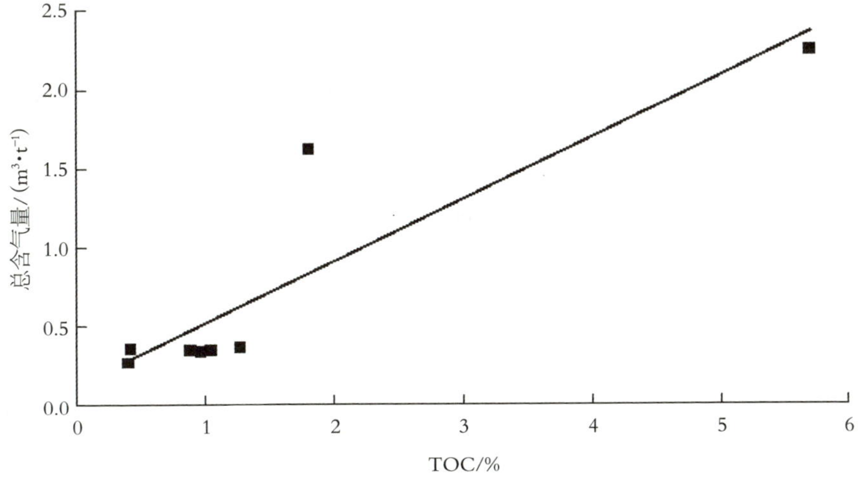

图 5-24 鄂尔多斯盆地上古生界总含气量与 TOC 关系图

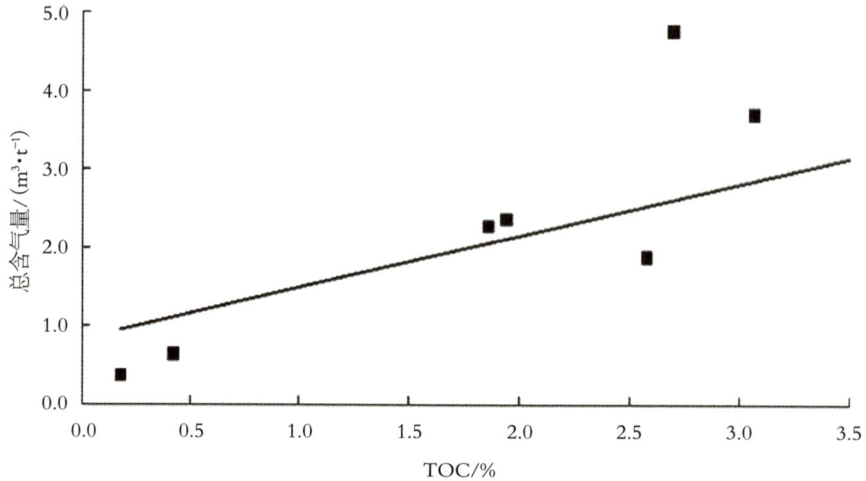

图 5-25　延长群泥页岩含气量与 TOC 的回归关系

表 5-7　鄂尔多斯盆地延长群岩心含气量数据表

井号	深度/m	TOC/%	含气量/($m^3 \cdot t^{-1}$)
柳评 123	1 857.6	0.18	0.37
万 169	973.0	2.58	1.88
万 169	974.4	3.07	3.71
万 169	976.7	2.70	4.76
万 169	981.5	0.42	0.64
万 169	1 107.3	1.86	2.88
东探 006	610.3	1.94	2.37

羊虎沟组总含气量最高，分布在 0.40～3.54 m^3/t，均值为1.51 m^3/t（表 5-8）。3 个组的总含气量分布规律与 TOC 趋势相同。鄂尔多斯盆地西缘延长群泥页岩含气量为 1.07～2.81 m^3/t，平均 2.21 m^3/t（表 5-9），鄂尔多斯盆地西缘中部泥页岩含气量普遍较高，可以达到 2.2 m^3/t 以上。

表 5-8　鄂尔多斯盆地西缘上古生界泥页岩总含气量

井号	山西组		太原组		羊虎沟组	
	TOC/%	Q/($m^3 \cdot t^{-1}$)	TOC/%	Q/($m^3 \cdot t^{-1}$)	TOC/%	Q/($m^3 \cdot t^{-1}$)
沙巴台	0.97	0.51	0.88	0.47	2.35	1.05
呼鲁斯台	0.17	0.19	2.59	1.14	2.39	1.07
忠 1	2.27	1.02			8.68	3.54
余探 1	0.76	0.43				
发东 1	1.51	0.72	0.65	0.38		
惠探 1	1.28	0.63	2.65	1.17	0.70	0.40
平均值	1.16	0.58	1.69	0.79	3.53	1.51

表 5-9　鄂尔多斯盆地西缘延长群泥页岩总含气量

井号	TOC/%	Q/($m^3 \cdot t^{-1}$)
汝箕沟	0.36	1.07
石沟驿	0.37	1.08
芦参 1	2.15	2.24
惠探 1	2.71	2.61
宁东 3	2.39	2.40
宁东 109	2.48	2.46
黄 25	3.13	2.89
黄 55	2.23	2.30
池 43	3.01	2.81
平均值	2.09	2.21

第二节　六盘山盆地泥页岩储层和含气性特征

一、矿物特征

X 衍射全岩分析表明，六盘山盆地下白垩统泥页岩矿物组分中脆性矿物含量极高，平均含量>80%，远高于黏土矿物，脆性矿物中白云石含量较高，为32%～67%，平均含量43%，石英与方解石含量相当，平均含量均15%，含有少量的长石和似长石矿物方沸石，二者含量均<10 %（图5-26）。

黏土矿物中伊/蒙间层含量最高，平均含量37%，间层比为10%，其次是伊利石和蒙皂石，含量分别为32%和28%，含少量绿泥石，含量约为3%（图5-27）。

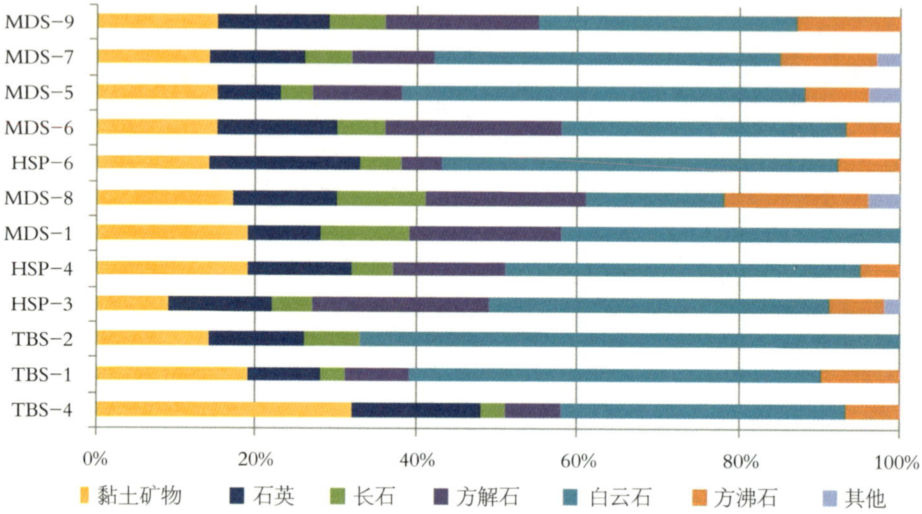

图5-26　六盘山盆地下白垩统泥页岩矿物组分图

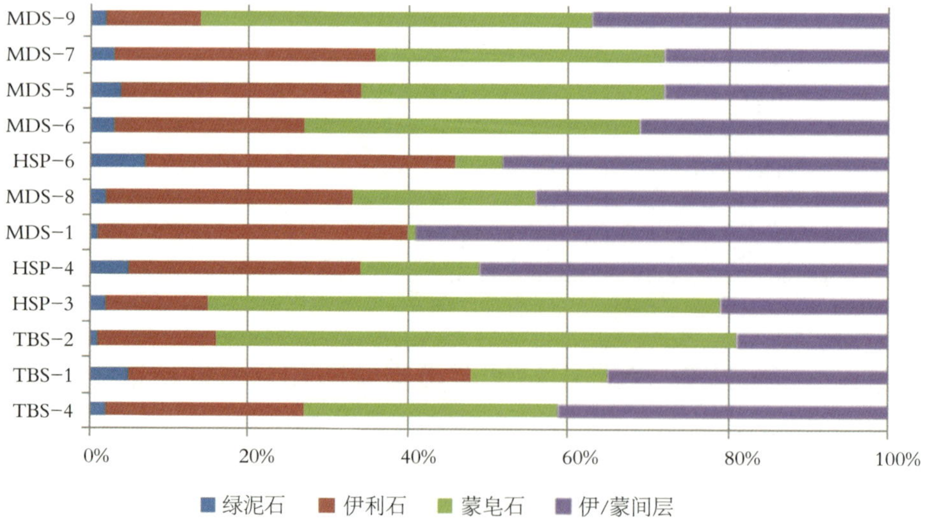

图5-27　六盘山盆地下白垩统泥页岩黏土矿物组分图

二、孔隙特征

1. 扫描电镜

经扫描电镜观察，六盘山地区下白垩统泥页岩结构较为致密，微孔隙较发育，多为石膏泥晶间微孔隙，宽以 1～3 μm 居多，含少量微裂隙，宽多<1 μm，少量为 1～2 μm，长多在几至十几微米（图 5–28）。

（MDS–5，×2 000）

（MDS–7，×2 000）

(a) 石膏晶间微孔隙

（MDS–6，×1 800）

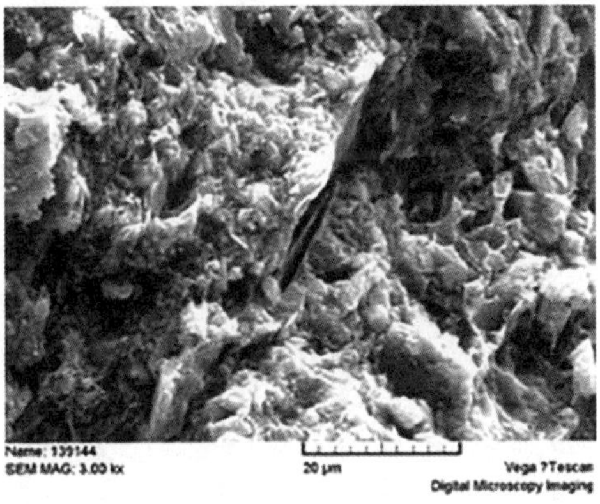

（MDS–6，×3 000）

(b) 微裂缝

图 5–28　六盘山盆地下白垩统泥页岩扫描电镜分析图

经氩离子抛光–扫描电镜观测，六盘山盆地下白垩统泥页岩样品中，部分发育有机质微孔隙，微孔隙最大孔径为 6.19 μm，最小孔径为 48.78 nm。同时也发育少量有机质微裂缝和有机质边缘微裂缝，裂缝最大宽度为 1.70 μm，最小宽度 97.63 nm，常见硅质溶蚀孔和黏土矿物晶间微孔，部分样品含有黄铁矿(图5−29)。

同样可以借助 ImageJ2x 软件对下白垩统的泥页岩进行面孔率的估算（图5−30)，统计结果显示，六盘山盆地下白垩统泥页岩面孔率为 13.1%～24.6%，平均 17.4%（表 5−10)。

2. 核磁共振

对六盘山盆地下白垩统的 12 块泥页岩样品进行了核磁共振分析，检测结

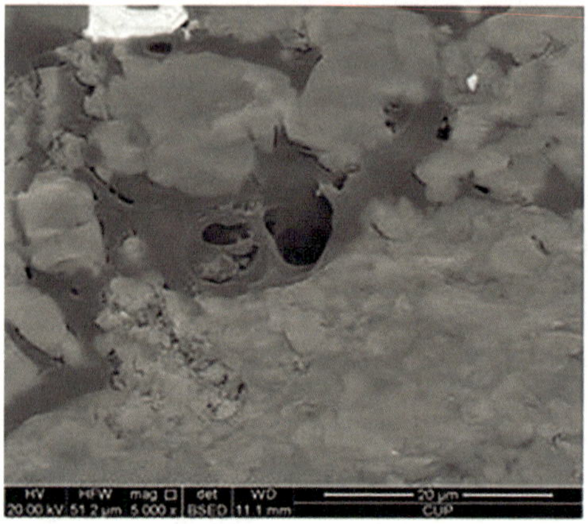

(MDS−1，×5 000)

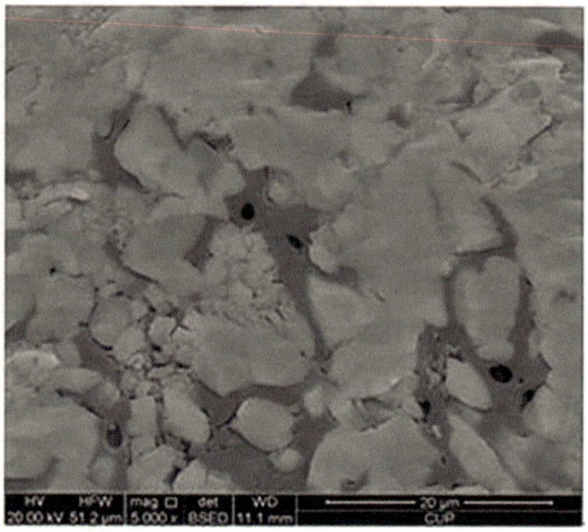

(MDS−1，×5 000)

(a) 有机质微孔隙

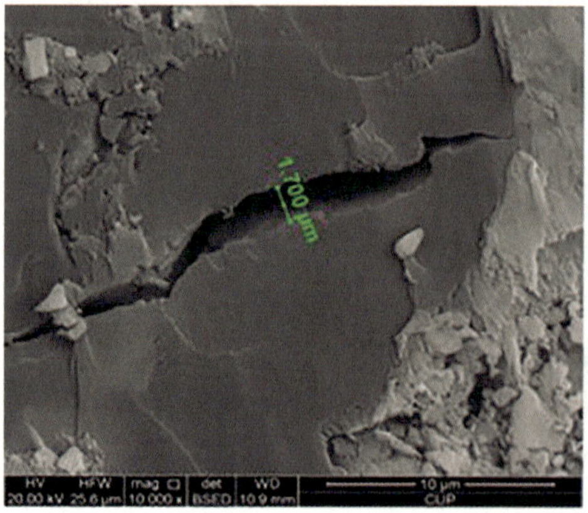

(HSP−3，×10 000)

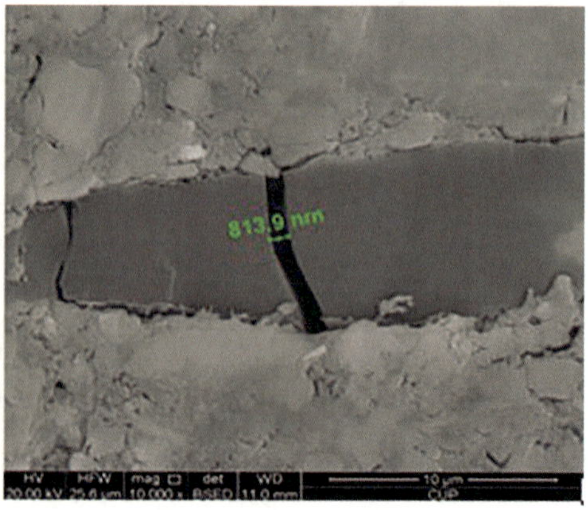

(TBS−2，×10 000)

(b) 有机质微裂缝

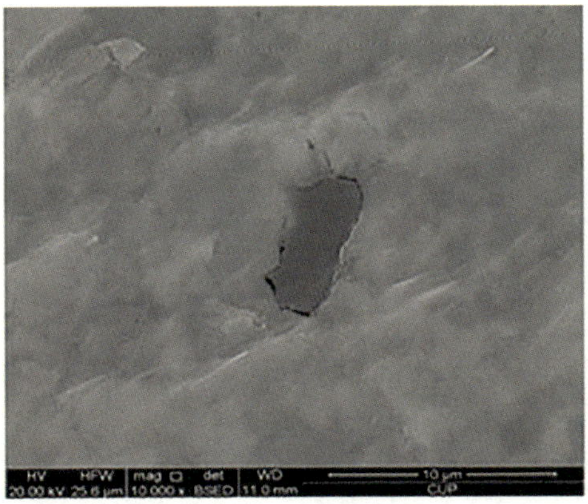

（MDS-6，×10 000）

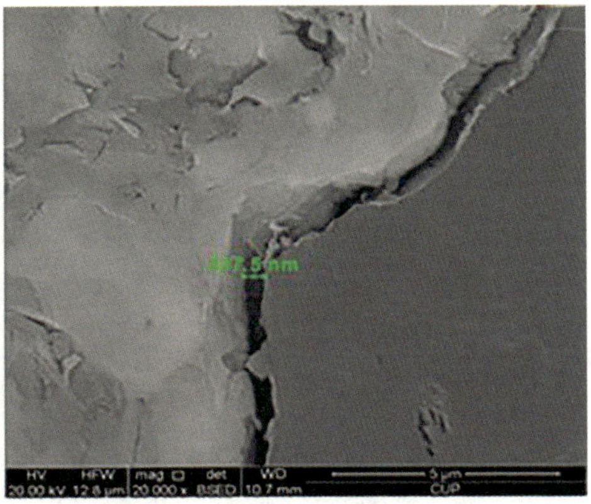

（HSP-6，×20 000）

（c）有机质边缘微裂缝

（TBS-1，×20 000）

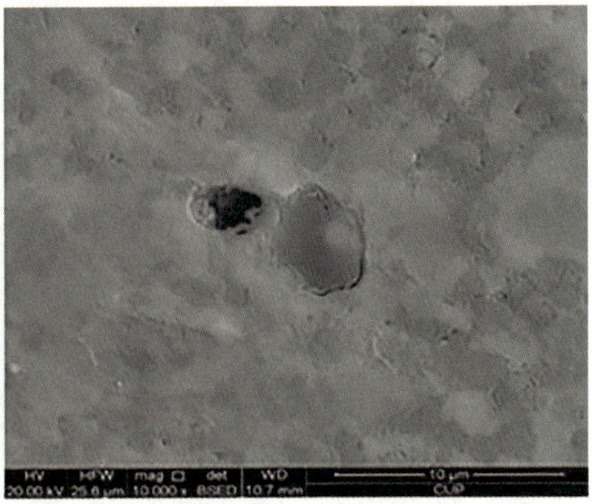

（TBS-1，×10 000）

（d）硅质溶蚀孔

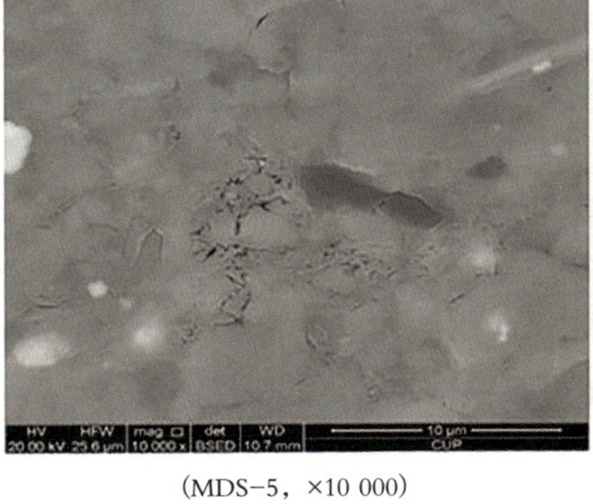

（MDS-5，×10 000）

（e）黏土矿物晶间微孔

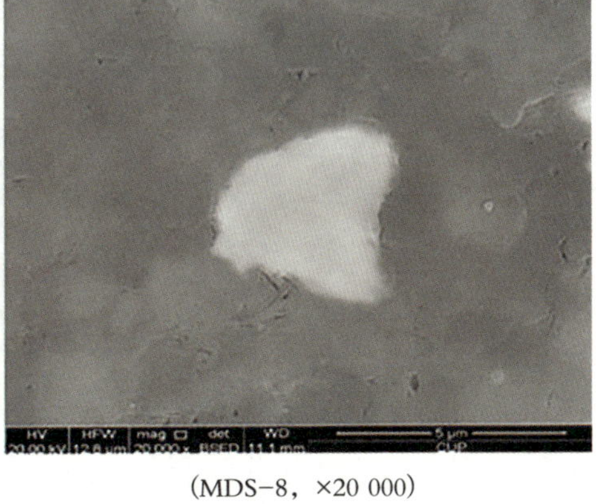

（MDS-8，×20 000）

（f）黄铁矿

图 5-29　六盘山盆地下白垩统泥页岩氩离子抛光-扫描电镜分析图

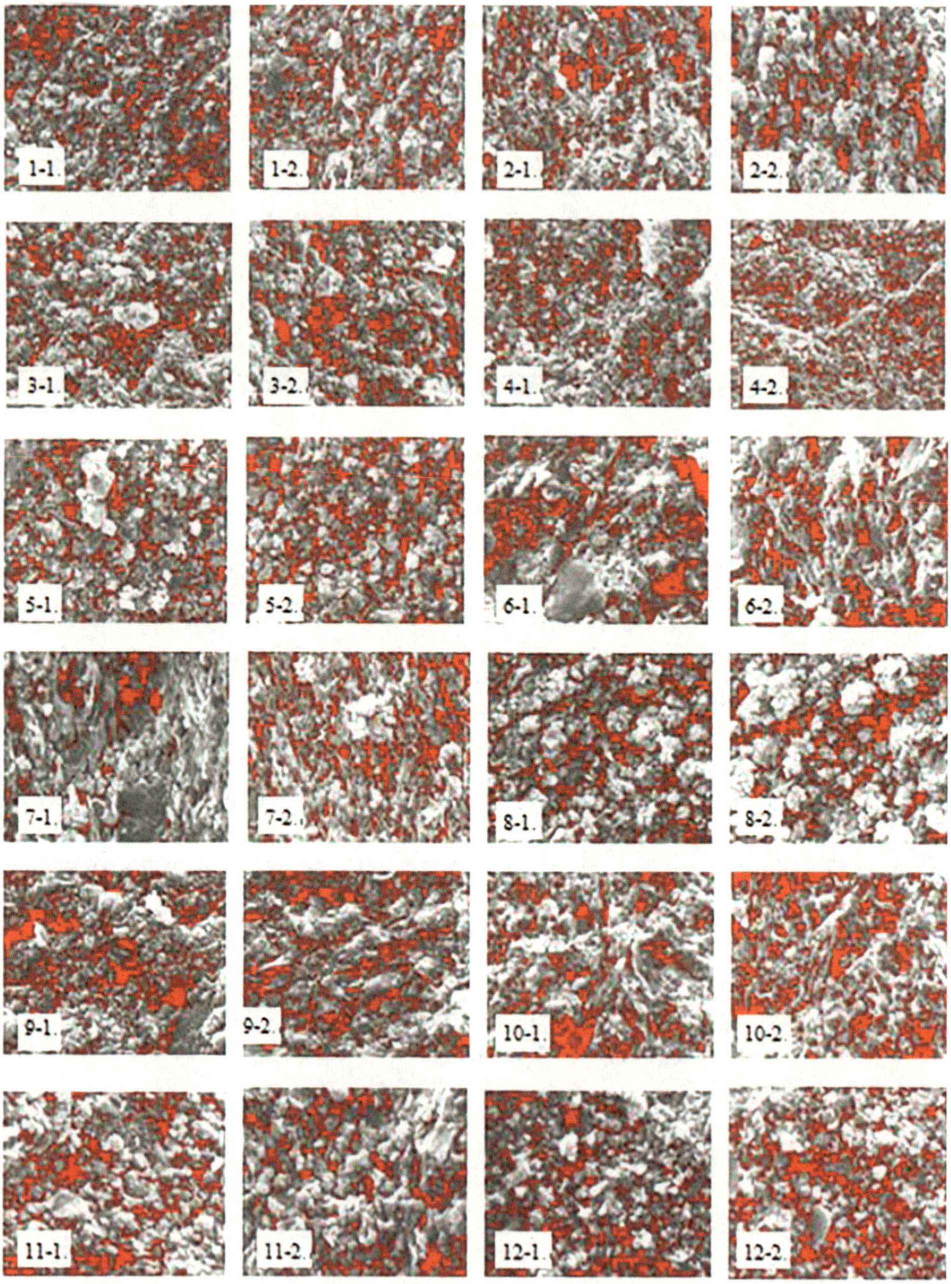

图 5-30　六盘山盆地下白垩统泥页岩扫描电镜图像二值化处理

果显示马东山组泥页岩核磁共振 T_2 谱峰以单峰为主（图 5-31）。核磁共振T_2谱图结果说明下白垩统泥页岩主要发育微小孔，很少发育中大孔和微裂缝。

表 5-10　六盘山盆地下白垩统泥页岩面孔率统计

照片编号	面孔率/%	照片编号	面孔率/%
1-1	18.2	1-2	17.1
2-1	18.3	2-2	15.7
3-1	14.4	3-2	18.5
4-1	14.6	4-2	18.6
5-1	15.0	5-2	21.1
6-1	18.4	6-2	20.2
7-1	13.1	7-2	17.5
8-1	15.7	8-2	15.1
9-1	18.3	9-2	19.2
10-1	17.8	10-2	24.6
11-1	18.4	11-2	13.9
12-1	16.1	12-2	17.5

(序号 1，岩样编号 TBS-1)

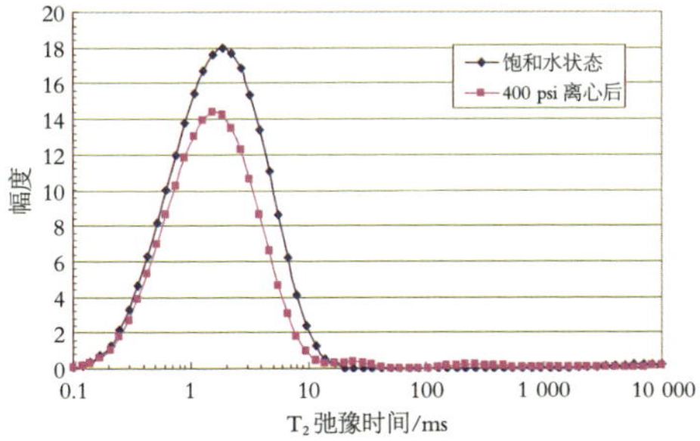

(序号 1，岩样编号 TBS-2)

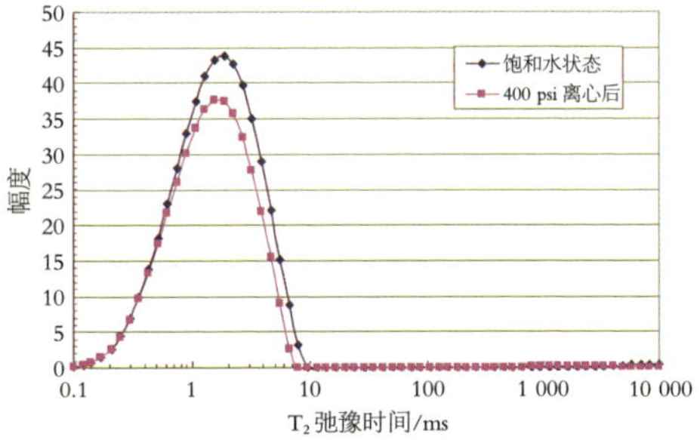

(序号 1，岩样编号 TBS-4)

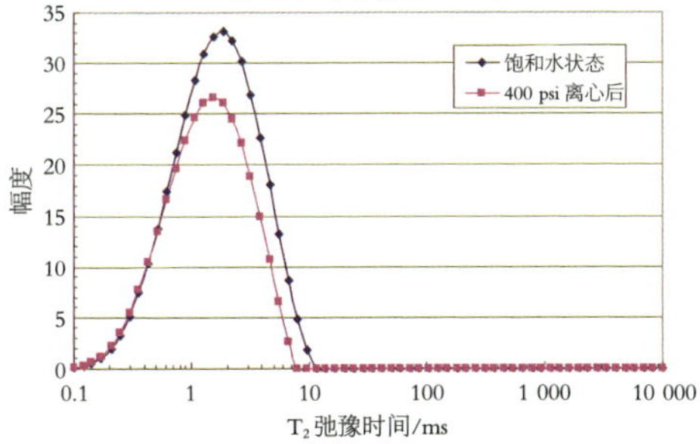

(序号 1，岩样编号 HSP-3)

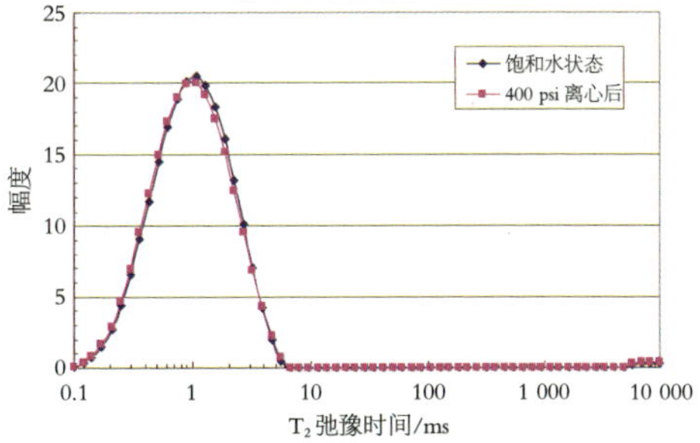

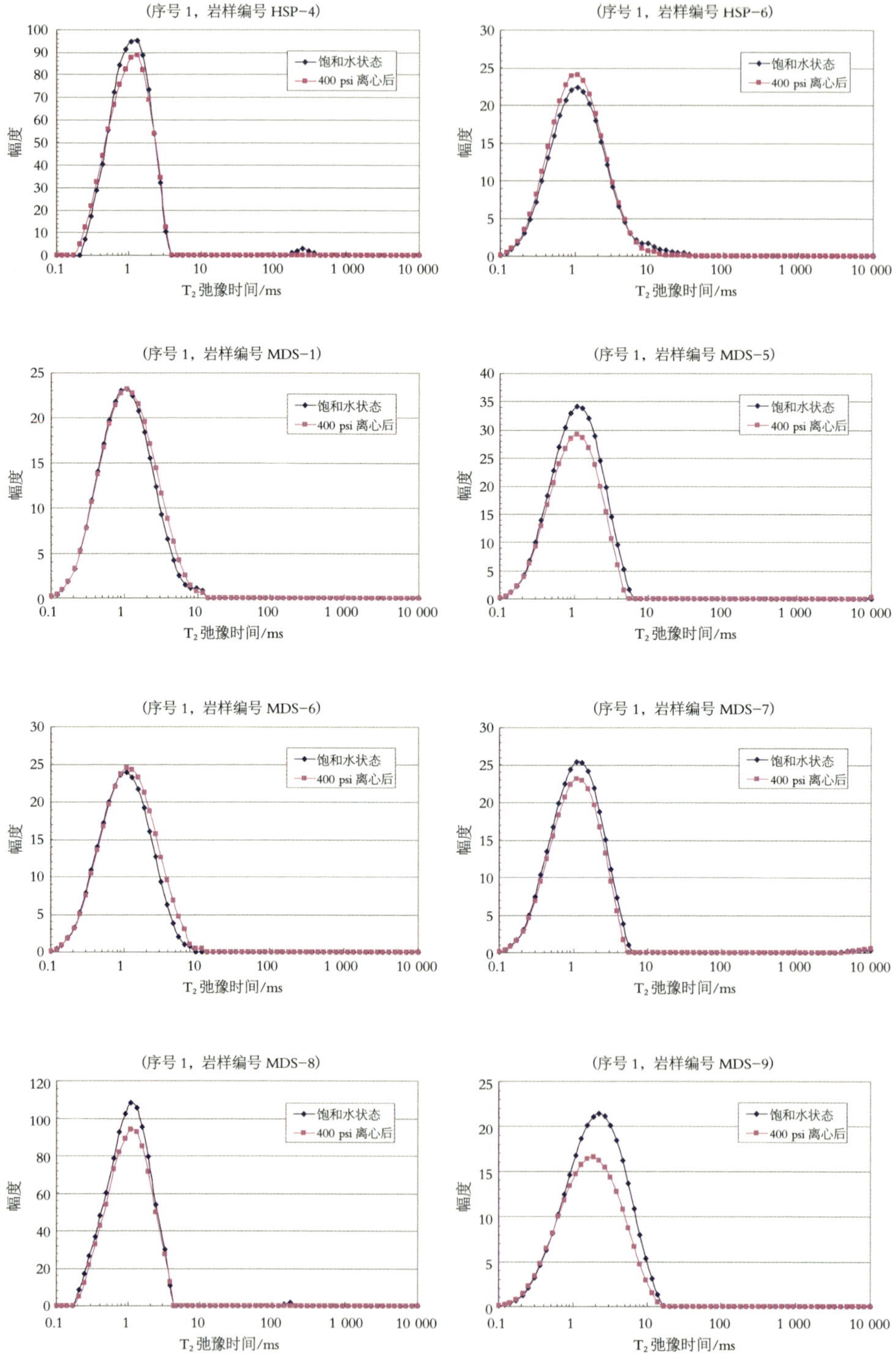

图 5-31　六盘山盆地下白垩统泥页岩核磁共振 T_2 谱图

样品的平均核磁孔隙度为 3.97%，平均有效孔隙度为 0.46%，平均可动流体饱和度为 2.75%（表 5-11）。从实验数据可以看出，可动流体饱和度和孔隙度之间存在一定正相关性，但相关性较差（图 5-32），随着孔隙度的增加，可动流体饱和度不一定增加，说明以微小孔占优势的泥页岩孔隙间的连通性较差。

表 5-11　六盘山盆地下白垩统泥页岩核磁共振结果数据表

样品编号	核磁孔隙度/%	有效孔隙度/%	可动水饱和度/%	束缚水饱和度/%
TBS-1	4.21	0.98	2.19	97.81
TBS-2	3.42	0.53	2.78	97.22
TBS-4	4.31	0.92	2.49	97.51
HSP-3	4.07	0.03	1.95	98.05
HSP-4	3.98	0.14	1.32	98.68
HSP-6	3.35	0.19	4.65	95.35
MDS-1	3.95	0.18	3.58	96.42
MDS-5	4.61	0.74	3.66	96.34
MDS-6	4.89	0.12	3.79	96.21
MDS-7	3.52	0.37	3.26	96.74
MDS-8	3.14	0.37	2.08	97.92
MDS-9	4.21	0.90	1.24	98.76
平均值	3.97	0.46	2.75	97.25

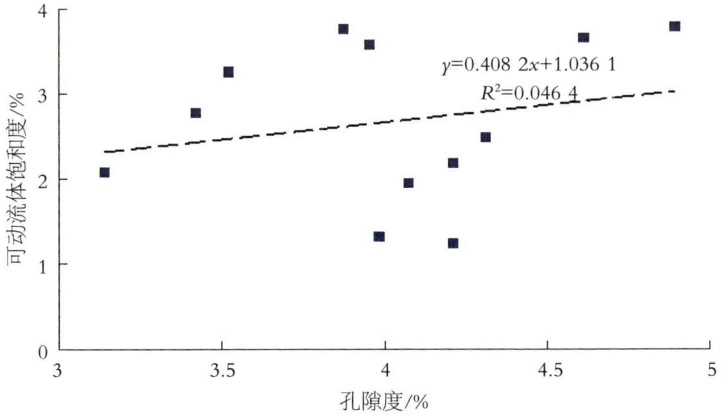

图 5-32　可动流体饱和度与孔隙度相关关系

三、含气性特征

1. 吸附气含量

通过对六盘山盆地下白垩统 6 块泥页岩样品进行在不同压力下的等温吸附实验（图 5-33），得到不同压力下的等温吸附曲线及其兰格缪尔参数和兰格缪尔方程（表 5-12）。等温吸附实验结果表明，下白垩统泥页岩具有较好的吸附气性能。对实测数据进行拟合后发现，页岩中吸附气含量随着压力的

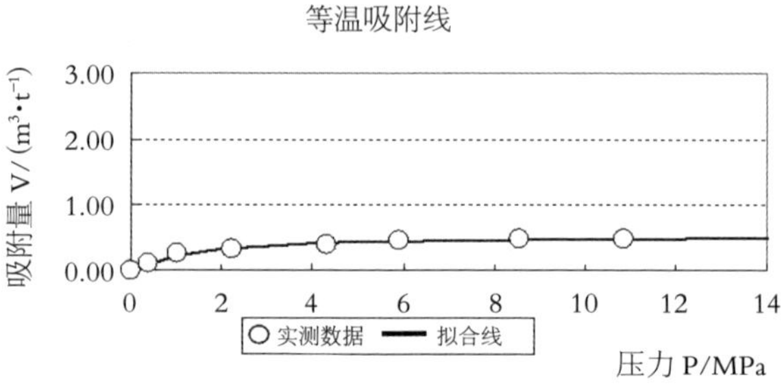

（a）TBS-1

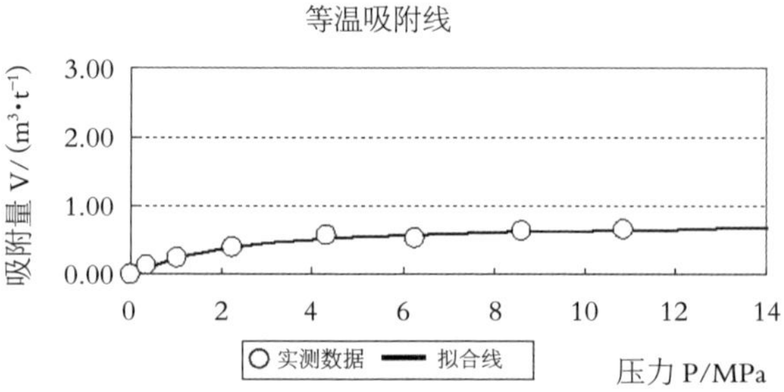

（b）TBS-2

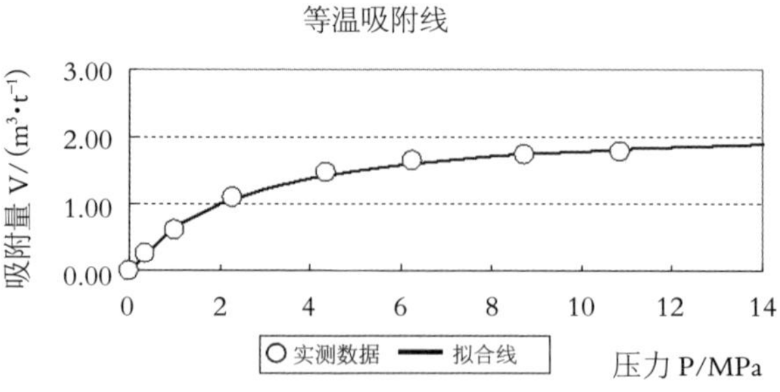

（c）TBS-2

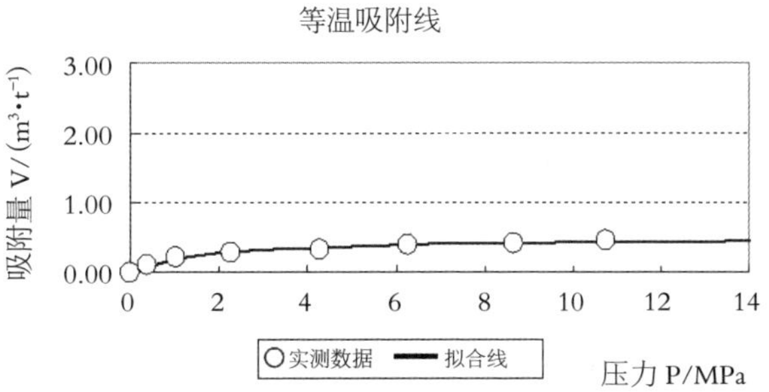

(d) HSP-4

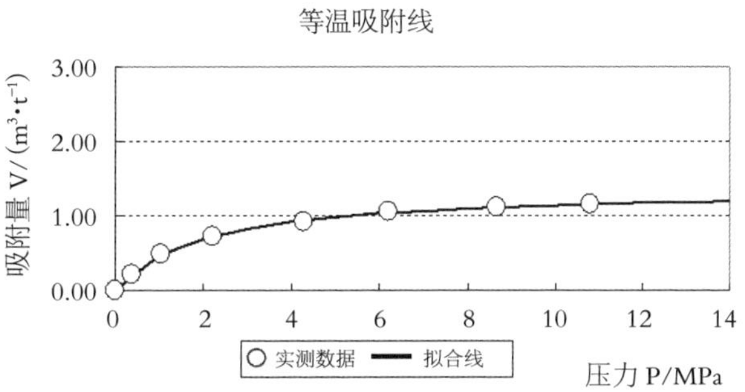

(e) MDS-8

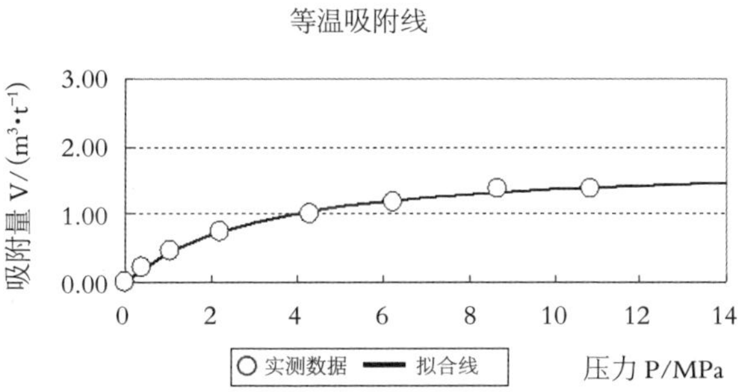

(f) MDS-9

图 5-33　六盘山盆地下白垩统泥页岩等温吸附曲线

增大而增大，呈正相关关系。页岩样品等温吸附测试显示，在试验温度 70 ℃，压力 10 MPa 下，页岩的吸附气量在 0.48～1.78 m³/t，平均 0.98 m³/t。

通过等温吸附试验测得的吸附气含量是在特定温压下的泥页岩最大吸附气量，吸附气量的大小只能反映泥页岩吸附能力的强弱，不能反映泥页岩的真实含气量，必须通过校正才能得到泥页岩的真实吸附气含量。据前人研究，

表 5–12　六盘山盆地下白垩统泥页岩样品吸附气含量

样品编号	V_L/（$m^3 \cdot t^{-1}$）	P_L/MPa	Langmuir 方程	吸附气含量/（$m^3 \cdot t^{-1}$）
TBS−1	0.55	1.40	$V=0.55\times P/(1.40+P)$	0.48
TBS−2	0.78	2.10	$V=0.78\times P/(2.10+P)$	0.64
HSP−3	2.21	2.42	$V=2.21\times P/(2.42+P)$	1.78
HSP−4	0.51	1.68	$V=0.51\times P/(1.68+P)$	0.44
MDS−8	1.36	1.94	$V=1.36\times P/(1.94+P)$	1.14
MDS−9	1.80	3.08	$V=1.80\times P/(3.08+P)$	1.38

通常情况下，富有机质泥页岩的真实吸附气含量是等温吸附测得的吸附气量的 0.5～1.0 倍。

泥页岩的吸附气含量与泥页岩 TOC 成正比关系，因此两者的变化趋势密切相关，因此六盘山盆地下白垩统马东山组和乃家河组的泥页岩吸附气含量平面变化趋势与 TOC 的平面变化趋势基本一致。

2. 总含气量

借用之前延长群 TOC 与总含气量的回归关系式：$q=0.659\,2\times TOC+0.831\,6$，结合六盘山盆地马东山组与乃家河组的 TOC 分布规律，可以计算得到马东山组和乃家河组的含气量分布特征。结果显示，六盘山盆地马东山组泥页岩总含气量为 1.21～2.03 m^3/t，均值为 1.51 m^3/t；乃家河组总含气量为 1.20～1.96 m^3/t，均值为 1.48 m^3/t（表 5–13）。总含气量的分布规律与TOC 分布规律相似。

综上所述，通过对鄂尔多斯盆地西缘和六盘山盆地的泥页岩储层和含气性特征进行分析研究，可以获得以下认识：

① 鄂尔多斯盆地西缘上古生界泥页岩以黏土矿物为主，平均含量为 66.0%，石英、长石次之，平均含量为 31.3%，含少量黄铁矿；延长群泥页岩石英含量较高，为 40%～50%，长石含量一般<15%，黏土矿物含量为 35%～45%，脆性矿物含量高于黏土矿物；延安组脆性矿物平均含量为 45.8%，略低

表 5-13　六盘山盆地下白垩统泥页岩总含气量

井号	马东山组		乃家河组	
	TOC/%	Q/($m^3 \cdot t^{-1}$)	TOC/%	Q/($m^3 \cdot t^{-1}$)
盘探 3	0.58	1.21	0.47	1.14
盘参 4	1.00	1.49	1.23	1.64
盘中 1	0.68	1.28	—	—
寺口子	1.16	1.60	1.07	1.54
马东山	1.57	1.87	0.78	1.35
硝口	0.63	1.25	—	—
盘中 2	0.86	1.40	—	—
和商铺	1.82	2.03	0.10	0.90
太白山	0.94	1.45	0.14	0.92
盘探 2	—	—	0.56	1.21
海参 1	—	—	1.72	1.97
盘浅 7	—	—	0.78	1.35
平均值	1.03	1.51	0.76	1.33

于黏土矿物。六盘山盆地下白垩统泥页岩脆性矿物含量极高，平均含量超过80%，远高于黏土矿物，较高的脆性矿物含量有助于后期开采页岩气时的压裂。

② 综合运用扫描电镜、核磁共振和 CT 扫描 3 种孔隙结构研究方法，研究表明，鄂尔多斯盆地西缘上古生界、延长群和六盘山盆地下白垩统泥页岩均发育不同程度的微孔缝，包括粒间孔、粒内孔、有机质孔隙和微裂缝。鄂尔多斯盆地西缘上古生界泥页岩平均核磁孔隙度 3.78%，延长群泥页岩平均核磁孔隙度 3.69%，有效孔隙度 0.94%，六盘山盆地下白垩统泥页岩平均核磁孔隙度为 3.97%，平均有效孔隙度为 0.46%。各类微孔隙和微裂缝以及较高的孔隙度为页岩气的储集与赋存提供了空间基础。

③ 借助之前研究所得的经验公式，计算了各组泥页岩的含气量。鄂尔多斯盆地西缘上古生界泥页岩中山西组总含气量为 0.19～1.02 m^3/t，均值 0.58 m^3/t；太原组为 0.38～1.17 m^3/t，均值为 0.79 m^3/t，羊虎沟组为0.40～3.54 m^3/t，均值 1.51 m^3/t，延长群泥页岩含气量为 1.07～2.81 m^3/t，平均 2.21 m^3/t；六盘山盆地马东山组泥页岩总含气量为 1.21～2.03 m^3/t，均值为 1.51 m^3/t；乃家河组总含气量为 1.20～1.96 m^3/t，均值为 1.48 m^3/t。较高的含气量是研究区页岩气富集与成藏的标志之一。

第六章 页岩气有利区优选

第一节 评价参数选取和确定

一、评价方法

根据《页岩气资源储量计算与评价技术要求》，页岩气资源潜力评价的主要方法有体积法、类比法、统计分析法、成因法和综合法等。结合研究区勘探程度和已获取的相关资料，拟采用体积法来进行研究区页岩气资源潜力评价。

二、评价参数选取和确定

据国内专家学者基于美国页岩气勘探开发的经验，以泥页岩 TOC、RO 为主要参考指标，综合考虑泥页岩有效面积、有效厚度、埋深、总含气量、可压裂性、地表条件和保存条件等因素，把陆相和海陆过渡相页岩气资源潜力分为远景区、有利区和核心（目标）区 3 级（表 6-1）。

参考国内页岩气评价标准，结合研究区的实际地质情况，将以下几个指标作为研究区海陆过渡相和陆相页岩气资源评价和有利区优选的关键参数：

① 泥页岩有效连续厚度>30 m。

② 泥页岩 TOC>1.0%。

③ 泥页岩 RO>1.0%。

表 6-1　陆相和海陆过渡相远景区、有利区和核心区优选参考指标

主要参数	远景区	有利区	核心区
泥页岩面积下限		有可能在其中发现目标（核心）区的最小面积，在稳定区或改造区都可能分布。根据地表条件及资源分布多因素考虑，面积下限为 200~500 km²	有可能在其中形成开发井网并获得工业产量的最小面积，根据地表条件及资源分布等多因素考虑，面积下限为 50~100 km²
泥页岩厚度		单层泥页岩厚度≥10 m；或有效泥页岩与地层厚度比值>60%，单层泥岩厚度>6 m 且连续厚度≥30 m	单层厚度≥30 m；或有效泥页岩与地层厚度比值>80%，连续厚度≥40 m
TOC	平均≥0.5%	平均≥1.5%	≥2.0%
RO	≥0.4%	Ⅰ型干酪根≥1.2%；Ⅱ型干酪根≥0.7%；Ⅲ型干酪根≥0.5%	Ⅰ型干酪根≥1.2%；Ⅱ型干酪根≥0.7%；Ⅲ型干酪根≥0.5%
埋深	100~4 500 m	300~4 500 m	500~4 000 m
总含气量		≥0.5 m³/t	一般≥1 m³/t
可压裂性			适合于压裂
地表条件	平原、丘陵、山区、高原、沙漠、戈壁等	地形高差较小，如平原、丘陵、低山、中山、沙漠等	地形高差小且有一定的勘探开发纵深
保存条件	现今未严重剥蚀	中等–好	好

④ 泥页岩埋深为 500～4 000 m。

⑤ 鉴于研究区缺乏含气量的相关参数，并且总含气量与 TOC 密切相关，所以用 TOC 代替含气量进行评价。

⑥ 构造条件，构造条件较为简单，有利于页岩气的保存。

⑦ 地表条件，交通、水源、地形高差等因素也会影响开发效益。

第二节　鄂尔多斯盆地西缘页岩气有利区优选

据海陆过渡相和陆相页岩气有利区及目标区相关参数及优选办法，综合研究区泥页岩各类地质、地化信息，对研究区上古生界山西组、太原组及羊

虎沟组的3个泥页岩层段以及延长群的泥页岩层段进行页岩气有利区优选，山西组可优选出两个有利区（图6–1、表6–2），第一个有利区位于石沟驿向斜周缘，有利区面积为826.3 km²，构造主要为石沟驿背斜，相对稳定，属于三角洲前缘沉积相，平均有效泥页岩厚度为33.6 m，埋深为2 000～4 200 m，TOC为2.02%～2.27%，RO为1.26%～2.02%，平均总含气量为2.15 m³/t。第二个有利区位于阿色浪车道断裂东侧的天环凹陷内，有利区面积为538.3 km²，构造稳定，属于三角洲前缘沉积相，平均有效泥页岩厚度为42.0 m，埋深为3 700～4 000 m，TOC为1.00%～1.12%，RO为1.00%～1.80%，平均总含气量为1.49 m³/t。

太原组可优选出一个有利区（图6–2，表6–3），位于石沟驿向斜周缘，有利区面积为591.8 km²，构造相对稳定，属于潟湖相沉积，平均有效泥页岩厚度为43.5 m，埋深为2 100～4 300 m，TOC为1.00%～1.20%，RO为

表6–2　鄂尔多斯盆地西缘山西组页岩气资源潜力评价单元信息表

评价单元名称	鄂尔多斯盆地西缘上古生界山西组页岩气资源潜力评价
时代	晚古生代
层系	下二叠统山西组
岩性及其组合特征	富有机质泥岩、煤层及砂岩互层
沉积相类型	潮坪、三角洲
干酪根类型	Ⅱ2型，少量Ⅱ1型
平均埋深/m	2 810
地层压力/MPa	28.3
地层温度/℃	117
构造特征	盆地西部为冲断构造带，中部为斜坡带，北部为伊盟隆起，南部为渭北隆起，东部为晋西挠褶带。页岩气有利区位于韦州–马家滩褶冲构造带
勘探及工作量程度	勘探程度较高
地形地貌	地貌以陕北黄土高坡为主，地表沟壑纵横属丘陵地带，地形复杂

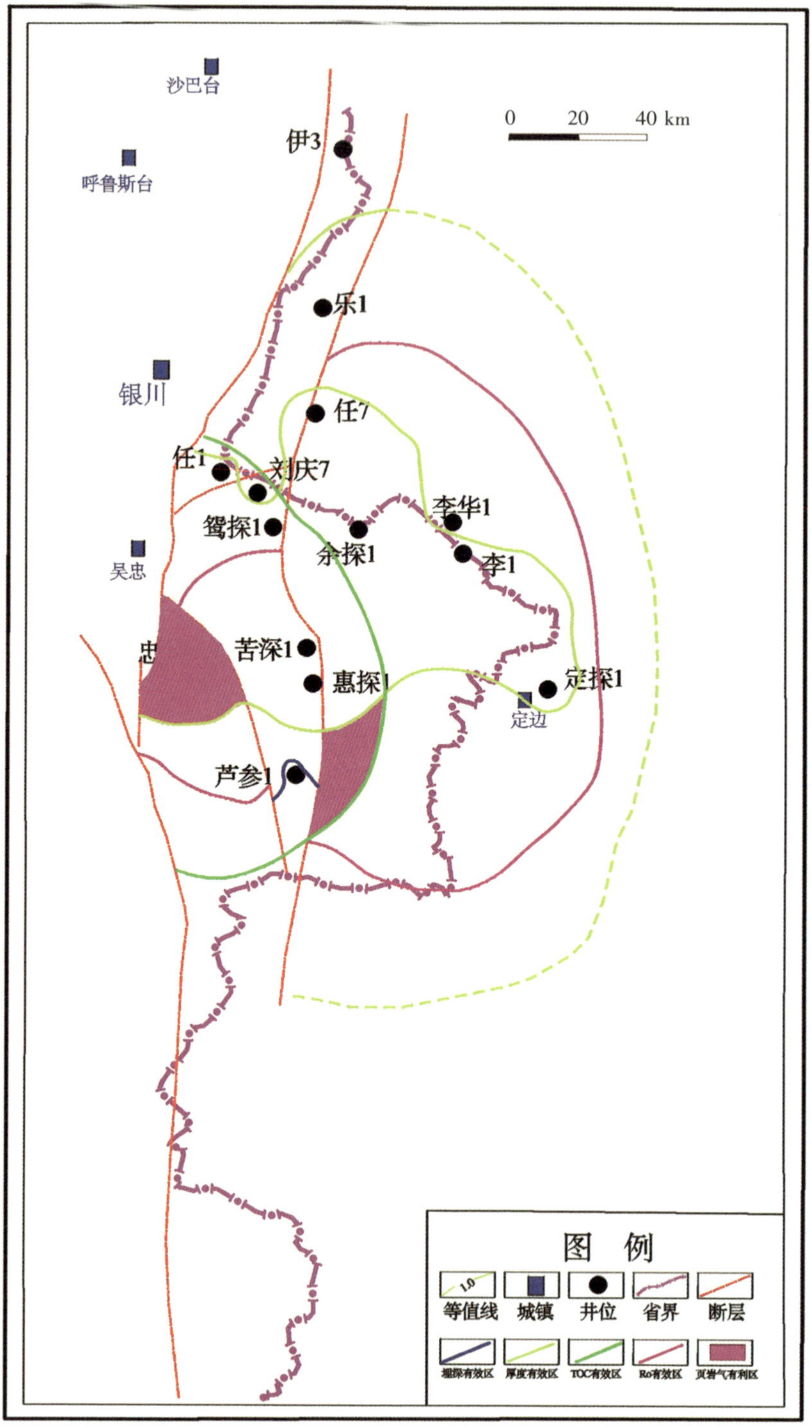

图 6-1 鄂尔多斯盆地西缘山西组页岩气勘探有利区优选

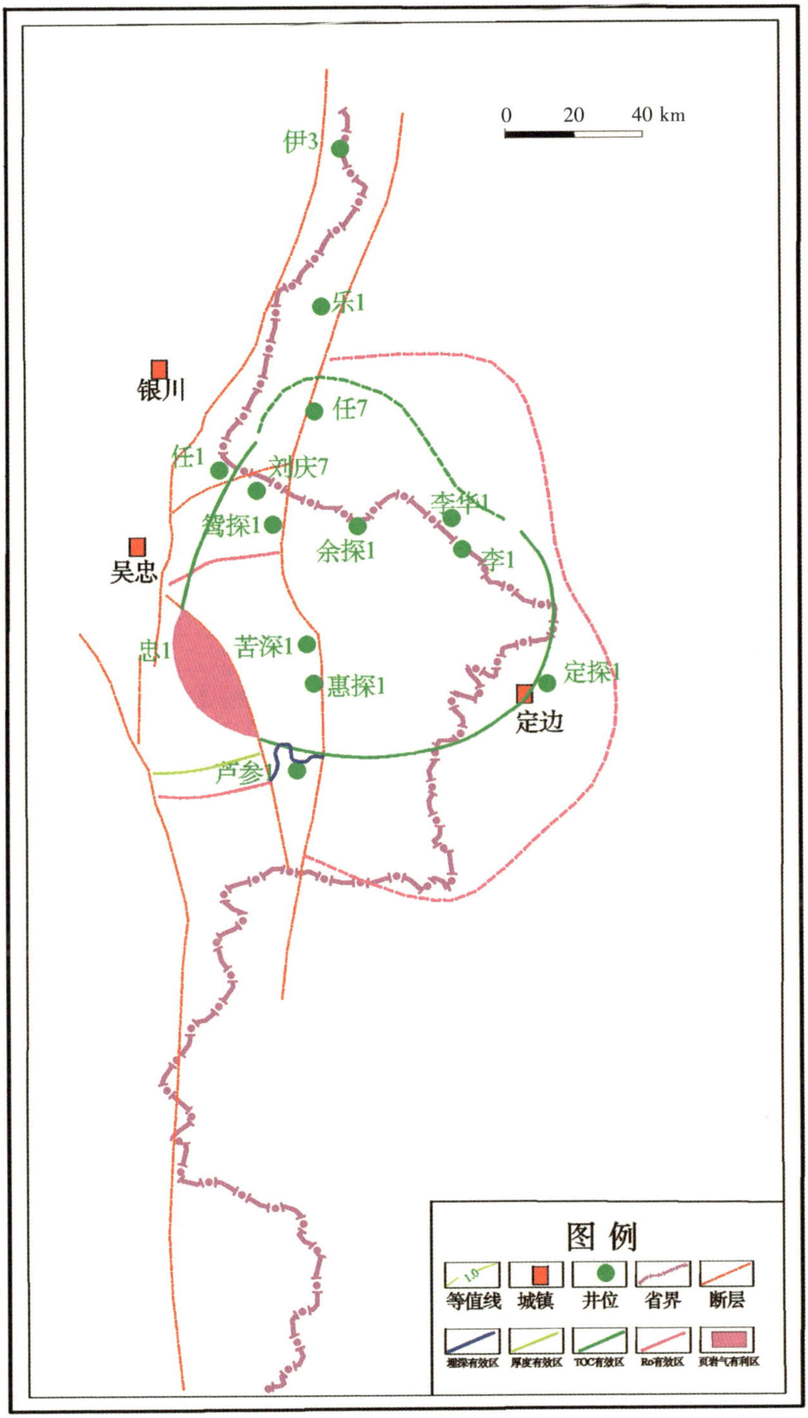

图 6-2　鄂尔多斯盆地西缘太原组页岩气勘探有利区优选

表 6-3　鄂尔多斯盆地西缘太原组页岩气资源潜力评价单元信息表

评价单元名称	鄂尔多斯盆地西缘上古生界太原组页岩气资源潜力评价
时代	晚古生代
层系	下二叠统太原组
岩性及其组合特征	富有机质泥岩、煤层及砂岩互层，局部夹灰岩
沉积相类型	潮坪
干酪根类型	Ⅱ2 型
平均埋深/m	2 932
地层压力/MPa	28.7
地层温度/℃	118
构造特征	盆地西部为冲断构造带，中部为斜坡带，北部为伊盟隆起，南部为渭北隆起，东部为晋西挠褶带。页岩气有利区位于石沟驿向斜周缘
勘探及工作量程度	勘探程度较高
地形地貌	地貌以陕北黄土高坡为主，地表沟壑纵横属丘陵地带，地形复杂

1.40%～2.04%，平均总含气量为 0.59 m^3/t。

羊虎沟组可优选出一个有利区（图 6-3，表 6-4），位于韦州-马家滩褶冲带，在惠安堡-沙井子断裂西侧，有利区面积为 1 486.5 km^2，其相对于惠安堡-沙井子断裂东侧的褶冲带区域构造相对简单，属于潮坪相沉积，平均有效泥页岩厚度为 37.4 m，埋深为 1 600～4 500 m，TOC 为 1.50%～3.50%，RO 为 1.20%～2.00%，平均总含气量为 1.50 m^3/t。

延长群可优选出一个有利区（图 6-4，表 6-5），位于天环凹陷内，有利区面积较大，为 2 381.0 km^2，构造稳定，属于滨浅湖和三角洲前缘沉积相，平均有效泥页岩厚度为 66.9 m，埋深为 1 500～2 100 m，TOC 为 2.00%～2.71%，RO 为1.00%～1.20%，平均总含气量为 2.20 m^3/t。

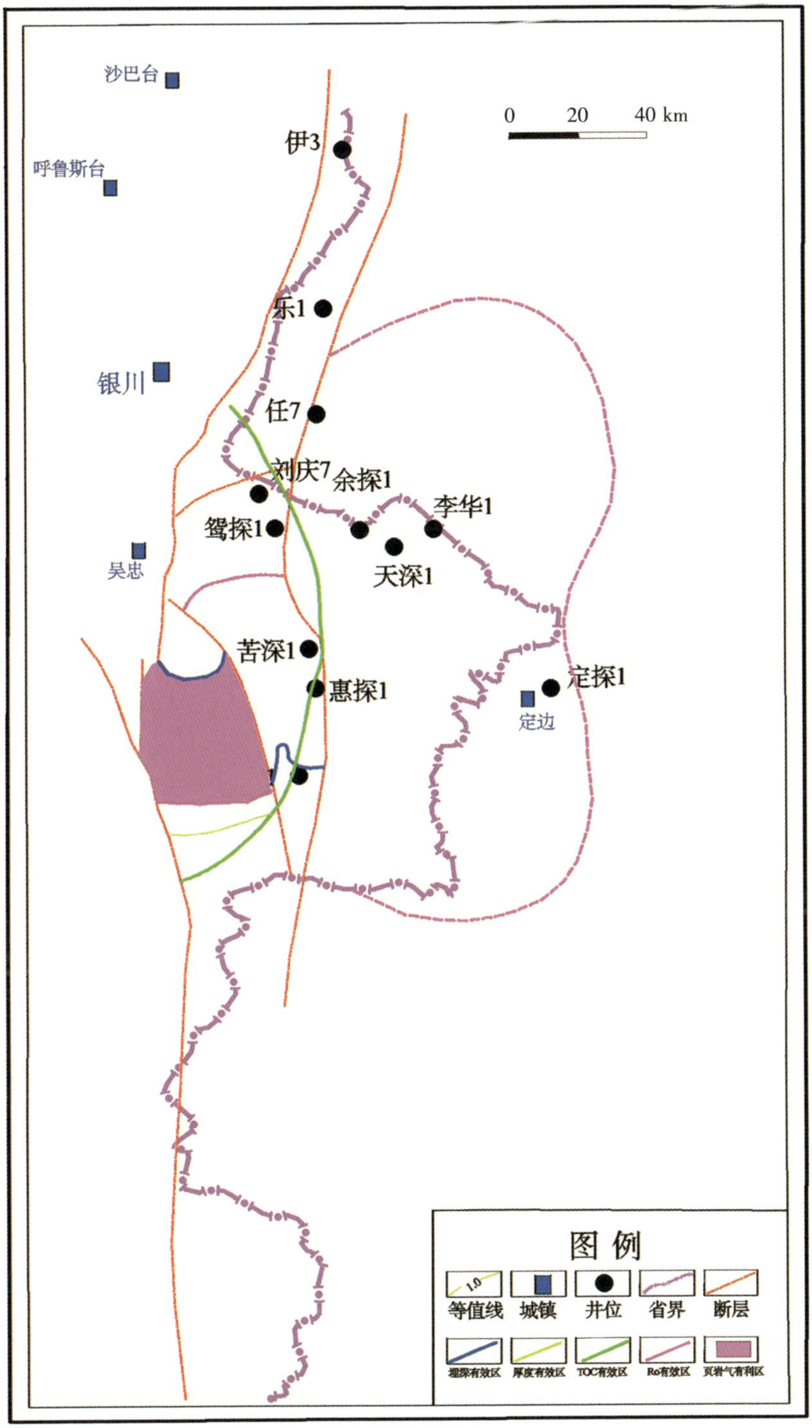

图 6-3　鄂尔多斯盆地西缘羊虎沟组页岩气勘探有利区优选

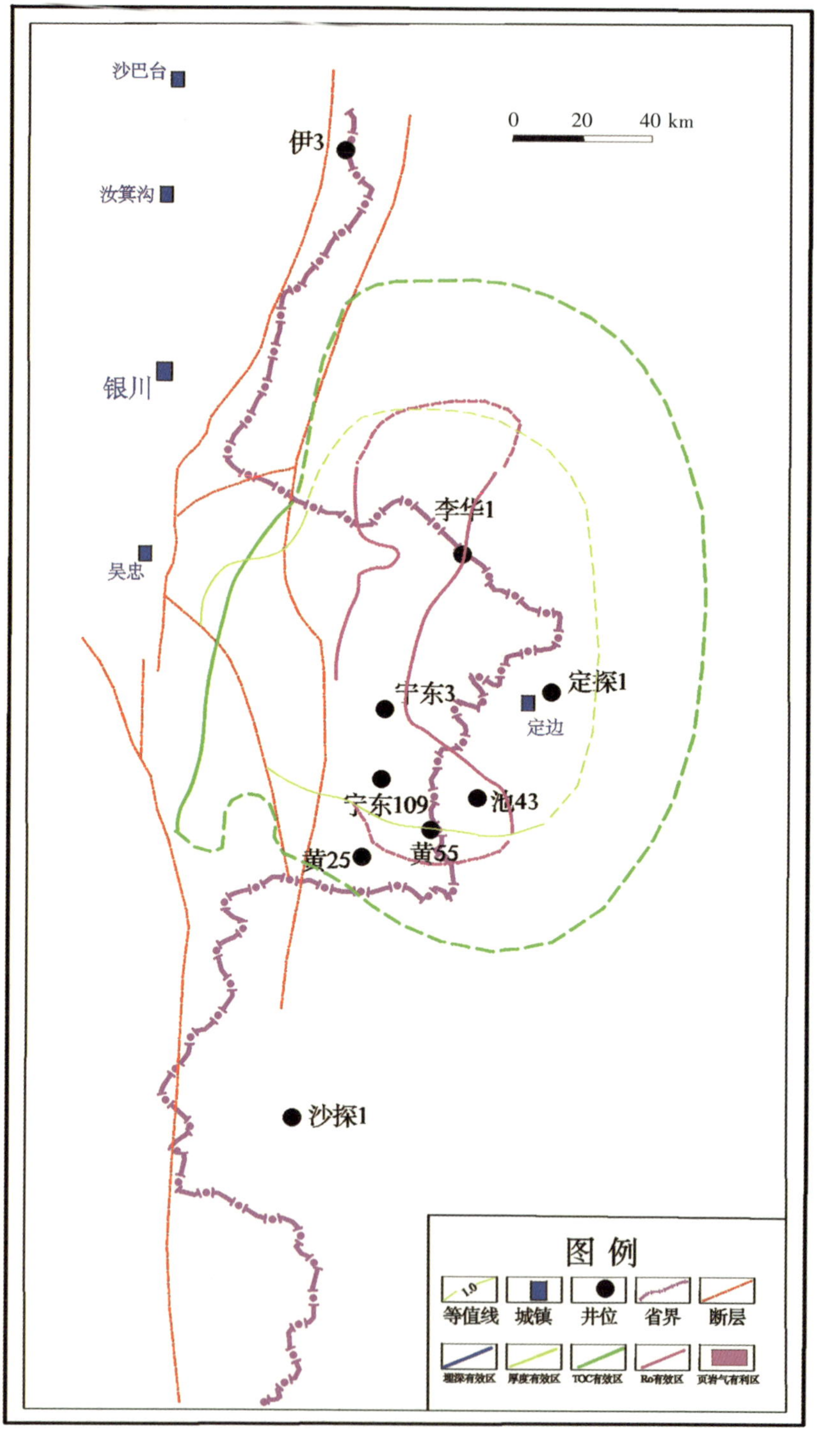

图 6-4　鄂尔多斯盆地西缘延长群页岩气勘探有利区优选

表 6-4 鄂尔多斯盆地西缘羊虎沟组页岩气资源潜力评价单元信息表

评价单元名称	鄂尔多斯盆地西缘上古生界羊虎沟组页岩气资源潜力评价
时代	晚古生代
层系	上石炭统羊虎沟组
岩性及其组合特征	富有机质泥岩、灰岩
沉积相类型	潟湖、潮坪
干酪根类型	Ⅱ2 型
平均埋深/m	3 102
地层压力/MPa	29.1
地层温度/℃	119
构造特征	盆地西部为冲断构造带，中部为斜坡带，北部为伊盟隆起，南部为渭北隆起，东部为晋西挠褶带，页岩气有利区位于韦州–马家滩褶冲带，在惠安堡–沙井子断裂西侧
勘探及工作量程度	勘探程度较高
地形地貌	地貌以陕北黄土高坡为主，地表沟壑纵横，属丘陵地带，地形复杂

表 6-5 鄂尔多斯盆地西缘延长群页岩气资源潜力评价单元信息表

评价单元名称	鄂尔多斯盆地西缘上三叠统延长群页岩气资源潜力评价
时代	早中生代
层系	上三叠统延长群
岩性及其组合特征	砂岩为主，夹深灰绿色页岩及煤线
沉积相类型	河流–湖泊相
干酪根类型	Ⅱ2 型
平均埋深/m	1 544
地层压力/MPa	20.5
地层温度/℃	82.5
构造特征	位于韦州–马家滩褶冲带与天环坳陷之间，以马家滩–甜水堡断裂为东界
勘探及工作量程度	勘探程度较高
地形地貌	地貌以陕北黄土高坡为主，地表沟壑纵横，属丘陵地带，地形复杂

第三节　六盘山盆地页岩气有利区优选

六盘山盆地下白垩统有效泥页岩厚度大，TOC 均值>1.0%，为页岩气的生成提供了物质基础。马东山组和乃家河组的 RO 均值虽均略低于生气窗，但是在海原凹陷和固原凹陷的局部地区可以达到 1.0%以上，这部分泥页岩具备了产烃有效性，并且有机质类型也主要是易于生成页岩气的Ⅱ型。此外，较大的孔隙度以及泥页岩内的微孔隙、微裂缝为页岩气的赋存提供了空间基础。因此，从泥页岩基本特征来看，六盘山盆地下白垩统马东山组和乃家河组具有一定的页岩气勘探潜力。

六盘山盆地马东山组可以圈定出 3 个有利区（图 6–5，表 6–6）。第一个有利区位于海原凹陷东部，有利区面积为 280.25 km^2，距凹陷沉积中心近，构造较为稳定，属浅湖及较深湖沉积，平均有效泥页岩厚度为 146.2 m，埋深为 1 300～2 000 m，TOC 为 1.00%～1.18%，RO 为 1.00%～1.20%，平均总含气量为1.60 m^3/t；第二个有利区位于固原凹陷中部，有利区面积为 140.57 km^2，处于凹陷内构造稳定，属较深湖相沉积，平均有效泥页岩厚度为 114.9 m，埋深为 1 200～1 900 m，TOC 为 1.00%～1.16%，RO 为 1.00%～1.20%，平均总含气量为 1.71 m^3/t；第三个有利区位于盘中 2 井西北方，月亮山–六盘山断裂西南侧，有利区面积为 14.75 km^2，属于较深湖相沉积，区域内发育有轴为北西南东向的褶皱，褶皱较为平缓，不会对页岩气的保存产生较大影响，平均有效泥页岩厚度为 90.2 m，埋深为 500～600 m，TOC 和 RO 在 1.00%以上，平均含气量为 1.56 m^3/t。

乃家河组可以圈定出一个有利区（图 6–6，表 6–7），位于固原凹陷东北部，乃家河组由于 TOC>1.0%的地区与 RO>1.0%地区的交集部分较小，故最终圈定的泥页岩有效含气面积也较小，只有 80.25 km^2，处于凹陷内构造较为简单，属于浅湖相沉积，平均有效泥页岩厚度为 93.9 m，埋深为 600～1 500 m，TOC 为 1.00%～1.05%，RO 为 1.00%～1.06%，平均总含气量为 1.51 m^3/t。

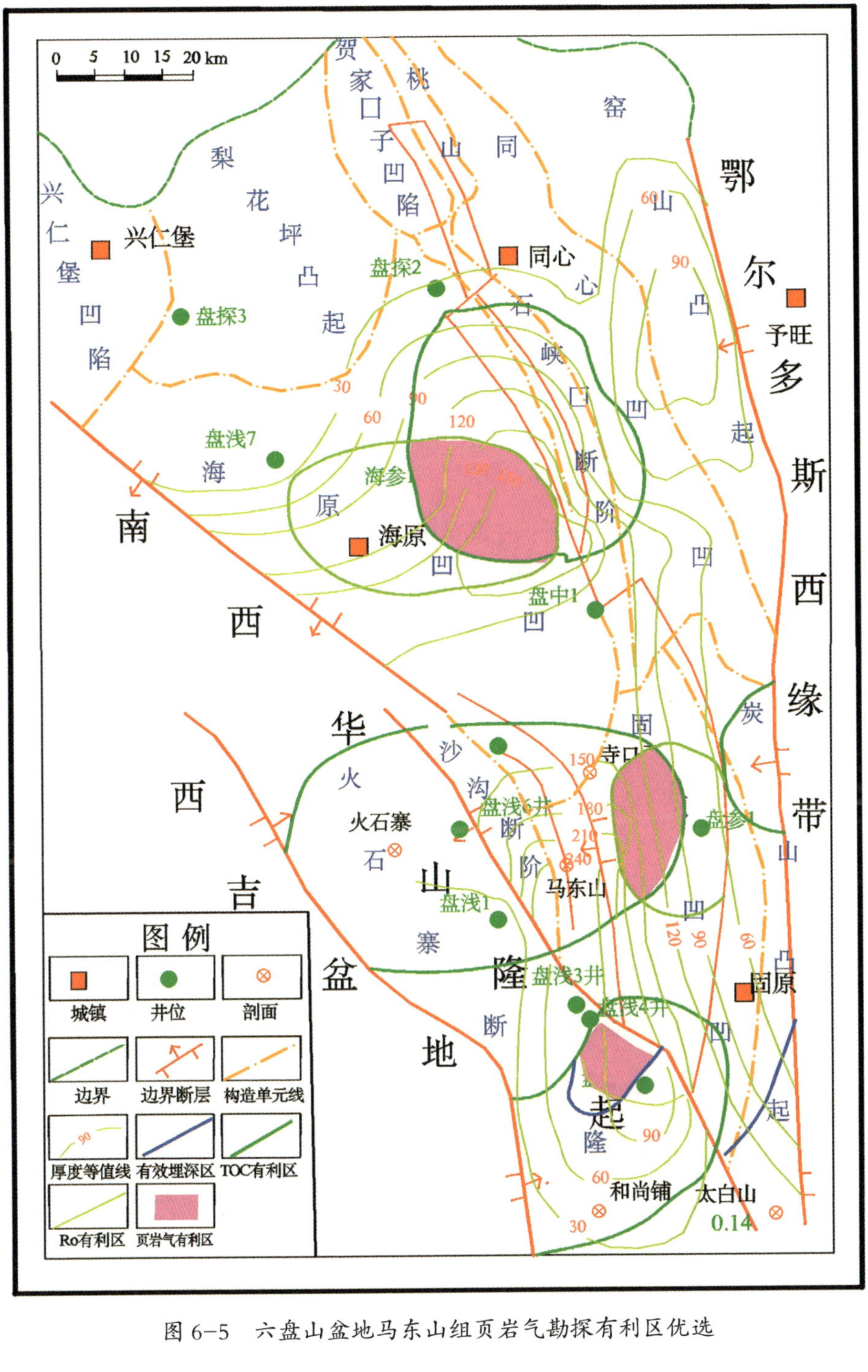

图 6-5　六盘山盆地马东山组页岩气勘探有利区优选

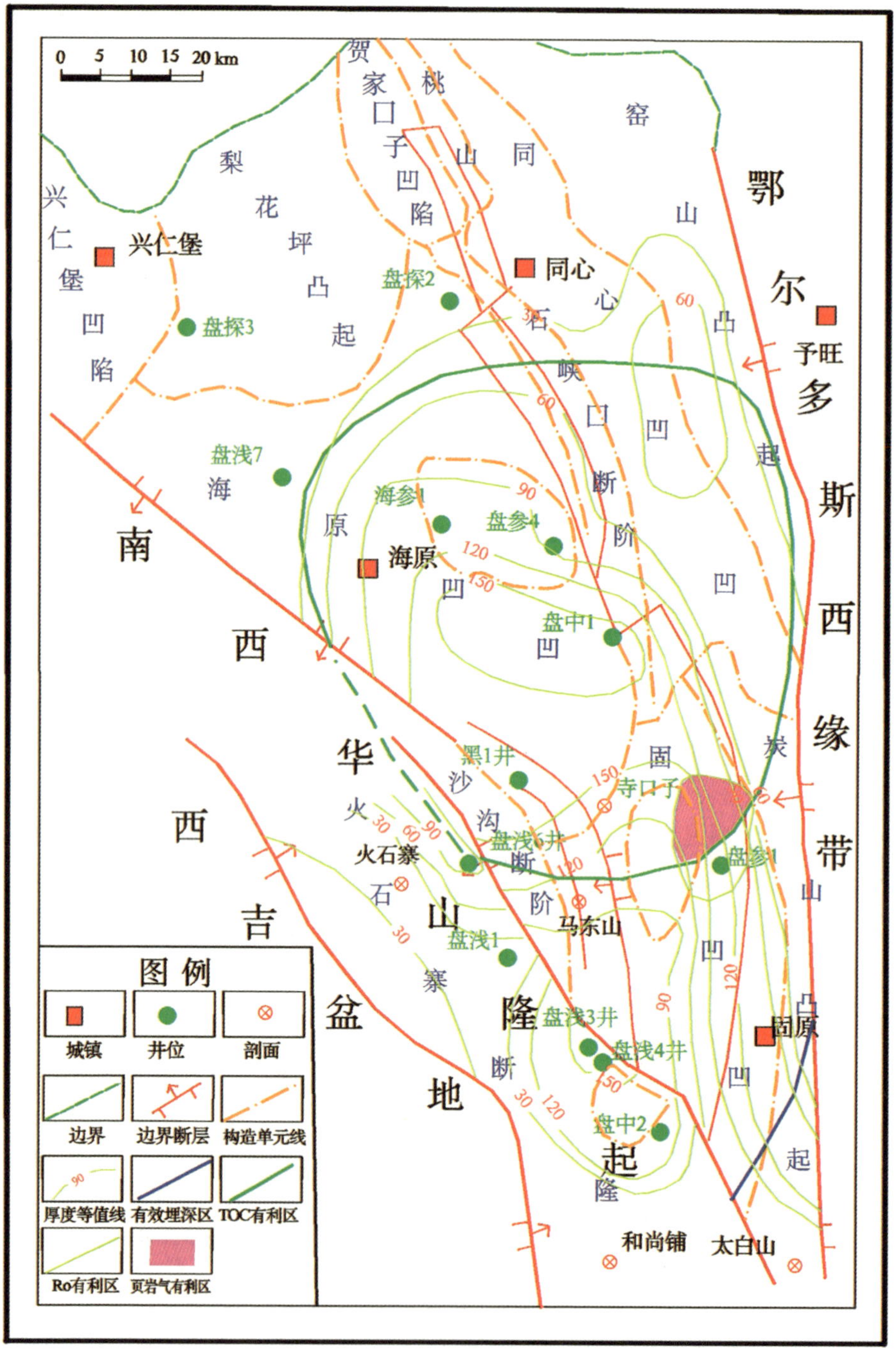

图 6-6 六盘山盆地乃家河组页岩气勘探有利区优选

表 6-6　六盘山盆地马东山组页岩气资源潜力评价单元信息表

评价单元名称	六盘山盆地下白垩统马东山组页岩气资源潜力评价
时代	晚中生代
层系	下白垩统马东山组
岩性及其组合特征	富有机质泥岩、灰岩
沉积相类型	湖泊相
干酪根类型	Ⅱ1 型、Ⅱ2 型和极少量Ⅲ型
平均埋深/m	1 107.0
地层压力/MPa	17.7
地层温度/℃	73.5
构造特征	盆地西以月亮山南麓–六盘山西麓断裂为界，东以牛首山–煤山–崆峒山断裂为界，受推覆作用影响，盆地内断裂褶皱较发育。页岩气有利区位于固原凹陷和海原凹陷附近
勘探及工作量程度	勘探程度较低
地形地貌	以山地和黄土塬为主，地形复杂

表 6-7　六盘山盆地乃家河组页岩气资源潜力评价单元信息表

评价单元名称	六盘山盆地下白垩统乃家河组页岩气资源潜力评价
时代	晚中生代
层系	下白垩统乃家河组
岩性及其组合特征	富有机质泥岩、灰岩
沉积相类型	湖泊相
干酪根类型	Ⅱ1 型、Ⅱ2 型和极少量Ⅲ型
平均埋深/m	615.5
地层压力/MPa	14.3
地层温度/℃	57.5
构造特征	盆地以月亮山南麓–六盘山西麓断裂为西界，东以牛首山–煤山–崆峒山断裂为界，受推覆作用影响，盆地内发育断裂褶皱较发育。页岩气有利区位于固原凹陷和海原凹陷附近
勘探及工作量程度	勘探程度较低
地形地貌	以山地和黄土塬为主，地形复杂

第七章 结 论

第一节 成果与认识

通过研究，整体梳理宁夏回族自治区页岩赋存的构造和沉积背景，分别针对鄂尔多斯盆地西缘和六盘山盆地地化特征、储层特征和页岩气勘探前景等开展了研究，对宁夏回族自治区的页岩气取得了以下成果与认识：

① 通过前人资料收集，结合岩心观察、钻井、测井以及地震资料解释，利用单井沉积相分析、测井相分析以及地震沉积相分析等技术手段与方法，对鄂尔多斯盆地西缘石炭纪-侏罗纪地层和六盘山盆地早白垩世地层特征、沉积相、沉积环境、层序地层、沉积演化进行分析，确定了本次研究的目的层位；系统研究了宁夏区域构造特征、鄂尔多斯盆地西缘断裂系统和六盘山断裂系统；分析了研究区主要构造单元特征，并建立了相应的构造格架，阐明盆地的动力学机制，反演盆地经历的构造演化过程。

② 鄂尔多斯盆地西缘上古生界山西组、太原组和羊虎沟组泥页岩沉积厚度较小，富有机质泥页岩平均总厚<30 m，局部地区可达 30 m 以上，埋深适中，TOC 约为 2.0%，有机质类型以Ⅱ型干酪根为主，RO 均值 1.2%，发育出一定的微孔隙、微裂缝；鄂尔多斯盆地西缘延长群区别于上古生界的一点就是沉积有巨厚泥页岩层，富有机质泥页岩厚度均值达到 150 m，延长群泥页岩的其他特征与上古生界类似，TOC 在 2.0%以上，有机质类型以Ⅱ型干酪根

为主，RO 均值 1.0%，发育有微孔缝。依据海陆过渡相和陆相页岩气有利区及目标区相关参数及优选办法，综合考虑鄂尔多斯盆地西缘泥页岩各类地质、地化信息，认为鄂尔多斯盆地西缘上古生界石炭–二叠系山西组、太原组、羊虎沟组以及三叠系延长群具备页岩气富集与成藏的潜力，并可优选出山西组有利区 2 个、太原组有利区 1 个、羊虎沟组有利区 1 个、延长群有利区 1 个。

③ 六盘山盆地下白垩统有效泥页岩分布广泛，连续厚度较大，盆地内绝大部分地区的泥页岩有效厚度能达到 30 m 以上，泥页岩中脆性矿物含量高，TOC 值均>1.0%，有机质类型以Ⅱ型干酪根为主，RO 均值虽均低于生气窗，但是在海原凹陷和固原凹陷的局部地区可以达到1.0%以上，这部分泥页岩具备了产烃有效性；泥页岩较大的孔隙度以及泥页岩内的微孔隙、微裂缝为页岩气的赋存提供了空间基础。综合考虑六盘山盆地下白垩统泥页岩的分布特征、地化特征和储层特征，认为六盘山盆地下白垩统具备页岩气富集与成藏的条件，马东山组可优选出 3 个勘探有利区，乃家河组可优选出 1 个勘探有利区。

④ 本次将宁夏回族自治区拆分成鄂尔多斯盆地西缘和六盘山盆地 2 个研究单元，具备较好的页岩气成矿远景，有页岩气勘探与开发的潜力。

⑤ 车道–阿色浪断裂以西局部地区延安组泥页岩有效厚度及 TOC 达到页岩气成藏标准，但有机质成熟度低于页岩气成藏标准，因此本次没有在该组圈出有利区。

⑥ 李洼峡组部分样品 TOC 及有机质成熟度达到页岩气成藏标准，但其泥页岩有效厚度均没有超过本次研究所采用的有效厚度标准，因此本次研究没有在该组圈出有利区。

第二节 存在的问题

由于在六盘山盆地钻孔资料收集过程中仅收集到少量 TOC 和 RO 的相

关资料，TOC 等值线图主要是借鉴了前人的研究成果并根据沉积相分布推断而做成，RO 等值线图主要是利用了埋深与 RO 的回归关系推算而做成。

在此次研究过程中，延安组所取的样品较少，特别是在车道–阿色浪断裂地区和彭阳地区，缺少延安组的样品，因此未能说明该区域延安组页岩气的成藏条件。

第三节　工作建议

有利区优选结果显示，鄂尔多斯盆地西缘的延长群具有较大的页岩气资源量，极具备页岩气勘探潜力，可作为页岩气成藏的重点层位；鄂尔多斯盆地西缘山西组以及六盘山盆地的马东山组页岩气资源量也很可观，具备页岩气勘探潜力；六盘山盆地乃家河组虽然有利区面积小，资源量相对较小，但是其有利区范围与马东山组有利区有重叠部分，也具备一定的勘探潜力。建议下步在本次研究所优选的有利区内布置参数钻孔，开展调查评价工作，首先在宁东三叠系上统延长群有利区内开展参数孔施工，以取得宁夏页岩气找矿突破。

鄂尔多斯盆地西缘延安组泥页岩埋深具有自西向东逐渐增大的趋势，随着埋深的增加，泥页岩热演化程度升高，有可能达到页岩气成藏所需的条件，建议今后在此区域进一步开展工作，施工钻孔并取样化验，针对延安组进行研究分析，评价该区域页岩气成藏条件。

六盘山盆地李洼峡组泥页岩厚度总体较薄，有效泥页岩厚度达不到页岩气成藏的要求，但可作为后备研究区域，随着页岩气勘探开发技术的提高，以新的标准重新评价该组页岩气成藏条件。

参考文献

[1] 白云来，王新民，刘化清，等. 鄂尔多斯盆地西部边界的确定及其地球动力学背景[J]. 地质学报，2006(6).

[2] 邓起东，程绍平，闵伟，等. 鄂尔多斯块体新生代构造活动和动力学的讨论[J]. 地质力学学报，1999，5(3).

[3] 冯益民，何世平. 祁连山大地构造与造山作用[M]. 北京：地质出版社，1996.

[4] 冯益民. 祁连造山带研究概况–历史、现状及展望[J]. 地球科学进展，1997，12(4).

[5] 葛肖虹，刘俊来. 北祁连造山带的形成与背景[J]. 地学前缘，1999，6(4).

[6] 葛肖虹，刘俊来. 被肢解的西域克拉通[J]. 岩石学报，2000，16(1).

[7] 国家地震局地质研究所，宁夏回族自治区地震局. 海原活动断裂带[M]. 北京：地震出版社，1990.

[8] 郭忠铭，汤锡元，张军. 鄂尔多斯盆地西缘逆冲推覆构造带的油气地质条件[A]. 杨俊杰. 鄂尔多斯盆地西缘逆冲带构造与油气 [C]. 兰州：甘肃科学技术出版社，1990.

[9] 高山林，张进. 贺西地区中–晚古生代盆地性质刍议 [J]. 大地构造与成矿学，2006，30(1).

[10] 贾承造，何登发，雷振宇，等. 前陆冲断带油气勘探[M]. 北京：石油工业出版社，2000.

[11] 李清河，郭守年，吕德徽. 鄂尔多斯西缘与西南缘深部结构与构造[M]. 北京：地震出版社，1999.

[12] 李天斌. 宁夏南部弧形推覆构造带特征及演化[J]. 地质力学学报，1999，5(3).

[13] 李天斌，孟方，王美芳，等. 宁夏中西部香山–天景山地区逆冲推覆构造的特征及演化[J]. 地质通报，2005，24(4).

[14] 林畅松，杨起，李思田. 贺兰拗拉槽盆地充填演化分析 [M]. 北京：地质出版社，1995.

[15] 刘和甫，陆伟文，王玉新. 鄂尔多斯西缘冲断褶皱带形成与形变 [A]. 杨俊杰. 鄂尔多斯盆地西缘逆冲带构造与油气[C]. 兰州：甘肃科学技术出版社，1990.

[16] 刘少峰，杨士恭. 鄂尔多斯盆地西缘南北差异及其形成机制 [J]. 地质科学，1997，32(3).

[17] 刘雪亚，王荃. 龙首山古裂谷带及河西走廊的大地构造[A]. 中国地质科学院文集(27–28)[C]. 北京：地质出版社，1993.

[18] 闵伟，王增光，焦德成，等. 罗山东麓断裂、烟筒山断裂与1561年7.25级地震，活动断裂研究(5)[M]. 北京：地震出版社，1996.

[19] 闵伟，王萍，杨平，等. 罗山东麓活动断裂的几何学特征及全新世滑动速率，活动断裂研究(3)[M]. 北京：地震出版社，1994.

[20] 撒利明，邸世琪，陈广浩. 贺西地区板块构造分区及晚古生代盆地形成与演化[J]. 大地构造与成矿学，2002，26(4).

[21] 汤锡元，郭忠铭，陈荷立，等. 陕甘宁盆地西缘逆冲推覆构造及油气勘探[M]. 西安：西北大学出版社，1992.

[22] 汤锡元，郭忠铭. 鄂尔多斯地块西缘地质构造演化特征 [A]. 杨俊杰. 鄂尔多斯盆地西缘逆冲带构造与油气[C]. 兰州：甘肃科学技术出版社，1990.

[23] 汤桦，白云来，房乃珍，等. 鄂尔多斯盆地西部“古陆梁”的形成和演化[J]. 甘肃地质，2006,1.

[24] 王锋，刘池洋，赵红格，等. 贺兰山盆地与鄂尔多斯盆地的关系 [J]. 石油学报，2006(4).

[25] 王崇礼，李厚民，孙继东，等. 海原群变质地质及含矿性研究 [M]. 陕西：陕西科学技术出版社，1996.

[26] 王玉新. 鄂尔多斯西缘中生代前陆盆地的形成与演化 [A]. 张功臣，等. 中国含油气盆地构造[C]. 北京：石油工业出版社，1999.

[27] 王玉新. 鄂尔多斯地块早古生代构造格局及演化[J]. 地球科学——中国地质大学学报，1994，19(6).

[28] 吴紫电. 马家滩推覆体结构形态及与周边构造关系 [A]. 杨俊杰. 鄂尔多斯盆地西缘逆冲带构造与油气[A]. 兰州：甘肃科学技术出版社，1990.

[29] 夏林圻，夏祖春，任有祥，等. 北祁连构造-火山作用-成矿研究新进展[A]. 中国地质学会. “九五”全国地质科技重要成果论文集[A]. 北京：地质出版社，2000.

[30] 徐黎明，周立发. 香山群沉积岩浆记录及其反映的大地构造环境 [J]. 西北大学学报(自然科学版)，2006，36(3).

[31] 杨委巨. 鄂尔多斯西缘掩冲构造带与油气论文集 [M]. 兰州：甘肃人民出版社，1993.

[32] 张进，马宗晋，任文军. 鄂尔多斯盆地西缘逆冲带南北差异的形成机制 [J]. 大地构造与成矿，2000，24(2).

[33] 张建新，许志琴，徐惠芬，等. 北祁连加里东期俯冲-增生楔结构及动力学[J]. 地质科学，1998，33(3).

[34] 周喜文，耿元生. 贺兰山孔兹岩系的变质时代及其对华北克拉通西部陆块演化的制约[J]. 岩石学报，2009，25(8).

[35] N. B. 伍得华特，S. E. 博耶，J. 萨普. 平衡地质剖面 [M]. 武汉：中国地质大学出版社，1991.

[36] 甘肃省地质矿产局. 甘肃省区域地质志[M]. 北京：地质出版社，1989.

[37] 宁夏回族自治区地质矿产局. 宁夏回族自治区区域地质志 [M]. 北京：地质出版社，1990.

[38] 内蒙古自治区地质矿产局. 内蒙古自治区区域地质志 [M]. 北京：地质出版社，1991.

[39] 陕西省地质矿产局. 陕西省区域地质志[M]. 北京：地质出版社，1989.

[40] 李思田. 含能源盆地沉积体系[M]. 武汉：中国地质大学出版社，1996.

[41] 宁夏地质矿产资源勘查开发创新团队. 白垩纪六盘山盆地沉积相研究[M]. 银川：宁夏人民出版社，2013.

[42] 宁夏回族自治区地质调查院. 1：20 万区域地质调查报告（石嘴山幅 J-48-11）[R]. 北京：地质出版社，1992.

[43] 宁夏回族自治区地质调查院. 1：20 万区域地质调查报告（银川幅 J-48-17）[R]. 北京：地质出版社，1992.

[44] 宁夏回族自治区地质调查院. 1：20 万区域地质调查报告（中卫幅 J-48-22）[R]. 北京：地质出版社，1992.

[45] 宁夏回族自治区地质调查院. 1：20 万区域地质调查报告（吴忠幅 J-48-23）[R]. 北京：地质出版社，1992.

[46] 宁夏回族自治区地质调查院. 1：20 万区域地质调查报告（盐池幅 J-48-24）[R]. 北京：地质出版社，1992.

[47] 宁夏回族自治区地质调查院. 1：20 万区域地质调查报告（同心幅 J-48-28）[R]. 北京：地质出版社，1992.8

[48] 宁夏回族自治区地质调查院. 1：20 万区域地质调查报告（下马关幅 J-48-29）[R]. 北京：地质出版社，1992.

[49] 宁夏回族自治区地质调查院. 1：20 万区域地质调查报告（海原幅 J-48-34）[R]. 北京：地质出版社，1992.

[50] 宁夏回族自治区地质调查院. 1：20 万区域地质调查报告（固原幅 J-48-35）[R]. 北京：地质出版社，1992.

[51] 宁夏回族自治区地质调查院. 1：20 万区域地质调查报告（西吉幅 I-48-4）[R]. 北京：地质出版社，1992.

[52] 宁夏回族自治区地质调查院. 1：20 万区域地质调查报告（平凉幅 I-48-5）[R]. 北京：地质出版社，1992.

[53] 邹才能，朱如凯，吴松涛，等. 常规与非常规油气聚集类型、特征、机理及展望——以中国致密油和致密气为例[J]. 石油学报，2012，33(2).

[54] 刘洪林，王红岩，刘人和，等. 中国页岩气资源及其勘探潜力分析 [J]. 地质学报，2010，84(9).

[55] 赵红格，刘池洋，王峰，等. 鄂尔多斯盆地西缘构造分区及其特征[J]. 石油与天然气地质，2006，27(2).

[56] 荡锡元，郭忠铭，王定一. 鄂尔多斯盆地西部逆冲推覆构造带特征及其演化与油气勘探[J]. 石油与天然气地质，1988，9(1).
[57] 刘娟. 宁东地区延安组沉积特征与聚煤规律研究[D]. 山东科技大学，2010.
[58] 李玉喜，乔德武，姜文利，等. 页岩气含气量和页岩气地质评价综述 [J]. 地质通报，2011，30(2).
[59] 聂海宽，唐玄，边瑞康. 页岩气成藏控制因素及中国南方页岩气发育有利区预测 [J]. 石油学报，2009，30(4).
[60] 杨峰，宁正福，胡昌蓬，等. 页岩储层微观孔隙结构特征 [J]. 石油学报，2013，34(2).
[61] 张金川，徐波，聂海宽，等. 中国页岩气资源勘探潜力 [J]. 天然气工业，2008，28(6).
[62] 张金川，聂海宽，徐波，等. 四川盆地页岩气成藏地质条件 [J]. 天然气工业，2008，28(2).
[63] 聂海宽，张金川，李玉喜. 四川盆地及其周缘下寒武统页岩气聚集条件 [J]. 石油学报，2011，32(6).
[64] 陈尚斌，朱炎铭，王红岩，等. 四川盆地南缘下志留统龙马溪组页岩气储层矿物成分特征及意义[J]. 石油学报，2011，32(5).
[65] 钟太贤，王红岩，刘洪林. 中国南方海相页岩孔隙结构特征 [J]. 天然气工业，2012，32(9).
[66] 李振宏，席胜利，刘新社. 鄂尔多斯盆地上古生界天然气成藏 [J]. 世界地质，2005，24(2).
[67] 张金川，金之钧，袁明生. 页岩气成藏机理和分布[J]. 天然气工业，2004，24(7).
[68] 夏浩东. 宁夏宁东煤田积家井矿区延安组含煤地层沉积特征 [J]. 洁净煤技术，2012，18(3).
[69] 范昌育，王震亮. 页岩气富集与高产的地质因素和过程[J]. 石油实验地质，2010，32(5).
[70] 王社教，李登华，李建忠，等. 鄂尔多斯盆地页岩气勘探潜力分析 [J]. 天然气工业，2011，31(12).

[71] 陈尚斌，朱炎铭，王红岩，等. 川南龙马溪组页岩气储层纳米孔隙结构特征及其成藏意义[J]. 煤炭学报，37(3).

[72] 崔景伟，邹才能，朱如凯，等. 页岩孔隙研究新进展 [J]. 地球科学进展，2012，27(12).

[73] 陈尚斌，朱炎铭，王红岩，等. 中国页岩气研究现状与发展趋势 [J]. 石油学报，2010，31(4).

[74] 李志明，徐二社，秦建中，等. 烃源岩评价中的若干问题 [J]. 西安石油大学学报：自然科学版，2010，25(6).

[75] 陈杰，周改英，赵喜亮，等. 储层岩石孔隙结构特征研究方法综述 [J]. 特种油气藏，2005，12(4).

[76] 王世谦，陈更生，董大忠，等. 四川盆地下古生界页岩气藏形成条件与勘探前景[J]. 天然气工，2009，29(5).

[77] 杨超，张金川，唐玄. 鄂尔多斯盆地陆相页岩微观孔隙类型及对页岩气储渗的影响[J]. 地学前缘，2013，20(4).

[78] 臧士宾，孙玺，袁海燕，等. 核磁共振技术在储层评价中的应用研究——以青海柴达木盆地为例[J]. 青海石油，2007，25(4).

[79] 王为民，叶朝辉，郭和坤. 录像储层岩石核磁共振物理特征的实验研究 [J]. 波谱学杂志，2001，18(2).

[80] 黄振凯，陈建平，薛海涛，等. 松辽盆地白垩系青山口组泥页岩孔隙结构特征[J]. 石油勘探与开发，2013，40(1).

[81] 陈同刚，汤达祯，许浩，等. 基于 X-CT 技术的韩城示范区煤储层精细描述[J]. 高校地质学报，18(3).

[82] 胡容泽. 粉末颗粒和孔隙的测量[M]. 北京：冶金工业出版社，1982.

[83] 陈一鸣，魏秀丽，徐欢. 北美页岩气储层孔隙类型研究的启示 [J]. 复杂油气藏，2012，5(4).

[84] 王为民，叶朝辉，郭和坤. 陆相储层岩石核磁共振物理特征的实验研究 [J]. 波谱学杂志，2001，18(2).

[85] 肖立志. 核磁共振成像测井与岩石核磁共振及其应用 [M]. 北京：科学出版社，

1998.

[86] 王强，付晓文，徐志明，等. 稳定碳同位素在油气地球化学中的应用及存在的问题[J]. 天然气地球科学，2005，16(2).

[87] 姚艳斌，刘大锰，蔡益栋，等. 基于NMR和X-CT的煤的孔裂隙精细定量表征[J]. 中国科学：地球科学，2010，40(11).

[88] 孙海成，汤达祯. 四川盆地南部构造页岩气储层压裂改造技术 [J]. 吉林大学学报(地球科学版)，2011，41(Sup.1).

[89] 孙军昌，陈静平，杨正明，等. 页岩储层岩芯核磁共振响应特征实验研究 [J]. 科技导报，2012，30(14).

[90] 刘洪林，王红岩. 中国南方海相页岩吸附特征及其影响因素 [J]. 天然气工业，2012，32(9).

[91] 梁亚宁，张士诚，叶银珠，等. CT扫描技术在低渗透砂岩岩心试验中的应用[J]. 石油钻采工艺，2011，33(2).

[92] 杨更社，谢定义，张长庆，等. 岩石损伤扩展力学特性的CT分析[J]. 岩石力学与工程学报，1999，18(3).

[93] 潘仁芳，陈亮，刘朋丞. 页岩气资源量分类评价方法探讨 [J]. 石油天然气学报，2011，33(5).

[94] 付金华，郭少斌，刘新社，等. 鄂尔多斯盆地上古生界山西组页岩气成藏条件及勘探潜力[J]. 吉林大学学报(地球科学版)，2013，42(2).

[95] 赵群，王红岩，刘人和，等. 世界页岩气发展现状及我国勘探现状 [J]. 天然气技术，2008，2(3).

[96] 郭少斌，王义刚. 鄂尔多斯盆地石炭系本溪组页岩气成藏条件及勘探潜力 [J]. 石油学报，2013，34(3).

[97] 徐士林，包书景. 鄂尔多斯盆地三叠系延长群页岩气形成条件及有利发育区预测[J]. 天然气地球科学，2009，20(3).

[98] 潘仁芳，黄晓松. 页岩气及国内勘探前景展望[J]. 中国石油勘探，2009，14(3).

[99] 徐士林，包书景. 鄂尔多斯盆地三叠系延长组页岩气形成条件及有利发育区预测[J]. 天然气地球科学，2009，20(3).

[100]于炳松. 页岩气储层的特殊性及其评价思路和内容[J]. 地学前缘，2012，19(3).
[101]张顺康，陈月明，侯建，等. 岩石孔隙中微观流动规律的CT层析图像三维可视化研究[J]. 石油天然气学报(江汉石油学院学报)，2006，28(4).
[102]李志明，徐二社，秦建中，等. 烃源岩评价中的若干问题[J]. 西安石油大学学报：自然科学版，2010，25(6).
[103]李玉喜，乔德武，姜文利，等. 页岩气含气量和页岩气地质评价综述[J]. 地质通报，2011，30(2).
[104]张金华，魏伟，钟大贤. 国外页岩气资源储量评价方法分析[J]. 中外能源，2011，16(9).
[105]龙春霞，丁琴，关建郁. 吸附等温方程参数估算方法的分析[J]. 离子交换与吸附，2012，28(3).
[106]蒲泊伶，包书景，王毅，等. 页岩气成藏条件分析——以美国页岩气盆地为例[J]. 石油地质与工程，2008，22(3).
[107]李新景，吕宗刚，董大忠，等. 北美页岩气资源形成的地质条件[J]. 天然气工业，2009，29(5).
[108]张绍槐，罗平亚. 保护储集层技术[M]. 北京：石油工业出版社，1993.
[109]徐祖新，郭少斌. 页岩气成藏机理研究[J]. 内蒙古石油化工，2011(6).
[110]郭少斌，王义刚，孙寅森，等. 用等温吸附方法正确评价泥页岩吸附气含量[J]. 海峡科技与产业，2012(152).
[111]李新景，胡素云，程克明. 北美裂缝性页岩气勘探开发的启示[J]. 石油勘探与开发，2007，34(4).
[112]蒋裕强，董大忠，漆麟，等. 页岩气储层的基本特征及其评价[J]. 天然气工业，2010，30(10).
[113]杨振恒，李志明，沈宝剑，等. 页岩气成藏条件及我国黔南坳陷页岩气勘探前景浅析[J]. 中国石油勘探，2009(3).
[114]郭少斌，黄磊. 页岩气储层含气性影响因素及储层评价——以上扬子古生界页岩气储层为例[J]. 石油实验地质，2013，35(6).
[115]邹才能等. 非常规油气地质[M]. 北京：地质出版社，2011.

[116]王涛. 中国天然气地质理论基础与实践[M]. 北京：石油工业出版社，1997.

[117]李明诚. 石油与天然气运移[M]. 石油工业出版社，2004.

[118]宋昊，胡明毅，王再兴，等. 国外页岩气开发实践及对我国产业化发展的建议[J]. 现代化工，2022，42(09).

[119]邹才能，赵群，丛连铸，等. 中国页岩气开发进展、潜力及前景[J]. 天然气工业，2021，41(01).

[120]万玉金，李熙喆，卢斌，等. Fayetteville 页岩气开发实践与启示[J]. 天然气地球科学，2019，30(11).

[121]周庆凡，杨国丰. 美国页岩油气勘探开发现状与发展前景[J]. 国际石油经济，2018，26(9).

[122]叶成林，刘应忠，杨家伟. 西加盆地 Duvernay 页岩气开发对川南页岩气勘探开发的几点启示[J]. 大庆石油地质与开发，2021，40(2).

[123]李国欣，罗凯，石德勤. 页岩油气成功开发的关键技术、先进理念与重要启示——以加拿大都沃内项目为例[J]. 石油勘探与开发，2020，47(4).

[124]吴西顺，孙张涛，杨添天，等. 全球非常规油气勘探开发进展及资源潜力[J]. 海洋地质前沿，2020，36(4).

[125]王蓓，高芸，胡迤丹，等. 2021 年中国天然气发展述评及 2022 年展望[J]. 天然气技术与经济，2022，16(1).

[126]江丽，刘春艳，王红娟，等. 国内外页岩气开发环境管理现状及对比[J]. 天然气工业，2021，41(12).

[127]刘恩然，张立勤，王艳红. 澳洲北部发现了超级页岩气资源[J]. 中国地质，2018，45(6).

[128]陈榕，贺敬博. 印度尼西亚富有机质页岩分布情况与页岩气资源潜力[J]. 中国矿业，2018，27(S1).

[129]王泽根，胡思源，雍志玮，等. 页岩气开发区块地形适宜性选区评价方法[J]. 天然气与石油，2021，39(6).

[130]李国欣，雷征东，董伟宏，等. 中国石油非常规油气开发进展、挑战与展望[J]. 中国石油勘探，2022，27(1).

[131]邹才能，邱振. 中国非常规油气沉积学新进展——“非常规油气沉积学”专辑前言[J]. 沉积学报，2021，39(1).

[132]戴金星，秦胜飞，胡国艺，等. 新中国天然气勘探开发70年来的重大进展[J]. 石油勘探与开发，2019，46(6).

[133]郭旭升，李宇平，腾格尔，等. 四川盆地五峰组–龙马溪组深水陆棚相页岩生储机理探讨[J]. 石油勘探与开发，2020，47(1).